電路板影像轉移技術與應用

林定皓　編著

全華圖書股份有限公司

編者序

電子產品高密度化已經是不爭的事實，早年還要去區別是否可用絲網印刷製作線路的年代，隨著各種外型尺寸的細緻化，已經不需要再做討論。細線小孔是空間競逐的利器，作為全球電子產業的重鎮，亞太地區的經濟脈動，與這些精緻產品息息相關。

過去前輩們的心血，散見在不同的文獻中，這些線路技術的討論也多所著墨。但比較見不到較專門的書籍，做整體線路概念與細緻結構的探討。筆者過去曾經編輯過相關技術書籍，不過近年來一些革命性的技術變動，讓原有的資料顯得有點陳舊。基於多年在這個領域的經驗，嘗試部分發表過的短文與手邊資料，對這個議題重新整理。

電路板影像轉移技術，是電路板技術的三大類技術之一。產業不變的道理，就是必須建立深而廣的整合性知識。秉持分享經驗的想法，希望能對於影像轉移技術知識推廣，略盡棉帛之力。

這本書因為涉及的技術範圍多元，想要編寫成一小冊相當有挑戰。又不希望讀者有不勝負荷的壓力，但權衡資料完整性，避免缺漏太多必要的必要陳述，只好以完整性考慮為先。

本書的對象是以對電路板有一點基礎經驗，有意更進一步對影像轉移技術了解的人士所編。內容多數著重於材料與製程的探討，對設備涉獵則以濕製程概略描述為主。曝光機複雜度高，又涉及廠商設計相關細節，為避免描述不清平衡性不足，會做權衡性選用。領域技術內容龐雜多元，取捨錯漏難免，不能盡如人意，在引用、資料措置間的疏失，尚祈先進不吝賜教。

景碩科技 林定皓

2018 年春　謹識 于台北

編輯部序

　　「系統編輯」是我們的編輯方針，我們所提供給您的，絕不只是一本書，而是關於這門學問的所有知識，它們由淺入深，循序漸進。

　　本書針對電路板的各應用領域做逐步的探討，以整合性的概念讓讀者認識電路板影像轉移的相關技術。並以淺顯易懂的實務經驗為重，讓讀者更能確實掌握影像轉移技術的變化與特質。本書適用於電路板相關從業人員使用。

　　同時，本書為電路板系列套書(共 10 冊)之一，為了使您能有系統且循序漸進研習相關方面的叢書，我們分為基礎、進階、輔助三大類，以減少您研習此門學問的摸索時間，並能對這門學問有完整的知識。若您在這方面有任何問題，歡迎來函聯繫，我們將竭誠為您服務。

目　錄

CONTENTS

CONTENTS

CONTENTS

CHAPTER 0

影像轉移技術在電路板領域應用的背景

0-1 緣起

　　影像轉移技術被廣泛應用於電路板製作，包括線路製作、選擇性局部覆蓋、止焊漆製作、介電質層製作等領域應用。早期電路板製作因為線路或形狀較粗大，可以使用絲網印刷做線形與蝕刻，將線路製作在銅箔基板上。經過多年，即使現在絲網印刷技術依然在不同領域使用，但除了較低價的品多數都已經轉用影像轉移技術製作了。

　　感光油墨類材料的發展，業者可在市面上取得相關產品使用。約在 1970 年代杜邦等化工公司推出了乾式影像轉移光阻，由於容易操作又有好的影像轉移表現，很快就被市場接受。現在電路板影像材料市場，感光油墨與乾膜產品共存，在綠漆應用方面則以液態油墨主導市場，但因為薄板需求，早期被淘汰掉的綠漆乾膜又重出江湖了。

　　半導體所用影像轉移技術，採用的是不同等級光阻、光罩、曝光設備、光源及不同濕製程設備。雖然如此，但概念卻與電路板有類同處，也可作為電路板製作線路時的借鏡。

0-2 設定的範圍

　　單一技術領域無法自外於整體產品技術，難免在討論中涉及一些相關技術範圍。目前電路板主流光阻產品，以水溶性影像轉移負型顯像為主流，因此本書主要討論內容也以此為重心。液態光阻，主要差異是在配方調配與操作方法，多數原理與乾膜類同，因此在討論中只會作適度說明，整體仍以乾膜相關技術為主幹陳述。

0-3 電路板的設計製作

電腦輔助工程 (CAE-Computer Aided Engineering)，主工作是電子構裝設計邏輯方面的事務。一些線路連結關係圖 (Netlist Diagram)，會對電子功能的定義及元件間相互關係作出規範。最後電腦輔助設計 (CAD-Computer Aided Design) 會定義出電路板產品相關尺寸、層次、繞線狀況、線路形式、孔連結狀態及零組件位置等。由這些輔助設計的電腦資料，可產出電路板各層線路結構、底片資料、鑽孔資料、測試治具資料、AOI 檢驗資料及組裝用零件安裝規劃資料。細部的電路板製作，會隨電路板結構不同而有差異。簡單的單雙面板，可能不需要特別提供某些資料並，但對高層或高密度電路板則資料複雜度會較高。

0-4 感光高分子在電路板製作中的角色扮演

消耗性高分子材料

當感光高分子材料只用於製作電路板線路，這種用法是消耗性高分子材料，它不同於會在最終產品出現的材料，被歸類為暫時性材料。會在製程中顯影過程將部分材料去除，在線路製做完畢時又將其它材料完全剝除，所有材料都成為廢棄物。因此這種材料不過是提供線路製作區域選別而已，主要發揮遮蔽蝕刻液、遮蔽電鍍等功能。

永久性感光高分子材料

永久性材料的應用，止焊漆、軟板覆蓋層 (Cover Layer)、感光型介電質層等都是明顯案例，這些材料在實際電路板產品可見到它的存在。最早永久性感光高分子應用案例，是一種可用於強鹼液體內的感光材料，經過線路形狀製作及化學銅沉積，之後這些材料就可直接成為介電質材料不需要再去除。這種應用，在早期溶劑型顯影材料為主的時代，是較容易執行且有成功案例的，但後來因為環保及技術改變而逐漸消失。在全成長製程類產品，仍有少量製作案例，但在一般感光材料應用，這種用法比較少見。

　　電路板用止焊漆材料，也是重要永久性感光高分子材料。早期曾用溶劑型顯影製作，同時有廠商製作成乾膜販賣。自從配方加入壓克力樹脂後，採用水溶液製作也可能，但因為配方因素使止焊漆與 FR-4 基材結合能力產生缺陷，經過嚴苛熱循環測試還是有斷裂風險。因此特殊全環氧樹脂止焊漆配方，雖然還用溶劑顯影製造，卻擁有一定生存空間。不過多年來經過專業人士努力，一些純環氧樹脂感光系統也可用水溶液顯影，這種技術應該有普及化潛力。

　　止焊漆是永久性高分子材料，不論配方如何改變，對這類材料的電氣性質、吸水性、絕緣阻抗、機械性質、耐熱衝擊性、耐化學性都會有一定要求。當然以電路板看，還有其它永久性感光材料被應用，如：感光成孔用材料、軟板用覆蓋層，這些都屬於永久性高分子材料應用。至於近來也被提出討論的光波導材料，也是永久性感光高分子材料的應用，但因為製程觀念相近，又並非我們主要探討議題，本書討論仍以一般電路板線路與止焊漆製作技術為主，不會做周邊材料應用的相關陳述。

CHAPTER 1

液態油墨與乾膜型光阻

1-1 液態油墨光阻

　　一般液態感光油墨有三種名稱：

- 液態感光油墨 (Liquid Photoimagable Resist Ink)
- 液態光阻油墨 (Liquid Photo Resist Ink)
- 濕膜 (Wet Film 以別於 Dry Film)

　　有別於傳統油墨處，是電子產品輕薄短小帶來的尺寸精度需求，傳統網版技術無法突破最小尺寸瓶頸。網版印刷能力一般水準，線寬能力可達 7-8 mil，間距則可達約 10-15 mil，這與現今追求的目標 3/3 mil 或更細線路需求有落差，必須以感光影像製作法製造線路。乾膜製程在非平整表面，要達到良好密接性不容易，因此防焊油墨就朝液態綠漆發展。圖 1-1 所示，為印刷型油墨與感光型材料製作外型的效果比較。

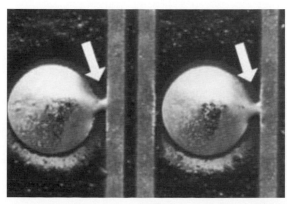

▲ 圖 1-1　印刷型油墨與感光型材料外型製作效果比較

　　由圖中印刷型油墨製作外型，可看出印刷法製作的外觀容易產生較模糊的邊緣。對止焊漆製作，容易產生短路或覆蓋焊墊風險若用感光型材料就有機會做出較精準邊緣。

1-2　電路板用液態油墨分類

　　依據不同分類基準，電路板用液態油墨可如表 1-1 所示，概略依據兩種不同特性分類。

▼ 表 1-1　液態油墨的分類

依據電路板製程分類	依塗佈方式分類
● 液態感光線路油墨 (Liquid Photo- imagable Etching & Plating Resist Ink) ● 液態感光防焊油墨 (Liquid Photo- imagable Solder Resist Ink)	● 浸塗型 (Dip Coating) ● 簾塗型 (Curtain Coating) ● 滾塗型 (Roller Coating) ● 靜電噴塗型 (Electrostatic Spraying) ● 電著型 (Electrodeposition) ● 印刷型 (Screen Printing)

1-3　液態感光油墨與綠漆的相關特性

　　感光性樹脂的品質特性要求項目：

● 感光度解像度高：Photosensitivity & Resolution
● 密著性平坦性好：Adhesion & Leveling
● 耐酸鹼蝕刻：Acid & Alkalin Resistance
● 材料安定性：Stability
● 操作條件寬：Wide Operating Condition
● 去墨性好：Ink Removing

　　油墨的主成分及功能：

● 感光樹脂：用於感光
● 反應性單體：稀釋及反應聚合
● 感光劑：啟動感光
● 填料：提供印刷及操作性
● 溶劑：調整流動性

液態感光綠漆化學組成及功能：

- 合成樹脂 (壓克力脂)：UV 及熱硬化
- 光起始劑 (感光劑)：啓動 UV 硬化
- 填充料 (填充粉及搖變粉)：印刷性及尺寸安定性
- 色料 (綠粉)：顏色
- 消泡平坦劑 (界面活性劑)：消泡平坦
- 溶劑 (酯類)：流動性

　　利用感光性樹脂加硬化性樹脂，產生互穿式聚合物網狀結構 (Inter- penetrating NET-WORK)，以達到綠漆的強度。

　　顯影則是利用樹脂中含有酸根，可被 Na_2CO_3 溶液顯像，在後烘烤後由於此鍵已被融入樹脂，無法再被洗掉。此時若要脫膜，只好用 NaOH 在高溫下浸泡脫除，但此時可能因爲浸泡過度而使底板織紋顯露不可不愼。圖 1-2 所示，爲典型織紋顯露缺點。

▲ 圖 1-2　典型的織紋顯露缺點

　　止焊漆是電路板的永久性材料，對於應有的物化性表現，會有特定需求必須滿足。表 1-2 所示，爲一般綠漆評估時的重要測試相關內容。

▼ 表 1-2　一般綠漆油墨測試性質項目

測試項目	測試方法
Adhesion (黏著力)	Cross hatch & tape test (剝離試驗)
Abrasion (磨擦抗力)	Pencil method (鉛筆刮削試驗)
Resistance to solder (抗錫能力)	Rosin flux260C /10 sec/5Cycle (抗錫測試)
Resistance to acid (抗酸能力)	10 % HCl or H_2SO_4 RT 30 Min Dip (耐酸測試)

▼ 表 1-2　一般綠漆油墨測試性質項目 (續)

測試項目	測試方法
Resistance to alkaline (抗鹼能力)	5 % W/W RT 30 Min dip (耐鹼測試)
Resistance to solvent (抗溶劑力)	Methylene Cloride RT 30 Min dip (氯乙烯測試)
Resistance to flux (抗助焊劑力)	Watersoluble flux dip (水溶性助焊劑測試)
Resistance to gold plating (抗鍍金能力)	Electro gold plate (電鍍或化鎳浸金測試)

　　許多不同類應用，都會針對作業必要性及油墨本身特性，做不同程度油墨黏度調整，以方便實際塗佈作業。表 1-3 所示，為常用止焊漆油墨稀釋劑特性。

▼ 表 1-3　液態油墨常用的溶劑特性

簡稱	全名	學名及化學式	沸點 BP/°C	比重	備註
BCS	Butyl Cellosolve 丁氧基乙醇	Ethylene Glycol Monobutyl Ether $C_4H_9\text{-}O\text{-}C_2H_4\text{-}OH$	171	0.9	
BCT	Butyl Carbitol	Diethylene Glycol Monobutyl Ether $C_4H_9\text{-}O\text{-}C_2H_4\text{-}O\text{-}C_2H_4\text{-}OH$	231	0.95	
	Butyl Carbitol Acetate	Diethylene Glycol Monobutyl Ether Acetate $C_4H_9\text{-}O\text{-}C_2H_4\text{-}O\text{-}C_2H_4\text{-}O\text{-}C(=O)\text{-}CH_3$	246	0.98	
	Carbitol Acetate	Diethylene Glycol Monoethyl Ether Acetate $C_2H_5\text{-}O\text{-}C_2H_4\text{-}O\text{-}C_2H_4\text{-}O\text{-}C(=O)\text{-}CH_3$	218	1.0	Screen Printing 表面張力 31.1dyn/cm
	Carbitol	Diethylene Glycol Monoethyl Ether $C_2H_5\text{-}O\text{-}C_2H_4\text{-}O\text{-}C_2H_4\text{-}OH$	202	1.0	
PMA		Propylene Glycol Monoethyl Ether Acetate $C_2H_5\text{-}O\text{-}C_3H_6\text{-}O\text{-}C(=O)\text{-}CH_3$	145.5	0.97	Curtain coating 表面張力 27.9 dyn/cm

▼ 表 1-3　液態油墨常用的溶劑特性 (續)

簡稱	全名	學名及化學式	沸點 BP/℃	比重	備註
DPM		Diepropylene Glycol Monomethyl Ether CH_3-O-C_3H_6-O-C_3H_6-OH	184	0.95	Screen printing 表面張力 28.8 dyn/cm 低毒性
	Cellosolve Acetate	Ethylene Glycol Monobutyl Ether Acetate C_2H_5-O-C_2H_4-O-C(=O)-CH_3	156.4	0.97	Curtain coating 表面張力 31.8 dyn/cm 毒性強
PM		Propylene Glycol Monomethyl Ether CH_3-O-C_3H_6-OH	120.6	0.92	Spray coating 表面張力 27.1 dyn/cm

1-4　乾膜型光阻

　　光阻配方及使用方法是多樣化的，它可採用液態或乾膜法製作。液態光阻可以是均勻乳劑或溶劑型光阻元素，以溶劑製作出穩定溶液型式，接著進行塗佈與除溶劑處理。相對於油墨光阻做法，將光阻製作成高黏度材料，同時以三明治法將材料製作在兩層薄膜間，再依據需要做定寬度捲式裁切。應用時捲膜材料會先將承載膜去除，並進行加溫、加壓的壓膜，經過這個步驟光阻就會與電路板銅面接合，乾膜表面會因為加溫與加壓，產生適度變形量貼附到銅面。部分應用因為電路板表面曲度較大，而使用真空壓膜做貼附。電路板在之後會進行曝光，在顯影前會先將另外一層保護膜去除再作業。光阻厚度均勻度與貼附性對影像轉移表現十分重要，液態光阻貼附性與對電路板平整度的敏感性都較輕，但一般乾膜光阻在厚度均勻度有較佳表現。圖 1-3 所示，為感光油墨製作與乾膜間的簡單比較示意。

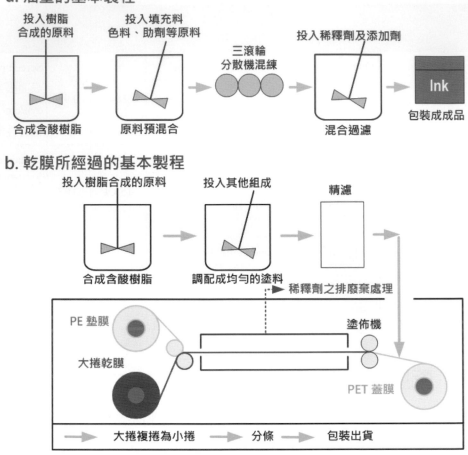

a. 油墨的基本製程

投入樹脂
合成的原料

投入填充料
色料、助劑等原料

投入稀釋劑及添加劑

三滾輪
分散機混練

Ink

合成含酸樹脂

原料預混合

混合過濾

包裝成成品

b. 乾膜所經過的基本製程

投入樹脂合成的原料

投入其他組成

精濾

合成含酸樹脂

調配成均勻的塗料

稀釋劑之排廢棄處理

PE 墊膜

塗佈機

大捲乾膜

PET 蓋膜

大捲複捲為小捲 ➞ 分條 ➞ 包裝出貨

▲ 圖 1-3 感光油墨與乾膜的製造簡略製程比較

　　乾膜原料製作，都是在高潔淨度環境下精密進行，這種最佳化環境使得乾膜針孔 (Pin hole) 出現機會降低，在潔淨的問題也比液態光阻低。一般液態光阻作業，是在板廠環境下作業，與專業乾膜塗裝廠會有差距，因此產品良率似乎採用乾膜者略勝一籌。也因此使用液態光阻的廠商，如果能在清潔度與板面維持有所進展，就有機會改善液態光阻整體表現。

1-5 乾膜光阻中各成分的功能

1-5-1 負型光阻的反應機構

　　一般負型 (Negative) 光阻之所以叫負型，是因為要製作線路的區域在底片上是透光區，因此在曝光後高分子聚合產生光阻保留區，大家將這類光阻稱為負型光阻。相對的正型光阻就呈現了相反行為，因此見光區域會在顯影後去除。目前多數電路板用光阻，都採用見光聚合壓克力樹脂系統。圖 1-4 所示，為兩種不同的反應基產生機構。

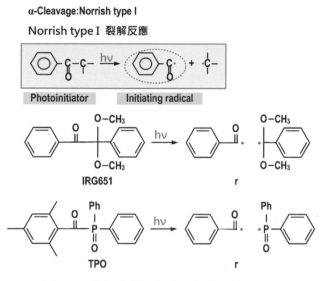

▲ 圖 1-4　光起始劑活化後產生自由基的作用

　　負型光阻內壓克力樹脂膠合劑 (Binder) 提供了足夠的溶解度，讓未見紫外光曝光的區域能在弱鹼碳酸溶液中溶解清洗掉。至於見光聚合區，則在一般弱鹼環境下溶解慢，但在強鹼性剝膜液中會有局部溶解度。可以在去膜時做膨鬆、斷裂、脫離等剝膜機制，並局部溶解在剝膜液中。壓克力樹脂啟動聚合的機制十分複雜，典型啟動機制是感光性分子吸收光子能量，分子就利用吸收到的能量轉移給光起始劑 (Photoinitiator)，起始劑會產生反應基 (Radical) 並進行一連串鏈帶聚合反應 (Chain Polymerisation)。

　　圖 1-5 所示，為一般壓克力樹脂聚合反應示意。但在曝光反應中，同時會有一些吸光耗能反應和光起始劑產生競爭性，也可能使光起始劑吸收能量不足，造成能量散失無法達到應有激發 (Exciting) 反應狀態。這些機制的搭配必須恰當，否則會發生啟動困難問題或曝光時間過久問題。

　　某些小量有機遮蔽劑 (Organic Inhibitor) 偶爾也會加入配方，這些製劑會與激發光敏感起始劑作用，抑制先期聚合反應產生。這些與起始劑或反應基產生的非反應性產物，是不會使壓克力樹脂單體反應的，如果再遇到微量氧氣出現就會終止整體聚合反應發生。圖1-6 所示，為一般光阻聚合序列反應狀態。這種配方可產生所謂反應基清道夫行為 (Radical Scavenging Reaction)，它可在光阻中產生最低門檻限制作用，讓曝光時未受到足夠光照射的區域，無法產生足夠反應的條件。低量曝光度讓小量光敏感物質與起始劑達到激發狀態，但這些激發態的化學基與遮蔽劑或氧氣產生了不會反應的鈍化物，鏈帶反應不會持續產生。鏈結反應只會發生在高曝光能量區，因為持續曝光下遮蔽劑會消耗殆盡。

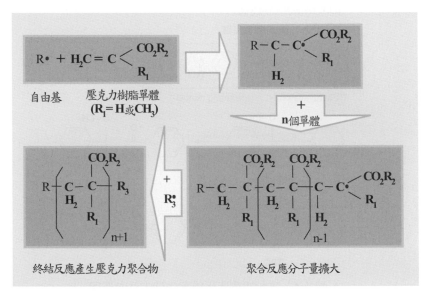

▲ 圖 1-5　自由基 (R*) 啟動的壓克力樹脂聚合反應

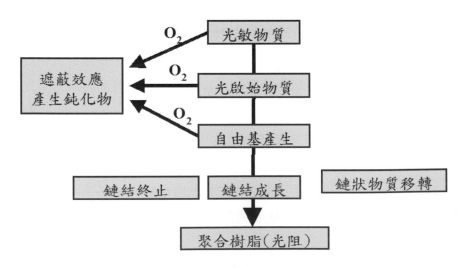

▲ 圖 1-6　一般的光阻聚合序列反應

因此光阻都有一定貯存壽命，至於壽命時間長短要看貯存溫度條件及輻射承受狀況而定。在低紫外光散射下，非曝光區的光阻不會產生大幅聚合，因為遮蔽劑產生的作用門檻所致，但這些區域也會隨漏光程度產生某種程度影像模糊化現象。當然使用者，會希望這種模糊化區愈小愈好，就可以產生良好對比，讓光阻影像有較清晰輪廓。

負型光阻見光與不見光區，會產生相當不同的聚合度與交鏈，在顯影液與去膜液中會呈現相當不同的溶解度。典型光阻配方會含有定量羧酸類官能基膠合劑 (Binder) 及單體，這些配方與顯影液及去膜液中的鹼類產生鹽類產物。某些光阻配方也有可溶性胺基 (Amino) 的官能基配方，此時就會用有機溶劑或與水混合液做顯影與去膜。這類光阻的特性，對需要承受特殊嚴苛鹼性環境的應用較適合。雖然光阻溶解度差是特性應用的主要項目，但改進光阻解析度的方法有相當不同的途徑，如：沾黏度、結合力等，這些在實際應用已有實績。

1-5-2　正型光阻的反應行為

正型光阻的功能非常不同，典型光阻配方溶解度來自膠合劑中酚醛官能基 (Phenolic Groups) 轉換為可溶的酚鹽類 (Phenolates)，這樣膠合劑可溶解在強鹼中。和負型光阻相反的是，曝光區會有較高溶解度，因為曝光區有光感應產生的酸根所致。感光產生的酸根，提供了較高溶解度，因此感光區可在鹼性溶液顯影去除。一些濃縮醛類及酚類高分子，可與感光酸類反應成為正型光阻。樹脂的酚醛官能基會在強鹼環境轉換成酚鹽類產物，光阻就可被剝除。

1-5-3　正負型光阻的特性比較

負型光阻的優勢：

- 傳統現象，負型光阻單價較低，感光速度也較快，使負型光阻在生產性及成本都有較好表現。
- 作業寬容度，似乎負型光阻也有較好表現，因為負型光阻在光起始劑及反應基消耗完後，整個聚合過程就告終了，這給光阻較大曝光到顯影間停留時間寬容度。
- 正型光阻是以光產生酸而不是消耗作用，在停滯時間需要較嚴謹控制。另外因為光感應產生酸的過程中，涉及一些水分消耗，這主要用於將乙烯酮 (Ketene) 轉換為酸的過程，因此環境溼度控制就比較敏感。

正型光阻的優勢：

- 正型光阻硬度比水溶性負型光阻高，可有較高抗損傷性，有利於良率提昇。
- 對內層線路製程，許多缺點來自於曝光髒點問題，在正型光阻會產生短路問題，這種問題的修補比斷路容易。
- 一次正型光阻塗佈，可進行多次曝光多次顯影，可用在某些特殊應用。

1-5-4　乾膜光阻的成分與功能

目前電路板業多數都以負型光阻為主要應用，其中又以乾膜比例較高，因此本書內容討論，多數都以乾膜光阻分析為標的，內容附帶一點其它光阻特性描述。分析一般負型乾膜材料成分，會有以下主要項目必須討論：

1. 光起始劑 (Photoinitiator) 的系統

   這類配方最簡單的是單一元素，光起始劑受紫外光激發產生反應粒子，並啟動整體聚合反應。但更常見到的是，利用光敏感物 (Sensitisers) 與活性體 (Activators) 混合或共起始劑 (Co-initiators) 產生活性基粒子。多數情況，鏈結機轉物或氫提供者是光起始劑的一部份，它們會產生第二級 (Secondary) 活性基粒子，這種機制更適合啟動光化學聚合反應。典型光起始劑系統如：芳香族有機物及 HABIs (Hexaarylbisimidazoles) 都是典型反應物。

2. 單體 (Monomers)

   一般單體至少需要一個以上雙鍵可與自由基反應，較適合的單體以壓克力樹脂 (丙烯酸化合物) 家族為典型材料，且常會在支鏈上做改質，以改變材料性質。主要功能是在曝光時產生高鏈結構，與膠合劑產生交鏈作用，使曝光區在顯影液中具有較低溶解度，可呈現出足夠機械與化學強度，足以發揮抗蝕刻與電鍍光阻功能。一般乾膜配方單體含量低於 60%，太高乾膜黏度會過低使連結強度不足。

3. 膠合劑 (Binders)

   乾膜膠合劑會保持含量高於 25% 以上，使乾膜具有足夠穩定度與尺寸安定性。膠合物化學結構都是混合物，由聚合物與共聚物製作，來源是由丙烯酸、甲基丙烯酸、苯乙烯、醋酸乙烯酯等轉化而成。膠合劑實際應用重要性質包括：平均分子量及分布，影響剝膜速度、蓋孔能力 (Tenting)、玻璃態轉化點 (影響成膜性、常溫流動性、熱壓變形量與貼附性)、柔軟度與伸張度 (影響機械與蓋孔強度)、溶解度 (影響剝膜性)、化學強度 (影響電鍍槽、耐鹼性蝕刻強度)、毒性 (影響工業安全性及廢棄物處理)。

膠合劑在塗佈混合液中必須有良好溶解度，才能做出均勻沒有相分離的塗佈膜。若單體化學特性與膠合劑類似，有助於膠合劑融入與塗佈。有時候配方還會加一點溶劑可溶的膠凝劑，調節常溫下流動性。

4. 安定劑 (Stabilisers)

安定劑主要功能是防止先期受熱引起的反應，這些物質在製作時就已經與單體一起添加。安定劑添加必須謹慎，以防降低過多感光速度。典型化學結構如：苯二酚、亞硝基雙體 (Nitroso Dimers)。

5. 塑化劑 (Plasticisers)

塑化劑添加是調整光阻彈性與硬度，保持光阻強度與機械特性。在非曝光區由於有大量單體，使光阻保有一定塑性，但在曝光過程曝光區會消耗大量單體使光阻產生交鏈，會產生材料脆性與脫落可能性，塑化劑添加就是為了改進這個副作用。但這類添加劑最好不要產生與光敏感度相關的反應，否則會影響光聚合發生速度與強度。同時塑化劑也不希望有過高吸水性，以免影響材料儲存穩定性。聚多醇類 (Polyglycols) 是典型的塑化劑來源，同時可作為顯影及去膜時的抑泡劑。

6. 填充劑 (Fillers)

填充劑可以是高聚合度高分子顆粒、碳酸鹽或矽酸鹽類，主要作為表面沾黏度調整劑，同時對綠漆耐熱衝擊性也有幫助。還有一說是降低成本，這部分就不知道是否完全屬實了。

7. 塗佈助劑 (Coating Agents)

此添加劑主要用於改善塗佈品質及速度，有些介面活性劑有不錯表現，有時候這種製劑也可作為塑化劑及抑泡劑用。

8. 結合力促進劑 (Adhesion Modifiers)

芳香族偶氮類配方，因為化學鍵尾部有鍵結能力，可以強化與基板表面結合力。這些物質因為會與銅產生錯合物反應，也用於防止銅面氧化的配方，業界稱為有機保焊膜 (OSP)。至於光阻與保護膜間的沾黏性調整，也會有製劑添加做特性調節，過低沾黏性會讓保護膜 (Mylar) 在壓膜或操作中脫落，但過高沾黏力會在撕除保護膜時將光阻同時脫除，這些都不是好乾膜設計。

9. 抗鹵化製劑 (Antihalation Agents)

曝光未被光阻吸收的光源，會從基板表面散射或反射到非曝光區，使得曝光介面模糊不清減低光阻解析度。這種非曝光區聚合現象，首先出現在使用鹵化銀類底片的曝光製程，因此將防止因鹵化銀底片產生鬼影添加的製劑稱爲抗鹵化製劑 (Antihalation Agents)。

最理想的抗鹵化製劑，是做在光阻與承載膜間，就可以吸收從板面反射的光。但實際上光阻是直接與銅面接觸，因此這類製劑必須混合在光阻中，雖然它會吸收異常散射光，但同時也會減低感光速度。

10. 色料 (Dyes or Pigments)

光阻顏色其實並不直接與功能性產生關係，但由於外觀考量與作業者喜好問題，光阻顏色控制也變成重要光阻輔助指標。色料應用在光阻功能性方面提供做業者目視便利性，它可以呈現以下特性：

- 較容易用目視簡單判斷均勻度及覆蓋狀況，這尤其對液態光阻有用
- 對於乾膜應用可方便架設乾膜時的對位操作
- 可用特別設計的線路方便確認對位準度
- 顏色對比可方便目視檢查或光學設備檢查

經過曝光的光阻都會有潛在顏色變化，這些顏色可讓作業人員直接看出顏色對比，以確認曝光大致效果及對位狀況，不需要經過顯影作業就可概略判斷曝光成果。一般光阻設計若經過曝光就會呈現較深顏色，相對未曝光區就有較淺的顏色對比。光阻應用有許多不同顏色，但其中以藍與綠兩色應用最普遍，因爲這兩色對比於銅面暗紅或粉紅色，補色性較高，容易產生較高對比性。

不論染料或色料，對光吸收都有一定影響，如果顏色過深有可能會影響到曝光效率，這類影響在光阻應用應該留意。某些色料同時具有轉移電子功能，可有啓動光化學反應功能，但在光阻系統較少用這種機制設計，因爲這種設計的光阻貯存壽命會較短。對使用自動曝光系統的生產者，某些 CCD 對位系統需要一定光阻透光率才能做光學對位，對這種應用需求，色料添加與銅面處理模式會成爲重要課題。

1-6 液態光阻的應用方式

液態光阻先被用到電路板製作，其基本應用與乾膜當然不同。首先他必須用塗佈法將光阻做在電路板面，不是用眞空或熱滾輪將膜壓著在電路板上。銅面處理法兩者也有不

同，許多經驗都發現，乾膜結合力比液態油墨更依賴銅面粗化處理。當然所有異物及髒東西，都必須在光阻製作前澈底清除，否則會在光阻製作時產生針孔。

　　液態光阻必須乾燥後才曝光，後續顯影等濕製程則與乾膜相似。液態光阻塗佈厚度多數都保持在 8 ～ 13μm 左右，與乾膜厚度 20 ～ 50μm 比，顯影與去膜速度都會較快，產生廢棄物也較少。但對線路電鍍光阻應用，膜厚是必要條件，因此外層線路電鍍應用，乾膜仍然有較大優勢。液態光阻也有正負型，塗佈法也有不同選擇。半導體產業用旋塗 (Spin Coating) 法做光阻建置，電路板內層製程則採用滾輪塗佈法做塗裝 (Roller Coating)，電著塗裝 (ED-Electro Deposition) 被特定使用者用於外層線路製作，簾幕塗裝 (Curtain Coating) 及印刷 (Screen Printing) 塗佈法則主要用在綠漆製作。

　　浸泡式 (Dip Coating) 塗裝，有部分廠商曾經使用，不過容易產生厚度差異及清潔度問題目前使用者不多見。噴塗 (Spray Coating) 是另一種塗裝法，傳統上電路板製作不常用這種方式，因為材料利用率差，但由於綠漆覆蓋性問題浮現，使這類技術又再度受到重視。表 1-4 所示，為一般電子產業常用的塗裝技術整理。

▼ 表 1-4　一般電子產業常用的塗裝技術

塗裝技術	電路板製作常被採用的製程
印刷 (Screen Printing)	內外層線路、綠漆、塞孔、印字、印錫膏
浸泡塗裝 (Dip Coating)	內層線路、外層線路 (加塞孔)
滾輪塗裝 (Roller Coating)	內層線路、外層線路 (加塞孔)、介電層形成、綠漆
噴塗 (Spray Coating)	綠漆
電著塗裝 (Electrical Deposit)	內層線路、外層線路 (Tenting)
擠壓式塗裝 (Slot Coating)	目前用於平板顯示器
旋轉塗佈 (Spin Coating)	目前仍以半導體為主
簾幕式塗佈 (Curtain Coating)	目前以綠漆為主
壓膜 (Lamination)	內外層線路、介電層形成、綠漆
其他 (Others)	CVD、PVD、Sputtering、Plating …

　　液態光阻除了塗佈法與乾膜有差異外，在實際應用上有相當類同性，但有一項最大不同就是液態光阻很難做所謂 "蓋孔 (Tenting) 製程"。因為液態光阻會直接流入孔內，無法在孔上形成支撐光阻膜。對想要用電鍍後直接蓋乾膜做線路蝕刻的人，無法用液態油墨做生產。

　　但電著塗裝式液態油墨，由於能用電著特性將懸浮在液體中的膠體直接貼附到所有死角，可用於有孔電路板直接線路蝕刻。但這類製程因對水質要求較高，實際應用也不普及，在資源不易取得下，目前使用者仍以日本廠商較多。圖 1-7 所示，為典型塗佈製程設備範例。

絲網印刷
(Screen Printer)

滾筒塗裝
(Roller coat)

真空壓模
(Vacuum laminator)

浸泡塗裝
(Vacuum laminator)

噴塗
(Spray coat)

簾幕式塗裝
(Curtain coat)

▲ 圖 1-7　典型塗佈製程設備範例

1-7　各類的乾膜光阻

乾膜結構

　　典型乾膜結構是三明治，由一層聚酯樹脂 (Polyester) 膜支撐，厚度多數為 17 ～ 25μm。在其上塗佈一層光阻，主要應用厚度為 15 ～ 75μm 左右，之後表面會覆蓋一層保護膜，多數是 PE 塑膠膜，厚度則約為 25μm。圖 1-8 所示，為一般乾膜光阻結構示意圖。

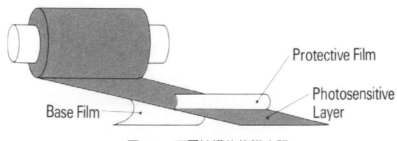

Protective Film

Photosensitive Layer

Base Film

▲ 圖 1-8　三層結構的乾膜光阻

CHAPTER 2

電路板製作程序的選擇

2-1 電路板的製程選擇

典型電路板線路製作程序，包括：

1. 影像製作 / 蝕刻 (Print & Etch) 製程
2. 線路電鍍 (Pattern Plate) 製程
3. 全板電鍍 / 蓋孔蝕刻 (Tent & Etch) 製程

這些製程都以減除蝕刻 (Subtractive) 為重要手法。當然也有特殊全加成線路作法用於電路板製作，但應用比例相當低，後續內容會略為交代。這幾種製作方法的整理，如表 2-1 所示。

▼ 表 2-1　主要的電路板線路製作程序

1. 影像製作 / 蝕刻製程 (Print & Etch)	2. 線路電鍍製程 (Pattern Plate)	3. 全板電鍍 / 蓋孔蝕刻製程 Panel Plate(Tent & Etch)
內層基板	雙面或多層板	雙面或多層板
	鑽孔	鑽孔
	除毛頭	除毛頭
	種子層製作 (化銅或是直接電鍍)	種子層製作 (化銅或是直接電鍍)
	薄銅電鍍	全板電鍍

▼ 表 2-1　主要的電路板線路製作程序 (續)

1. 影像製作 / 蝕刻製程 (Print & Etch)	2. 線路電鍍製程 (Pattern Plate)	3. 全板電鍍 / 蓋孔蝕刻製程 Panel Plate(Tent & Etch)
壓膜前處理	壓膜前處理	壓膜前處理
壓膜	壓膜	壓膜
曝光	曝光	曝光
顯影	顯影	顯影
	電鍍前清潔脫脂	
	線路電鍍	
	金屬抗蝕膜電鍍	
	剝膜	
蝕刻	蝕刻	蝕刻
剝膜	金屬抗蝕膜剝除	剝膜

　　多數電路板線路製程都有類同處，方法都是採用全銅蝕刻或半蝕刻程序，偶爾也會用幾種程序混合製作。如：電路板可能用部分全板電鍍，接著以線路電鍍法製作，獲得更佳細線製作能力。唯一沒列入的製作法，就是全成長製程，這種製程是用影像轉移法做出線型，在線路區完全用化學銅做線路建構，業者稱這種方式為全化學成長製程 (Full Build Electroless Process)。

1.　影像製作 / 蝕刻 (Print & Etch) 製程

　　所謂影像製作 / 蝕刻是非常簡單的製程，多數用於單面板或內層板製作，光阻影像是以印刷或壓膜 / 曝光 / 顯影法完成，在基材上未被保護的銅區域會用蝕刻法去除，之後光阻會以去膜液去除。用這類製程的光阻多數較薄，大約厚度是在 20 ～ 30μm 間，基本特性要符合酸、鹼性蝕刻需求。若用液態光阻，因為沒有壓膜能力限制，可以做更薄而有利於蝕刻的模式。圖 2-1 所示，為影像製作 / 蝕刻製程簡略示意。

2.　全板電鍍 / 蓋孔蝕刻 (Tent & Etch) 製程

　　線路電鍍及蓋孔蝕刻製程，主要用於有通孔導通的電路板製作，這種電路板結構，通孔金屬必須有適當保護，防止孔內金屬受到蝕刻液傷害，所謂孔，可包括內層通孔、雙面板孔、盲孔、多層板通孔等。

蓋孔蝕刻製程，電路板會先鑽孔，之後做去毛頭、化學銅、全板電鍍，之後做光阻壓合、曝光、顯影，因為電路板兩面都受到光阻保護，蝕刻液就不會傷害到孔內金屬。光阻使用過後會剝除，樣種製程用的光阻必須有穩定的蓋孔能力，尤其是在承受機械應力及酸性抵抗能力表現特別重要，一般這類光阻的厚度會在 40～50μm 左右。圖 2-2 所示，為全板電鍍 / 蓋孔蝕刻製程示意。

▲ 圖 2-1　影像製作 / 蝕刻製程示意

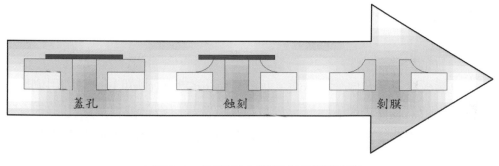

▲ 圖 2-2　全板電鍍 / 蓋孔蝕刻製程示意

3. 線路電鍍 (Pattern Plate) 製程

線路電鍍製程，電路板首先會做鑽孔、去毛頭、化學銅製程，之後做光阻壓合、曝光、顯影，接著做線路電鍍，電鍍區域以光阻限定的區域為範圍。線路電鍍後在線路區域上方會電鍍一層抗蝕刻金屬，如：錫鉛、純錫或鎳電鍍，之後電路板會去膜及鹼性線路蝕刻，這種蝕刻液對線路上的保護金屬損害輕。

這類光阻應用，乾膜厚度多數約 40～75μm，主要目的是為了建立足夠高的檔牆，避免電鍍不均產生過度電鍍，造成草菇頭 (Mushrooming) 夾乾膜問題，這部分會在後續內容討論。光阻在全製程中必須要沾黏穩固，不能因為化學品攻擊鬆脫，同時光阻與電鍍藥水相容性，使用時也必須做確認，以免浸泡中釋出的化學物質影響光澤劑功能。圖 2-3 所示，為線路電鍍製程示意。

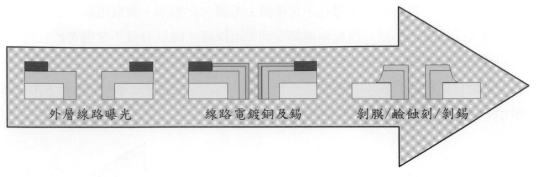

▲ 圖 2-3　線路電鍍製程示意

　　製程愈短不論成本或穩定度都會較有利，但製作線路能力及產品特性則未必與此搭配，要如何降低製作成本又能兼顧製作品質與能力，需要工程方面的抉擇。因為電路板製程有多樣化選擇，並沒有絕對順序可遵循，後續內容會以影像轉移技術為重點，並不著重在其他相關技術選擇與應用的闡述。

2-2　電路板的導通孔製作

機械鑽孔與除膠渣

　　雙面或多層板會以鑽孔做層間導通，而鑽孔產生的毛頭 (Drill Burrs) 則用刷磨法去除，去除不良會對光阻蓋孔能力產生影響。多數電路板都是以數碼控制做鑽孔，不論多軸機械孔或雷射孔等不同鑽孔，對影像轉移製程影響有限，除了孔位精準度外較不會扯上關係。

微孔製作

　　電路板設計使用微孔 (一般指直徑小於 200μm 的孔) 製作，可大幅提昇連結密度，尤其是盲埋孔技術，更提高了設計彈性。這種結構使用傳統機械鑽孔，不但速度慢且價格貴，在深度控制也不切實際，因此這類產品主要還是以 HDI 技術為本。製作微孔主流技術，目前以雷射加工為主，UV 雷射及二氧化碳雷射都有業者使用。至於其他微孔形成技術，雖然早期 HDI 開發也有廠商使用，如：感光成孔、電漿成孔、噴砂成孔、化學成孔等，但目前都非主流。相關成孔技術，可參考 "電路板機械加工技術應用" 一書。

CHAPTER 3

孔金屬化製程與影像轉移技術的相關性

3-1 孔導通的做法

雙面以上的電路板，會以孔進行跨層連結，不同處僅在結構上會有通孔、埋孔、盲孔等差異。傳統導通孔金屬化技術，以化學銅為主，主要作法是做孔壁活化處理，之後以化學還原法做化學銅析出。所謂化學銅處理，指的是不提供電力下，金屬析出的製程。這種製程也大量用在 HDI 類產品，在全成長線路製作也有成功案例。

導電膏、導電油墨、導電凸塊技術，也在高密度電路板製作領域有使用案例，但整體應用市場佔有率仍不夠高。至於為了環保考慮發展的導電高分子、碳或石墨製程、無EDTA 製程等技術，被稱為所謂直接電鍍 (Direct Plating) 製程，也在市場中成長，取代了部分現有化學銅技術。

3-2 重要的製程變數

化學銅重要操作參數，以監控化學銅槽鹼度 (% NaOH)、甲醛濃度、銅濃度及溫度為主，槽中錯合物及安定劑量也必須注意。當然前製程也會影響孔金屬化品質，如：除膠清潔度、孔壁粗度等，這些都會影響導通孔活化能力及金屬覆蓋能力。對於直接電鍍技術，重要的變數比較不同。針對不同技術應用會有不同參數要注意，且研究發現，不同金屬化技術也與後續電鍍有交互關係，採用時必須注意搭配性問題。

3-3 ┊┊ 直接電鍍與無甲醛化學銅製程

直接電鍍技術會影響影像轉移應用，幾種重要直接電鍍技術依據其化學特性分類如下：

- 鈀金屬系統
- 碳／石墨系統
- 導電高分子系統
- 無甲醛化學反應系統

3-3-1　鈀金屬化系統

從 70 年代直接電鍍概念被提出以來，到 90 年代初才有實際商用製程在垂直電鍍設備上開始應用，這類製程必須使用特殊處理槽做介層金屬成長，且只有非常少量鈀會在孔壁上析出，之後用標準電鍍將銅增厚到需要厚度。這種製程銅會先從表面開始成長，之後逐漸向孔內延伸，這種成長模式會讓孔銅產生所謂狗骨頭 (Dogboning) 現象。圖 3-1 所示，為電鍍狗骨頭現象，孔邊銅厚比中心略薄，嚴重者差異會更大。

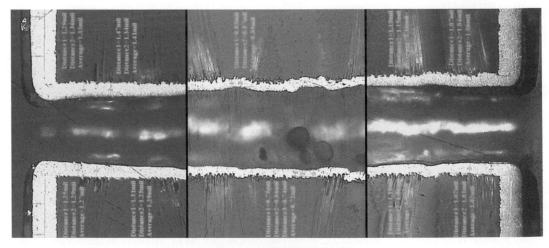

▲ 圖 3-1　電鍍狗骨頭現象

因此製程改善著重在改進電鍍對孔內鈀金屬通孔覆蓋率，或增進孔內導電度。為了讓這種製程能在一般電鍍系統電鍍，這類製程會針對以下特性做改善。

1. 鈀金屬上成長第二種金屬的系統
   在速化過程中，化學品會與另外一個金屬產生置換作用，最典型的金屬是銅長在鈀上取代錫，改善孔導電度。

2. 高分子安定化的鈀膠體

以有機物安定化鈀金屬製作的膠體，這種膠體有整孔與附著孔壁功能，可保證鈀金屬粒子吸收，而有更好的孔壁覆蓋率及較佳電鍍能力，電鍍前會有高分子物質去除步驟。

3. 硫化鈀塗佈系統

這種製程是依賴鈀金屬粒子轉換產生的連續硫化鈀覆蓋膜，以獲得較佳的連續覆蓋孔壁，如此可以獲得比較好的導電度以及電鍍速率。銅面的硫化鈀在乾膜覆蓋時會以微蝕去除，以保障銅與銅之間的結合完整性。

4. 非常小的鈀金屬膠體

有幾種系統提出採超小鈀膠體概念，藉以獲得更好覆蓋率與導電度。這種系統最大問題是如何控制粒子的尺寸，同時在化學品穩定性與壽命也是問題。這些鈀系統直接電鍍概念，並未對乾膜光阻使用產生直接影響。全板電鍍光阻表面處理需求，與傳統做法差異不大，若能夠改善銅面粗度，對光阻結合力最佳化會有幫助。典型表面粗化處理，以刷磨或噴砂較常見，也有一些化學微蝕處理有不錯的粗化效果。

不同製程會有不同表面處理需求，若是線路電鍍製程，光阻做在刷磨後的銅面，但如果用化學銅直接做線路電鍍的概念，則可能會做在未刷磨化學銅或防氧化層 (Antitarnish) 表面。若採用鈀金屬系統處理的直接電鍍，則乾膜必須做在活化後銅面。鈀膠體或金屬直接電鍍，壓膜時不會做表面去除。銅面電鍍前表面狀態，都是由除毛頭 (Deburring) 產生，若採用直接電鍍概念，最多只在前處理會受微蝕處理改變一點外觀。一般性電路板製程，這種表面與乾膜光阻的結合力大致沒問題，而去膜也不會有什麼明顯困難。

硫化鈀系統，業者提出注意事項，希望在壓膜前能除硫化鈀，防止因這層皮膜造成乾膜與銅面結合不良。硫酸雙氧水系統是典型除硫化鈀藥液，但它所產生的銅面會較平滑，不利於乾膜結合，另外對多層板製作的孔內銅層側面，也必須有完整硫化鈀去除，以免有銅與銅間結合問題。這種處理不但可清潔銅面，且可將孔邊毛頭降低並強化表面粗度，有利乾膜結合。

3-3-2 　碳粉與石墨金屬化系統

80 年代中期，碳類通孔製作系統首次提出，從提出到實用歷經了多年改善過程。到 90 年代初期，石墨類處理系統有商品問世。這類製程利用碳或石墨媒介吸附在孔壁上，但同時吸附在其他銅區域的碳或石墨，必須用微蝕法徹底去除。若去除不全，就會有銅金屬連結性問題，對乾膜結合力也不利。

與硫鈀系統類似，這類直接電鍍系統必須有足夠微蝕去除殘留銅面的粒子，否則對銅結合力有影響，而足量微蝕產生的粗度，則對於乾膜結合力有一定幫助。這類處理沒有金屬處理停滯時間問題，多數會用防氧化 (Antitarnish) 處理，壓膜前只要有足夠除氧化能力，這類製程沒有大問題。

3-3-3　導電高分子系統

導電高分子概念在歐洲開始發展，被完全用水平傳動設備製程的廠商所喜愛，這類設備可用高電流密度電鍍，短時間內將孔銅鍍到足夠厚度。這類製程的好處是，高分子可以只做在需要區域，金屬區可不產生覆蓋，不需要額外去除處理。這類處理會在壓乾膜前，在水平線先鍍一層十分薄的銅層，因此表面會比較光滑，要壓乾膜最好能夠做表面粗化，對保證乾膜黏著力較好。

3-3-4　無甲醛化學銅系統

這類製程不算直接電鍍，主要特色只是未使用甲醛配方而用替代品，到目前為止這種技術還沒廣泛利用。其技術基本概念與傳統化學銅類似，只是還原劑改用一些不同製劑，如：某種替代甲醛的次磷酸鹽 (Hypophosphite)。這類製劑會有自我停滯 (Self-limiting) 現象，因此製程首先會以無電反應，之後再通電加厚。經過處理後，電路板轉入酸性鍍銅槽做電鍍銅，但需要注意的是這類電鍍並非與所有酸性電鍍槽都相容。這類製程對乾膜處理，沒有特別需要注意的事項。但如前所述，電鍍光滑表面最好做處理，會有利於乾膜接著。

綜合這些金屬化處理技術，對於乾膜光阻應用影響有限，使用者主要著眼點還是要放在銅表面狀態控制。

3-4　如何避免金屬化中的孔洞問題

電路板孔徑愈來愈小，很難保證良好孔銅覆蓋品質。另外要有均勻金屬層與保護層建立，才能達成良好蓋孔效果，防止蝕刻液攻擊問題。產生孔內空洞 (Voids) 問題的因素，值得後續討論追尋並尋求解決方案。孔內空洞現象有許多不同可能肇因，但以共同現象看，主要缺點現象以孔內銅覆蓋不足或空區未被金屬遮蔽較多。其實從基本因素分析看十分簡單，可能產生模式包括沒有足夠金屬做覆蓋或經過金屬覆蓋後又被外在處理去除造成空洞兩種狀況。

　　覆蓋不足部分，可能來自操作條件不良，如：化學品配方不良、攪拌不佳、電流密度分布不佳、電鍍時間不足等問題。也有可能因為阻礙電鍍的因子覆蓋在孔壁表面造成，如：殘留空氣氣泡、異物、膠渣、有機膜等。當然也可能是某些區域電鍍液無法到達，沒有良好電鍍品質，較典型例子如：鑽孔不良產生的剝離問題。至於將銅從覆蓋表面再次去除，應該都是化學處理製程，如：蝕刻或加工過程產生的吹孔 (Blowholing)、應力斷裂 (Stress Cracking)、或是碎裂 (Flaking) 現象。

　　當要檢討缺點形成原因，要遵循問題解決指南做比對。首先必須做問題解析，確認確實問題現象，確認後依據問題分類做可能原因追蹤，遵循魚骨圖分類模式，做更精細現象比對與可能原因分析，直到找出原因為止。某些問題解決指南，不但提供可能原因分析，還對問題可能解決方案做解說。我們可對較典型的問題做案例探討，以作為問題解析與解決練習範例，這有助於培養實際 問題解決能力。

3-4-1　因前段工程所導致的孔內空洞問題

鑽孔

　　鑽針磨損會造成粗糙孔壁並產生拉扯，會對內層銅皮與樹脂產生破壞力，嚴重會造成裂縫及玻璃纖維與樹脂間碎裂性缺點。這些缺點固然可能來自於鑽孔參數，也可能來自於樹脂與銅皮或玻璃纖維結合力好壞影響。多層板黑化處理與樹脂結合力，比銅皮粗糙面與樹脂結合力低，多數斷裂面會出現黑化面。

　　切片認證會有這類現象，除製造使用反向處理 (Reverse Treated) 銅皮。這種現象最容易發生所謂粉紅圈 (Pink Ring) 缺點 (如圖 3-2 所示)，因為藥液滲入銅面將黑化層溶解而呈現粉紅色。因此不良鑽孔在多層電路板製造，會混合粉紅圈及空洞雙重缺點。一般稱這種缺口為楔型缺口 (Wedge Voids) 或是吹孔 (Blowholes)，範例如圖 3-3 所示。楔型缺口的缺點，會從接合介面開始延伸，形狀都是喇叭

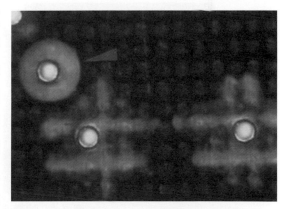

▲ 圖 3-2　粉紅圈缺點

口狀，這些缺口多數都會被銅遮蔽。若銅遮蔽了缺口，則封閉在缺口內的水氣會在後續高溫製程汽化，如：噴錫、組裝製程。這種汽化過程會增加壓力，對銅金屬產生破壞，因此也稱為吹孔缺點。

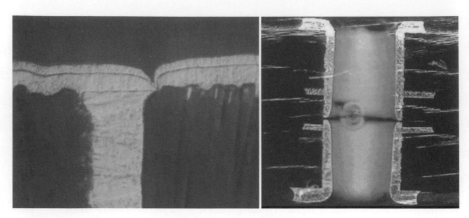

▲ 圖 3-3　孔內的楔型缺口

除膠渣 / 回蝕 (Etch Back)

　　除膠渣製程是為了以化學法，做內層銅側面膠渣去除，膠渣來自鑽孔高溫融熔產生。至於回蝕則是較大量除膠與蝕膠過程，這種做法可在電鍍時產生所謂三面連結 (Three-plane connection) 結構，目的是要增加孔壁銅結合力。

　　高錳酸鹽是此製程的典型處理化學品，用來將樹脂膠渣氧化去除。一般在做氧化處理前，會進行一道膨鬆 (Swelling) 處理，處理後則會有一道還原處理去除殘留物。至於對玻璃纖維的回蝕處理，會用不同的處理程序，常見的化學品以氫氟酸類為代表。圖 3-4 所示，為美國軍方要求的除膠渣回蝕所達成的三面連結產品斷面圖。

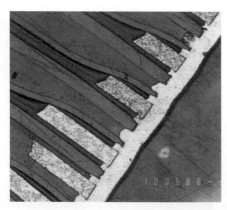

▲ 圖 3-4　除膠渣回蝕所達成的三面連結

　　有兩種缺口缺點來自不佳除膠渣處理，其一是去除不全殘留膠渣，會吸收水分及液體，導致吹孔缺點。另一種可能缺點則是膠渣去除不全，會使電鍍銅與內層銅間結合不良，在後續產生孔壁剝離。這尤其容易發生在高溫製程處理，這種斷裂模式最後會在孔壁銅區產生楔型缺口。也有一些缺點分析發現，若除膠渣時中和還原或清洗不良殘留，還是有可能發生楔型缺口缺點。

化銅前的活化程序

除膠渣 / 回蝕 / 化學銅製程間的相容性問題，必然是整體製程最佳化必須注意的事。傳統化學銅的前處理，包括清潔 (Cleaning)、整孔 (Conditioning)、預浸 (Pre-dip)、活化 (Activating or Catalysing)、速化 (Acceleration) 等都是探討的範圍。如：整孔劑是用陽離子介面活性劑，將所有玻璃纖維表面改質為正電性，若處理不足會產生觸媒吸附不良。然而若處理過度，又可能有吸附過度產生後續銅結合力不佳問題。一般處理不良問題，多發生在玻璃纖維表面，當製作切片時會看到玻璃纖維覆蓋不良狀況。

另外一些玻璃纖維空洞缺點發生原因，包括玻璃纖維處理不足、過度樹脂蝕刻、活化不足、速化不足或化銅槽活性不足。至於其他影響因子，還包括鈀金屬覆蓋效率，這包括該槽操作溫度影響、浸泡時間、藥液濃度等都有貢獻，必須適當研討。若空洞現象竟然出現在樹脂區，則必須檢討是否有高錳酸鹽殘留或異常污染物污染，當然整孔不足也可能是問題原因。

3-4-2　因化學銅製程所導致的孔內空洞

檢討空洞缺點來自化學銅製程時，最需要注意的化學銅前處理，若真有缺點出現常會在化學銅製程後才看得到。當然孔內空洞也可能出現在化學銅與電鍍銅間，或在錫鉛 / 純錫電鍍間。從孔內空洞缺點現象，可大略辨別是包藏氣體孔洞、固體異物或有機膠渣等原因造成，這就可以判定究竟是電鍍問題或活化觸媒問題。對包覆氣體問題，多數都是開始就有包覆氣體狀況。若是開始就有包覆氣體，可能是電路板一進入槽體就殘留空氣，或是化學銅反應產生的氫氣未被排除所致。

若是孔內吸附氣體未排除產生的問題，會有特定現象在切片中看到，就是多數氣泡空洞會偏向一邊，且缺銅大小都很相近，或都出現在孔內中段不易排除區。這些孔內氣泡缺點，等同於電路板表面電鍍針孔，形狀是一個圓形規則凹陷，若空洞凹陷來自異物、灰塵、油污則形狀會較不規則。若是活化劑異常沉積的金屬或異物顆粒造成的問題，則出現現象會是被銅金屬包覆狀態。若是無機物顆粒，可用 EDX 分析，有機物則可用 FTIR 檢測其原始組成。圖 3-5 所示，為典型因氣泡產生的孔內空洞問題。

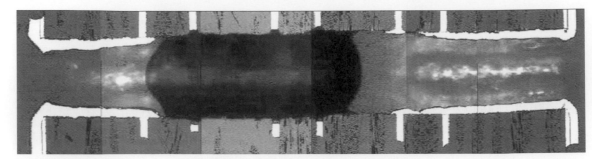

▲ 圖 3-5　典型因氣泡產生的孔內空洞

　　通孔吸附氣泡的問題，有些電鍍參數被廣泛探討過，如：掛架搖擺幅度、電路板間距、掛架震盪等，都被列入研究重要參數。其中最有效的除氣方法，是以強烈震盪搖擺效果最好，較寬的電路板間距及較大搖擺幅度，也有明確表現。氣體攪拌在化學銅槽及觸媒槽內，對孔內氣體排除沒有太大幫助。

　　在其他研究有些人強調，若能增加藥液潤濕能力，有助於氣體排除，液體內氣體表面張力，也會影響氫氣產生的氣泡脫離尺寸，若氣泡生成尺寸很小就能脫離，有助於液體補充速度。

3-4-3　與光阻應用有關的孔內空洞缺點

環形孔破 (Rim Voids)

缺點現象

　　環形孔破是在孔銅接近電路板表面的整圈空洞缺點，這種缺點現象主要是因為光阻滲入從孔緣算起約 50-75 μm (2 至 3 mils) 寬的深度所致，典型環型孔破，缺點可能在孔單邊或兩邊，有可能產生完全斷路或部分斷路。典型缺點現象，如圖 3-6 所示。多數其他空洞現象會來自化學銅、電鍍銅、鍍錫，且出現位置時常在孔中間。如果空洞現象是圈狀斷裂，又常出現在孔緣區域就和應力有關，從物性看這是由於光阻產生的問題。

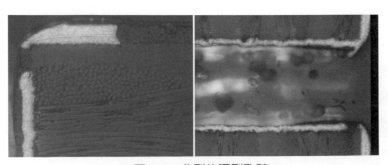

▲ 圖 3-6　典型的環型孔破

缺點機構

　　環型孔破是因爲光阻貼附流入孔內，在顯影過程沒辦法除所致，這種殘留會使電鍍銅無法鍍上錫，當經過剝膜後做蝕刻，會將底銅完全蝕除產生空洞。光阻殘留在孔內是不容易察覺的，但在電路板完成後的切片，又不會看到光阻蹤跡，此時觀察空洞位置及寬度較可判斷問題所在。但爲何光阻會進入孔內？因爲壓膜時電路板會加熱，在壓完膜後氣體冷卻，孔內氣體壓力會比孔外約低 20%，這種壓力差使光阻會逐漸流入孔內，這種流動會持續進行，直到顯影完成或曝光後 (對蓋孔 (Tenting) 而言) 爲止。有三個基本因素會增加光阻流入孔內速度，其狀況如后：

- 壓膜前殘留在孔內的水或水氣
- 小孔徑高縱橫比孔 (典型孔如：直徑 < 0.5 mm (< 20 mil))
- 從壓膜到顯影間停留較長時間

　　孔內殘水是主要影響因素，殘留水會使乾膜黏度降低，讓光阻更容易流入孔內，高縱橫比小孔因爲不容易乾燥使得問題較嚴重，且小孔也較不容易在顯影中確實清潔乾淨，較長停滯時間當然也會讓光阻有充裕時間流入孔內。多數空洞問題，發生在表面處理與自動壓膜連線製程做法，但較不會發生在不使用刷磨處理製程，或是採用高壓除水乾燥製程上。

　　簡單的實驗設計就可驗證光阻流入孔內的問題，只要做高縱橫比小孔電路板試做，依據以下做法就可觀察到缺點：

- 表面處理後做乾燥，可採用加烘烤做法
- 停滯時間 (< 24 小時到 5 天)

　　如果環形孔破數字隨著停滯時間延長而增加，但隨著增加烘烤而降低，則表示主要因素來自孔內水分殘留所致。

如何降低環形孔破

　　最簡單減低缺點的方法，就是加強電路板表面處理後的乾燥程序，當孔確實乾燥時，自然不容易產生環型孔破現象，這樣即使延長停滯時間或略差的顯影條件，也不至於產生環型孔破。略微加強乾燥，縮短壓膜至顯影停滯時間 (短於 24 小時)，缺點現象基本上不容易發生。但這只是暫時改善現象，若以下製程狀況改變，仍有可能產生環形孔破問題：

- 採用新表面處理設備或新乾燥機安裝
- 乾燥設備異常

- 處理較高縱橫比或更小孔徑電路板
- 滯留時間再度發生
- 光阻形式變異或厚度變更
- 採用真空壓膜法 (更高壓力差產生)

變異狀況

在較惡劣操作狀態下，會在蓋孔區發現乾膜流入問題，這指的是流入深度約 50-75μm (2 至 3 mils) 深的狀況。因為蓋孔阻礙電鍍液流入，缺點現象有些時候會類似蓋孔破裂現象。孔一邊開始時會有環形斷裂現象，但這種斷裂會延伸進入孔內的它區域，另一種現象則是電鍍厚度愈接近孔中心愈薄。

外觀現象及趨勢

許多公司採用直接電鍍法生產，並將壓膜機與直接電鍍連線，如果乾燥機構不夠完善，有可能發生環形孔破現象。要確實乾燥電路板的孔，設備上要比只乾燥表面來得難一點。

有關覆蓋孔製程 (Tenting Process) 的孔破缺點

蓋孔型影像轉移製程後，直接進行蝕刻的做法，若蓋孔破裂蝕刻液會直接進入孔內將銅蝕光，但很少見到兩端蓋孔光阻都破裂的情況。機械式壓膜作業對光阻破壞屬於隨機式的，因此同一個孔兩側都產生破裂的機率十分微小。同時如果較弱的蓋孔結構是缺點模式，孔內的負壓就會因為破裂而降低負壓，這樣相對的另一面就容易存活下來。

當蓋孔結構破壞有蝕刻液進入孔內，孔銅會先從破壞面開始咬蝕，而相對面對蝕刻液是一個死巷子，蝕刻液替換率會相當低。這種現象使被攻擊的孔銅形狀產生非對稱，銅厚分佈會呈現向破孔那面逐漸降低的斜面。當然實際狀態要看蓋孔破壞情況及發生時間位置，銅損壞情況會有嚴重程度不同，最嚴重的狀況孔銅會被全部蝕光。

3-4-4　直接電鍍

直接電鍍製程指的是孔金屬化製程，不用傳統化學銅反應啟動導通孔金屬化過程。目前主要直接電鍍製程有三類，各為鈀金屬系統、碳或石墨系統及導電高分子系統。任何對正常觸媒析出的干擾，都會導致孔內空洞問題。多數鈀金屬及碳或石墨系統，是依賴適當整孔處理使孔壁產生正極性狀態，有利於後續與異電性觸媒膠體吸附。因此所有化學銅製程所需的清潔、整孔及觸媒吸附等，在這些製程同樣重要。在化學銅槽的現象，如：氫氣產生，這類製程不會發生，然而孔內空洞問題若孔壁處理不好，仍會發生在直接電鍍上。

　　特定問題在直接電鍍，若不確實遵循建議操作，仍可能會發生。如：在碳系統製程經過處理後，不建議做刷磨，因為刷輪研磨材會將孔邊碳膜破壞，這樣孔電鍍就無法順利進行。如果傷害只發生在孔單邊，則電鍍出來的銅會產生由單邊向另外一邊逐漸降低厚度的斜面現象，嚴重時可能會與孔另外一邊完全斷開，這種狀況會有點類似蓋孔破壞時銅被攻擊的斜面狀態。但使用過石墨系統的廠商卻發現，這類製程在石墨處理後使用刷磨，未必會發生石墨斷裂不能電鍍問題，據稱是因為石墨系統的結合力處理有定型劑過程的關係。另外如果在後續壓膜前處理中，使用噴砂處理的話，噴砂顆粒會進入孔內損傷孔壁上吸附的顆粒，這似乎在石墨系統也有較高容忍度。

3-4-5　因錫電鍍造成孔破

　　前面討論過光阻殘留電鍍正常狀態下產生的問題，但更令人關心的是停滯在孔內氣泡產生的電鍍問題，如同在化學銅討論的狀態類似，在電鍍槽中仍會有孔內留滯氣泡可能性。

氣泡實際來源

　　酸性銅電鍍的電鍍效率頗高，維護良好的電鍍槽不太需要擔心大量氫氣產生問題。操作較需要避免的，是使用過高電流密度，會產生較多氫氣。某些純錫鍍槽效率比銅差，這種現象會讓氫氣產生增加，容易發生氣體殘留疑慮。一種可避免氫氣殘留的方法是添加除針孔劑 (Antipitting Additives)，這是有機化合物可在氫原子未形成分子前，參與清除氫原子反應避免氣泡產生。被還原的除針孔劑會在陽極再度氧化，繼續回到陰極循環作用。

氣體泡泡來源

　　最明顯的孔內殘泡，是以空氣殘留形式存在，這些氣泡在電路板浸泡到藥液前就已佔據孔內空間。為了促進氣體排除，掛架製作者嘗試將電路板角落固定，利用槳葉式攪拌法在孔兩面產生壓差，希望將氣泡推出孔外。氣體攪拌則在板面輔助，支援這種處理過程。但氣體攪拌同時也是氣泡來源，有能在循環過程進入孔內。為了這種問題，部分廠商乾脆用無氣泡攪拌做藥液循環與攪拌。

除了氣泡及光阻殘留問題外，另一種明顯孔洞缺點就是較差的電鍍均佈能力(Throwing Power) 導致的問題，或是異物沾黏產生的問題。因為均佈能力差產生的問題，多數落在孔中間區域，這種孔洞缺點極端範例，更多時候品質狀態只出現孔銅中間區厚度不足。造成酸電鍍銅均佈能力低落的原因包括：銅離子與酸比例超出理想範圍、添加劑濃度偏低、槽液污染、電流密度分布不均、遮蔽 (Shielding) 狀態不佳、攪拌不良等。至於異物沾黏污的問題較指向過濾不良、過低循環量、陽極袋破裂或陽極銅球黑膜成長不良等問題。潛在相關於電鍍銅孔洞缺點，也是純錫電鍍所需要注意的問題，產生模式相似。

3-4-6　因蝕銅所造成的孔破

任何影響金屬抗蝕刻層形成的因素，都會導致孔銅曝露造成銅被攻擊產生孔洞。這種缺點現象是因為銅形成後又被蝕刻液移除，不是因為遮蔽造成析出不良的問題。若是因為蝕刻導致孔破，其銅斷面不會是平緩外型，而會是落差較大狀態，其現象如圖 3-7 所示。由圖中的銅斷面落差大，應該可判斷是因為蝕刻產生的銅損傷。

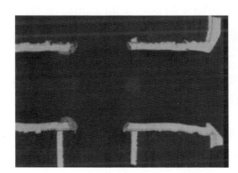 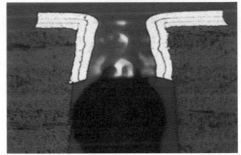

▲ 圖 3-7　覆蓋不全所產生的蝕刻破洞現象

最有機會發生銅被攻擊空洞的問題，會發生在薄化學銅處理後殘留濕氣，因為有腐蝕有利環境及較長停滯時間而造成孔洞現象。這種反應機構是在薄化學銅層氧化後，在電鍍前浸酸處理將氧化銅完全融入酸內，該區就形成空洞現象。另一個可能機會，是在電鍍微蝕處理用了過大蝕刻量而產生問題。

另一個可能機構是化學銅因脆性高剝落，這種狀態在化銅後或熱衝擊實驗後，可由切片觀察出來。數種問題產生原因包括：化學銅槽成份不平衡、藥液包覆、除膠渣不良導致結合力不佳、觸媒處理不良或速化劑處理不當等。當孔銅破壞發生在波焊、噴錫、迴焊或其他高溫製程，多數因素都源自先期對孔的金屬化處理不良。若電路板經過刷磨且用過高刷壓，也可能因此損傷處理層，嚴重的時候還會因孔口產生凹陷，導致整圈銅都受損消失。若處理後仍有部分孔圈保留銅連結，則電鍍還是可以建立孔銅厚度，但刷磨方向會產生局部斷開。

　　另一種比較特殊的銅電鍍孔洞現象，稱為轉角孔洞缺點 (Corner Void)。典型狀態是四個角落銅都消失了，只留下裸露底材在表面，鄰近孔的銅常會出現傾斜回蝕 (Etch Back)的邊緣，且會看到純錫延伸懸掛在銅面。這種現象主要是因為純錫電鍍時，產生了轉角偏薄 (Thin Knee) 現象，過薄鍍層不足以保護銅面免於侵蝕，銅被蝕刻液攻擊溶解。改善方式包括降低攪拌強度，或調整添加劑組成。典型缺點模式，如圖 3-8 所示。

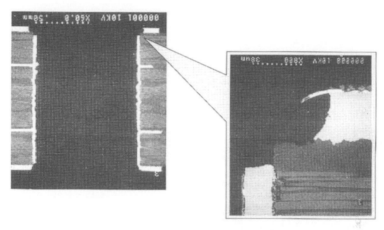

▲ 圖 3-8　轉角的孔洞缺點

　　有研究驗證發現，添加劑的整平劑 (Levelling Components) 會帶正性電，會朝較高電流密度區移動，行為類似金屬離子表現。若有過多平整劑出現在槽液，有可能因為整體濃度過高或孔緣濃度過高，孔緣的金屬成長速度較低。降低平整劑濃度或適度調整攪拌方式，對這種現象會有幫助，不過對添加劑消耗與補充平衡還是最重要的控制因素。

3-5　小結

　　孔內的孔洞現象有多重產生因素，這些根本因素有可能回溯到如：鑽孔製程原因，或也可能追蹤到後段純錫電鍍。常由孔洞形狀及位置，可追蹤研判出問題根源。孔洞問題常來自多個製程交錯因素，仔細分析缺點及序列式追蹤是指出問題的必要手段，這些問題未必是影像轉移產生的問題。

CHAPTER 4

銅面及基材特性對影像轉移的影響

4-1 介電質材料的建置

　　基材或基板，常用來稱呼貼附銅皮的絕緣介電質材料或捲式材料，本章主要重點著重在材料表面銅皮性質，它直接影響貼附其上的光阻表現及線路製作狀況。材料特質可參考相關材料規格資料，此處將與影像轉移技術相關的特性提列如后：

- 電路板有機樹脂材料決定了電器絕緣特性，環氧樹脂類成為材料主流，許多不同形式改質是為了強化材料抗燒性及耐溫性。其他樹脂材料如：聚亞醯胺樹脂 (PI)、聚酯樹脂、BT 樹脂、鐵氟龍、酚醛樹脂等都是知名材料。

- 偶爾樹脂殘屑或污染物沾黏銅面，抗蝕刻產生蝕銅殘渣，辨別雜物來源可改善製程。FTIR (Fourier Transformation Infrared Analysis) 可幫助辨認樹脂化學成分，EDX (Electron Dispersive X-Ray) 分析儀會與電子顯微鏡 (SEM- Scanning Electron Microscope) 在一起，用於分析元素狀態，若發生溴、磷反應則可能為樹脂抗燒劑反應。

- 多數介電質材料會與強化纖維混合製造，可強化材料強度及尺寸穩定性。強化纖維多數是玻璃纖維，會採用編織法製作，基材用的玻璃紗種類、製作直徑紗數、樹脂含量等，都會直接影響材料性質。

- 編織玻璃布經過壓合，表面可能產生織紋起伏，這些現象會影響乾膜光阻伏貼性。某些不織布製作的材料，較不會產生這類起伏，如：杜邦生產的 Thermount 材料就是不織布纖維材料，用於知名的 ALIVH 製作應用。

- 多數介電質材料都含有 UV 光吸收材料，以免因透光造成製作綠漆時光源透過的陰影。綠漆都塗佈在電路板外層兩面，同時兩面也都會進行曝光。然而不像內層板影像轉移，會有銅皮遮蔽 UV 光透射。綠漆曝光時會有局部區域沒有銅皮遮蔽，這些區域有可能發生光源透射問題，光透射會讓電路板另一面產生鬼影 (Ghost Images) 現象，因此添加 UV 吸收材料是必要手段。

4-2 銅面的處理

　　銅金屬幾乎可稱他為貴金屬，因為銅不會像鐵容易產生腐蝕，但它比黃金與白金腐蝕得快。即使銅經過清潔處理，仍然會在吸收濕氣後產生氧化。當銅發生氧化，首先銅金屬會失去一個電子成為亞銅離子，之後再失去一個電子成為銅離子。銅離子的正電性，會被氧負電荷平衡或被其他負離子平衡，這些與銅面接觸的負離子包括氯離子 (Cl^-)、硫酸根 (SO_4^-)、磷酸根 (PO_4^-) 等。

　　銅面處理主要流程，是要去除多餘銅氧化物或抗氧化劑 (Antitarnishes) 等。因為銅皮在製作過程，為了保持銅面新鮮度，會在製作流程進行抗氧化處理，但電路板製程中這些抗氧化劑又必須去除。除了這些處理外，對可能的有機污染、油脂或手紋去除，也都是銅面處理重要目的。

4-2-1　供應商提供用於內層板的銅皮狀態

　　用於硬式電路板的銅皮，是由銅皮製造商提供，這類應用幾乎都用電鍍銅皮 (ED Foil - Electrodeposition Foil)。但軟板製作，則比較常用輾壓回火 (RA -Rolled Annealed) 型銅皮。圖 4-1 所示，為典型電鍍銅皮製作流程。

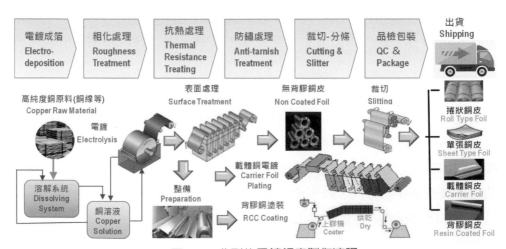

▲ 圖 4-1　典型的電鍍銅皮製作流程

電鍍型銅皮是以硫酸銅液做電鍍，將銅逐步析出在電鍍鼓上，之後撕下成捲並做後續加工。因為是採用電鍍製作，面向電鍍鼓的銅面會呈現光滑的表面，但向外的面則刻意控制電流狀態，產生適度粗度。標準廠商供應銅皮材料，粗化面會向著樹脂材料貼合，這些粗度有助於結合力形成。實際作業，銅皮的粗化面還會進行細部小粗度加工，以強化銅皮剝離強度。捲對捲的製程，銅皮會經過連續處理，小銅瘤會在銅皮粗面成長，但顆粒較硬脆而必須用第二道較有抗張性的銅包覆，這種程序會進行數次，長出多層粗度。最後有一道鋅成長或青銅成長。接著做矽烷 (Silane) 媒合劑處理，就可產生良好銅與樹脂鍵結。

光面會處理一層薄鋅或鎳金屬，接著做鉻鋅保護層，鎳隔絕層是為了防止鉻金屬與銅之間的介金屬形成，這種物質不容易由一般酸性清潔劑去除。過去因為各金屬組成及厚度都沒有良好控制，因此沒有良好光阻結合力及低良率，目前這類問題已獲得改善。對銅面保護性與各層去除能力必須做平衡，水準控制可用 10% 硫酸為測試標準。正確的鉻處理水準，應該可用定量測試確定是否足夠或不足。經過輕微化學清潔處理，如：浸泡在 10% 室溫狀態硫酸幾分鐘，就可以泡在棕化液體內。如果均勻棕化顏色出現，就代表銅面沒有過度鉻金屬，相反的若仍有亮點在銅面就表示鉻金屬過量。這不只是鉻金屬處理的指標，也是容易處理去除的訊息，對生產者十分重要。影響去除鉻金屬難易的參數，包括抗氧化學成份特性、孔隙度、親水性及介面間阻抗層基本特性等。

銅皮供應商所處理的鉻金屬面，經過電路板製作者前處理後，會做乾膜光阻貼附。這個金屬處理主要功能是防止銅面氧化，實際化學成分是鉻的不同形式化合物，包括鉻金屬氫氧化鹽 $Cr(OH)_3$ 相，涵蓋一些氧化態 Cr^{+3}、一些 Cr^0 及偵測出 Cr^{+6} 和其間混入的一些鋅金屬。鉻金屬氫氧化反應程度，會直接影響鉻處理層是否容易被酸去除，典型覆蓋厚度約為 5 mg/m^2。有時候供應商會在銅面作有機抗氧化處理，做壓膜前必須確實去除這些處理物。主要原因是多數乾膜光阻，配方設計都以貼附在處理過的新鮮銅面上，光阻可與輕微氫氧化銅或氧化銅表面產生良好結合力。若面對的是不同金屬表面，則可能會產生過強或不足結合力。經驗證實，經過鉻金屬處理的銅面，乾膜不容易產生良好結合。在內層板生產製程，前處理功能具有雙重用途，就是去除鉻金屬處理層，同時確認後續能順利產生良好氧化處理層，這才有利於多層板壓合生產。

4-2-2　化學銅

化學銅是利用還原反應進行的銅金屬處理，沉積外觀有點像草菇。圖 4-2 所示，為不同添加配方的典型化學銅表面狀態。化學銅是由銅離子 Cu^{++} 經過還原反應產生的，反應過程有強鹼 (NaOH)、甲醛 (HCHO)、螯合物如：EDTA 及其他特有添加物製作而成。反應中有各種不同小分子副產物形成，必須從銅面移除。因此化學銅後水洗，對於要直接做線路電鍍的人，就變成壓膜前清洗作業。這種狀態需要注意清除有機物完整性，不夠清潔的表面殘留的鹼類，會成為乾膜光阻結合力殺手。若化學銅面要直接壓膜，則表面若有抗氧化劑處理也必須注意。

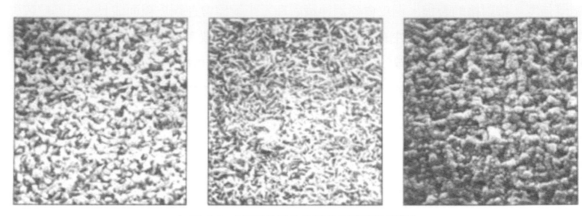

▲ 圖 4-2　不同添加配方的化學銅表面狀態

4-2-3　反向處理的銅皮 (RTF-Reverse Treated Foil)

反向處理銅皮製程，會在銅皮光面進行鋅金屬處理，這個處理面會直接壓合到樹脂上。此時粗面未被處理的銅面，就會暴露在乾膜接著面，因為表面粗糙度高，不需要做機械或化學粗化。然而因為一般粗度都呈現 Ra > 0.3 micron 乾膜操作表面最佳狀態，壓膜必須適度調整。圖 4-3 所示，為銅皮粗面與光面間的比較。

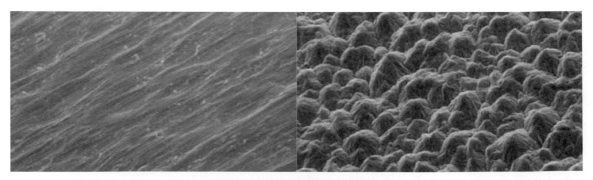

▲ 圖 4-3　銅皮粗面與光面間的比較

4-2-4　雙面處理 (DT-Double Treated) 銅皮

物如其名，雙面處理銅皮在兩面都有鋅或青銅金屬處理，銅面會有細緻結晶結構，具有大表面積外型類似化學銅表面。圖 4-4 所示，為雙面處理銅皮與標準銅皮光面的上視比較。

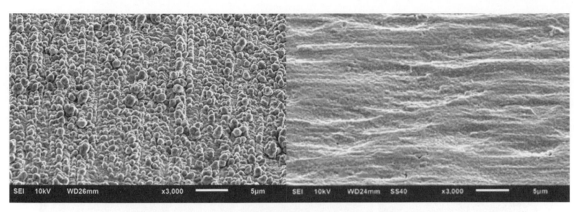

▲ 圖 4-4　雙面處理銅皮與標準銅皮光面上視狀態比較

雖然這要的銅皮單價高於一般標準銅皮，但提供比一般銅皮優異的表現，其概略描述如后：

- 這種銅皮不需要做多層板粗化結合力處理，以免於粉紅圈 (Pink Ring) 的缺點。非常薄的銅皮，要做氧化處理增強結合力，執行上也有困難。
- 不需要特別壓膜前處理，可節約一點操作成本，如果處理的是非常薄的介電質材料，刷磨或噴砂都容易產生基材形狀變異扭曲。

但使用這種材料依然有潛在問題，概略狀況如后：

- 雙面處理材料不適合一般濕式壓膜
- 粗化外型對 AOI 檢查會造成辨識困擾
- 對鹼性蝕刻有一定抗拒性
- 會磨損作業物表面
- 較長時間停滯容易產生光阻殘留問題

4-2-5　細緻晶格低稜線 (Low Profile) 銅皮

因為需要良好阻抗控制及細線路製做需求，促使低稜線 (輪廓) 銅皮產生，這類產品會有較細緻晶格結構。所謂低稜線銅皮結構，指的是貼附在樹脂的銅面具有較平整均勻的粗化外型，用這些銅皮確實可改善良率及線路均勻度。基於粗化面高低差距縮小，縮短了蝕刻時去除銅渣的時間，可以較精準控制蝕刻的製程，同時在熱壓合製程也因為低稜線而較容易填充平整化。圖 4-5 所示，為一般銅皮與低稜線銅皮製作線路的成果比較。

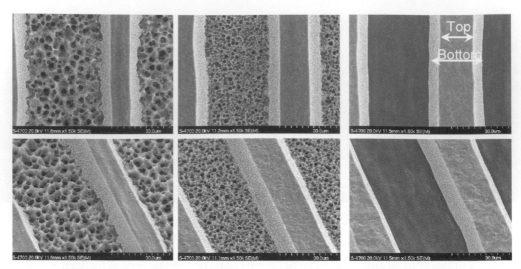

▲ 圖 4-5　不同稜線下線路製作的結果比較，低稜線銅皮線路較為平整

4-2-6　超薄銅皮

　　對於超薄銅皮的興趣，主要來自於細線路需求及全蝕刻製程能力限制，這也是製造者轉向使用約 2 ～ 5μm 銅皮做半加成製程製作線路的原因。因為這種做法，線路厚度大部分都由電鍍獲得，需要蝕刻的量較少。因為大量陣列構裝上市，細線需求逐步成長，促使超薄銅皮需求提昇。但因為這類銅皮過分柔軟不適合直接操作，因此廠商用鋁皮或載體銅作載體生產，這種做法不但可方便操作，也可降低熱壓合的銅面污染缺點。4-6 所示，為捲狀與片狀載體超薄銅範例。

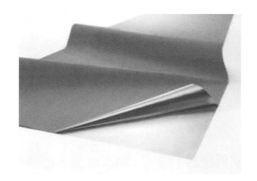

▲ 圖 4-6　典型載體超薄銅皮

4-2-7　電鍍銅

電鍍銅的純度非常高 (>99.9%)，因此表面處理只需要在光滑面產生較大粗度就可以了，依據壓乾膜前電路板儲存時間，生產者必須在前處理適當加入除氧化步驟。

4-2-8　銅面防氧化處理

防氧化處理用於保護銅面新鮮度以防止氧化，這對需要停滯較長時間的電路板是必要處理。傳統化學銅處理是以吊籃生產，處理完的電路板都會停滯在製程後等待下個製程步驟。除非化學銅板可做刷磨再壓膜，否則氧化會影響製程穩定性。水平式製程普及化，抗氧化處理程序不是如此必要，尤其對連續性製程更是如此。

與銅產生錯合物的化學品，可有較長防氧化能力，因此被用在電子產品組裝前的抗氧化處理。抗氧化可以解讀為，只是要防止表面變化的輕微塗裝，常用的是由有機保焊膜 (OSP-Organic Solderability Preservative) 改質的化學品，這些也是乾膜為增強與銅結合力所添加的化學品。多數做法是在化學銅線末端加一槽抗氧化劑，在化學銅完成後直接浸泡再乾燥完成。抗氧化需求會因為應用不同而不同，不同的應用應以不同角度個別了解。

銅皮製作的防氧化處理

傳統銅皮防氧化是依靠鉻金屬處理，近來有機防氧化劑也開始使用，偶爾也有可能有使用矽烷 (Silane) 塗裝，這些表面都會與光阻接觸。這些矽烷塗佈是希望增加銅皮與樹脂結合力，這必須看塗裝設備設計，塗裝過程會同時處理銅的兩面。

電路板製作中的防氧化處理

較強抗氧化劑，常會是苯基疊氮 (Benzotriazole) 族群化學品，它們具有與銅錯合反應能力，可以減緩氧化。圖 4-7 所示，為這類抗氧化劑的典型反應機構。這些化學品具有較低水溶性，但溶於酸性或強鹼溶液。供應方式以高濃度硫酸或醋酸溶液運送，之後以酸液稀釋到約 2-10 % 作業。輕微防氧化處理，常以醋酸為主要處理酸。這種銅錯合物較脆弱，抗氧化時間短，因此以低濃度處理及適當水洗去除多餘藥劑，是獲得良好乾膜結合力的建議作法。

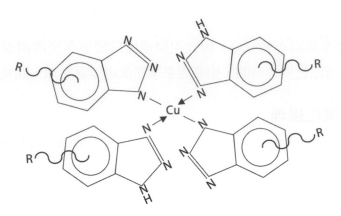

▲ 圖 4-7　典型銅抗氧化劑的反應機構

光阻的元素反應

多數光阻會將配方設計為適合與清潔銅面結合，就是一種銅金屬、氧化亞銅、氧化銅及氫氧化物的混合體。水溶性光阻會含有塑化劑 (Binders) 與酸性官能基，以便溶於鹼性溶液中。這種極性光阻配方會與微量氫氧化銅表面形成足夠鏈結網絡，不需要特別的結合力促進劑。圖 4-8 所示，為氧化銅、氧化亞銅以及銅離子水合物與光阻鍵結的機構示意圖。

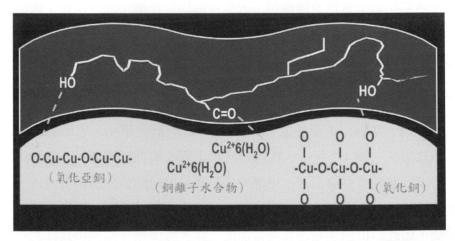

▲ 圖 4-8　氧化銅、氧化亞銅以及銅離子水合物與光阻鍵結的機構

應用中可快速處理不會產生殘留，有時候會在配方添加光阻控制殘留劑。適合這樣功能的化學品，多數是有機環狀結構藥劑，如：咪唑 (Imidazoles)、三氮唑 (Triazoles) 等。一般化合物不見得都會形成螯合物，但那些有高電子密度的螯合性含氮結構，會傾向於形成強複合物。因此具有這些化學外觀結構的物質，可用來產生螯合強度。

　　乾膜開發初期，螯合物溶液用於前處理，以增加溶劑型光阻與基板間結合力。實際應用顯示，小量螯合物用於濕式壓膜的水源，會有效減緩乾膜殘留板面的問題。螯合物阻隔層具有防止銅離子移轉到光阻內的功能，而銅離子與塑化劑會形成不溶性錯合鹽類。

可焊接性的金屬表面

　　有機保焊膜被廣泛的用於取代噴錫製程，作為維持焊錫性的金屬表面處理，日本是比較早採用這樣做法的地區。4000-6000 埃 (鱺) 的錯合物厚度是一般的處理厚度需求，但是目前主要的問題是與組裝焊接製程的相容性仍然有一定的問題，尤其是未來無鉛銲錫系統的發展更是此製程的挑戰。

　　由此可知電路板製作有多種不同的銅面抗氧化處理的方式，從銅皮到電路板的組裝都是，這些都會影響光阻的表現以及良率的變化。

4-2-9　直接電鍍的銅面

　　認定直接電鍍銅面都有類似表現，這是有爭議的看法，可想見的是直接電鍍銅面處理承襲了原始銅面平滑特性，對乾膜貼附並不恰當。對鈀金屬、石墨或碳系統直接電鍍，微蝕去除銅面殘留物，防止後續銅電鍍結合力不佳，是必要的處理。這種方式會讓事前刷磨所做出的粗化表面，重新變為平滑表面。

　　對於導電高分子及純鈀金屬處理的直接電鍍，他們可在傳動式處理線製作，這種處理銅面也會較平滑。一般直接電鍍製程供應商，又不建議採用表面粗化處理，以保證直接電鍍能順利產生功能。因此機械刷磨，都不建議用在早期碳類製程處理，以免孔緣碳顆粒脫落造成空洞，噴砂前處理也有類似顧慮。

　　因此這類製程，需要乾膜具有與較光滑銅面接著的能力，使用這類製程的廠商若提出這類要求不足為奇。當然如果像石墨類直接電鍍，因為可在前處理用刷磨或特定表面處理做粗化，其操作空間不但大得多，也可以適度使用現存的傳統處理做生產。

壓膜前的金屬表面處理

5-1 基本的考慮

銅面化學組成與外觀輪廓最佳化,有助於乾膜光阻結合與剝離。這些表面處理可用機械、化學或電化學法進行,採用原則會因銅面形式及所需要表面狀態決定 (如:一般銅皮、化學銅表面或電鍍銅表面等)。一般處理程序是對銅面做粗化,增加乾膜接著面積並去除污物,這些程序都有助於乾膜接著力提昇。

5-2 重要的變數

由直觀判斷可知,銅面物、化狀態是乾膜接著力重要指標。接觸面積較難以用量測描述,但他卻是乾膜流動與黏貼的重要狀態變數。銅面外觀可用機械或化學法處理,如:刷磨的刷壓、刷輪形式、刷痕控制與測試等,都被認為是重要控制變數。以噴砂作業來說,噴砂顆粒形式、尺寸、噴壓等等會影響銅面外觀。一般嘗試描述銅面狀態的相關量測值如:Ra/Rz 就是表達銅面狀態的重要數字,可用非接觸式表面粗度量側儀做定量測試。

至於銅面化學狀態,可利用表面檢測法,如:Auger、ESCA、FTIR 等方做分析。但這些並不適用於製程監控,只是用在表面特性研究。一般銅面要去除的物質都是有機污染、抗氧化物或銅氧化物等,水破實驗可提供表面親水性或斥水性現象資訊。化學測試則可對銅面污染物遮蔽狀態做偵測,如:對銅面的鉻金屬殘留可利用銅面氧化、銅面硫化、浸錫等均勻度測試法，來驗證表面鉻金屬處理是否殘留。OSEE(Optically Stimulated Emission of Electrons) 測試可利用強烈 UV 光源做有機物、氧化銅、鉻金屬處理等偵測，因為表面會有電子釋放反應現象。

經過處理的銅面必須注意有機物及氧化再次污染，因此對處理後的環境清潔度維持及停滯時間控制，都是重要注意事項。銅面及通孔內乾燥是表面處理重要事項，恰當執行可防止不必要的再度快速氧化，這會影響後續乾膜與銅面接著狀況。

5-3 處理效果與影響

要獲得最佳化乾膜影像轉移效果，適當表面處理不可少，重要指標則是要獲得恰當銅面外型及化學性質。期待經過處理的銅面與乾膜接著，能符合後續製程需求，就是在線路處理時能將不要處理的區域穩定覆蓋，在剝膜時能穩定清除脫離銅面。如何界定乾膜在顯影與去膜製程有足夠穩定的表現，主要指標是乾膜在顯影後不能有浮離或被滲透現象，或在線路電鍍前的清潔劑處理不可有被攻擊浮離問題，當然在蝕刻過程也是一樣。如果在顯影時未曝光區域無法順利去除也一樣，就會成為蝕刻障礙，在直接蝕刻製程會有殘銅問題，在線路電鍍製程會有銅結合力不良問題。至於剝膜不良問題，在內層直接蝕刻有可能產生後續氧化不良，至於線路電鍍蝕刻製程，則可能造成短路缺點。表 5-1 所示，為光阻結合力不足與過度可能發生的問題整理。

▼ 表 5-1　光阻結合力不足與過度可能發生的問題

結合力不足		結合力過度			
顯影 / 蝕刻	電鍍	在非曝光區		在曝光區	
斷路	短路	顯影 / 蝕刻	電鍍	顯影 / 蝕刻	電鍍
		蝕刻障礙	銅剝離	剝膜不全	剝膜障礙
		短路	報廢		短路

乾膜製作者會對結著力與去膜能力特性設計間取得平衡，配方設計會將化學鍵結力降低，但在表面粗度接著力則會適度加強。本段主題以一般線路製作應用為主，因為綠漆類光阻材料對解析度、顯影時間及清潔度要求都非常不同，不以這類應用為主要討論內容。至於液態光阻，會與乾膜光阻有明顯不同，這類光阻對表面粗度要求較寬鬆，但對操作中清潔度問題就有較嚴苛考驗。雖然電路板壓膜前處理主要是為了達成良好光阻結合，但部

分廠商還期待經過前處理後，能將表面一些雜物如：鉻金屬處理層去除，使後續內層板氧化處理能夠均勻。

5-4 ::: 表面處理與結合力的一般性想法

乾膜與銅面結合強度主要決定者，是介面化學狀況及外型接合狀態，這些力量可分為凡德瓦爾力、極性作用力、氫鍵結合力、離子鍵、共價鍵等混合作用。鍵結強度是依據拉力測試驗證，所得測試值是以 "Newton/cm" 或英制單位表達，主要貢獻來源當然是化學力表現加上表面物理接合狀態。一般化學力大小等級排行如后：

凡德瓦爾力 < 極性作用 < 共價鍵

拉力測試可明顯看出粗化銅面會比平滑銅面有較高拉力，但這種測試方法並不適合測試乾膜拉力，有些修正拉力測試可嘗試使用，這類資訊最好找乾膜供應商討論。對乾膜與銅面結合狀況研討，進行分子級作用的了解是必要的。如果乾膜希望能產生形變，在受熱與受壓下與粗化表面貼合是必要程序，濕式壓膜可改善這種形變能力。一旦接著產生，乾膜所設計與銅結合的配方就會潤濕銅面產生結合，當然這是基於污染物被完全移除。

常用語彙以所謂化學結合與機械性結合，兩者常會產生解釋上的混淆。比較明確的解釋是，結合是表面功能，它是接觸能力與化學品有交互作用的物理化學力展現。產生拉力的區域，經過處理而有恰當表狀態，更清楚地說就是擁有更大乾膜接觸表面積，因此產生了機械性交互拉扯力。銅與乾膜交接處，是與拉扯應力呈現垂直的方向關係。

某些銅面有草菇型粗化表面，乾膜不容易流入底部產生接合力，因此在接合區容易發生剝離介面。這類表面常發生在化學銅處理過的表面，或特殊處理的銅皮及特殊微蝕液處理銅面。高低差較大的表面處理，不是乾膜使用時所期待的表面，因為靠壓膜滾輪的力量加上高黏度乾膜，未必能將光阻填入，這就代表接觸表面積降低。

乾膜與銅面的結合力，還必須提供一定程度的側向剪力。這種能力必須要在側向推力下測試，而不是在正向拉力狀態下測試。這種機械側向剪力承受度，有兩個原因使它變得重要：其一是多數膜剝離，常來自側向攻擊，包括噴流沖擊及可能的刮傷，其二是如果攻擊產生了化學反應而滲透擴散，則能承受側向力的結合，較能減緩攻擊速度。為了降低對表面處理有混淆理解，最佳的方式就是利用這些測試法，做影響評估釐清問題所在。

機械刷磨及化學處理法，都對銅面物質移除有一定作用，但相對的噴砂就沒有太多移除污物功能。以銅面化學狀態表現看，若沒有將氧化物或保護膜去除，其表面基本化學狀態是沒有太大改變的。一些化學表面處理法,如:鹼性清潔處理,可經由去除有機污染改變表面狀態,但它不能影響銅面外型狀態,如果採用過硫酸鹽微蝕處理,卻可以改變兩者。

5-5 銅面的紋理與接觸面積

　　最佳化的銅面狀態,可提供乾膜最大接觸面積,似乎沒有一種傳統量測法可量化表達出總表面積與接觸面積。因此接著能力的定義,只能從膜流動性及厚度等著手,至於銅面參數如:形狀、縱橫比、絕對深度等也必須列入接著性參數考慮。即使是簡單總表面積這種參數,它也很難與傳統粗度如:Ra、Rz、單位面積內的峰值 (Peak Count) 或凹凸 (A-Asperity) 程度產生連結關係。對這些參數的定義描述,如圖 5-1 的說明。

Rz　Rmax 粗度

十點高度取樣值Rz:
在取樣距離十點中,五點最高的峰點平均值與五點最低谷點平均值所產生的結果。

$$Rz = 1/5(Rz1 + Rz2 + Rz3 + Rz4 + Rz5)$$

Rmax
為最高五點平均與最低五點平均的差異值

Ra 平均粗度

Ra 平均粗度定義:
取樣區的峰點與谷點相對於平均高度線的差距算數平均值

$$Ra = \frac{1}{l_m} \int_0^{l_m} [y] \, dx$$

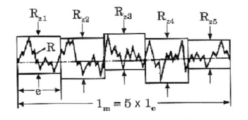

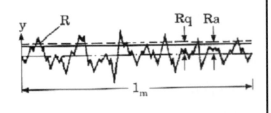

▲ 圖 5-1　Rz、Rmax 及 Ra 的定義

　　另外有些較常見的表面粗度名詞,其定義及說明如下:

　　　　高點數 (High Spot Count):峰點高於取樣區內的平均高度線數目

　　　　峰點數 (Peak Count):單位長度內的峰點與谷點數

　　　　凹凸轉折數 (Asperity):單位長度內的高低轉折數量

這些表面粗度狀況，可用粗度計做量測，然而結果會因為粗度計精度差異使量測結果有相當大差異。比較好的辦法，是保持同一機種量測結果，並將這種結果與實際作業狀況做出關聯性分析，對實際製程控制與研究會較有幫助。這些粗度參數並不會一直與結合力或良率產生對比關係，實際結果與接著性、表面化學等因素也息息相關。另外粗度參數也與總表面積不完全成比例。若要測試銅面總表面積，採用化學吸收或電化學法，或許會比較實際。然而這些方法可以用於藥水研究或實驗工作，對每天生產來說並不切實際。

SEM (Scanning Electron Microscopy) 照片提供非常好的表面品質指標，可描述出期待作出的表面狀態。一旦製程選定後，如何避免外在污染及不必要藥液進入反應才是最大挑戰。

表 5-1 是一些文獻的彙整，各種壓膜前處理產生的粗度狀態。

▼ 表 5-2　不同表面處理的方法與粗度的關係

表面處理的方法	Ra [Microns]	凹凸轉折數 / cm
180 號刷磨用尼龍刷	0.2 – 0.35	350 – 1300
320 號刷磨用尼龍刷	0.21 – 0.27	450 – 1600
500 號刷磨用尼龍刷	0.17 – 0.18	800 – 1300
刷磨片	0.15 – 0.18	845 – 1220
(中等)	0.3 – 0.55	
(超細)	0.23 – 0.11	
噴砂	0.16 – 0.21	963 – 1195
硫酸雙氧水	0.16	1100
過硫酸鹽	0.3	

這張表呈現了不同 Ra 範圍及處理模式，特別是粗糙顆粒刷磨。這些方法會產生方向性刷痕及粗度，包括傳動方向及震盪方向的痕跡。這些方向性的痕跡，常會與結合力弱因素有關，而刷輪震盪則會讓這種現象降低。然而方向性問題依然存在，一些需要更細解析度的產品，會因為有效接觸面積不足，無法獲得應有結合水準。這種狀況，噴砂、化學微蝕可產生非同向性粗化表面，是較恰當的表面處理。銅皮結晶結構及蝕刻法，會造成銅面外型差異，但要說完全與量產良率產生直接關係卻有疑問。微蝕時金屬晶界 (Grain Boundary)，對蝕刻結果產生的影響，可能比蝕刻液化學品本身影響還大。

在低濃度蝕刻劑強度下，局部晶界區產生氧化還原電池 (Local Galvanic Cell) 反應，對晶界腐蝕性會比大環境的化學反應影響大。然而部分研究顯示，氯化銅、硫酸雙氧水類蝕刻劑對晶界攻擊強度比過氧化物強度高。由表中數字資料，加上輔助參考資料，可對所謂不良表面及所謂良好處理面，作出概括性定義：

- 良好表面粗化處理可產生表面特性 Ra 值，約落在範圍 0.2-0.4μm
- 若使用噴砂法，Rz 值範圍應該可控制在約 1.6-3.2μm 的良好水準
- 若使用刷磨清潔法，Rz 值約可以產生在 2～3μm，也可保持一定良率。黏著力測試是以膠帶沾黏法進行，以殘留在銅面乾膜量為指標。對電鍍鎳金應用的嚴苛考驗，也要有測試數據蒐集驗證。
- 單位長度內峰值 (Peak counts/mm) 一般希望至少要有 22-30，這是相關測試呈現出來的狀況。
- 銅面若凹陷或有波浪外型，其深度大於 5μm，就不容易用熱壓滾輪法穩定將該膜壓著。一般內層板玻璃紗間距約為 0.5-1.0mm(20-40 mil)，至於表面高低差約落在 0.75～7.0μm 左右。因此當板面高低差值偏高，乾膜接觸不良現象是可能發生的。
- 某些研究認定高低差距小於 4μm 時，多數都可穩定做乾膜壓合。

經過表面處理外型粗度與壓膜關係的研討，對於獲得良好的銅面狀態改質處理，基本上就以微蝕、噴砂、刷磨為主要的作業手段。最佳化的過程則主要是以調整處理參數，使表面達到經驗值的 Ra、Rz 以及單位長度內的峰值數，因此而可以獲致以下的一些觀點：

- 多數蝕刻劑 (過硫酸鈉、H_2O_2/H_2SO_4、CuCl、$FeCl_3$) 似乎都可產生好的 Ra 與 Rz 值，但一旦延長蝕刻時間，表面馬上就發生平整化現象，不能符合期待最佳結果。
- 若採用 180 號刷輪做表面處理，對多數應用會過粗。若用 320 號刷輪，勉強產生可接受表面，因此多數應用都較傾向使用 500 號刷輪
- 對噴砂處理，顆粒大小為 60～80μm 尺寸是較常用的水準，顆粒含量一般會保持在約 15% 體積比左右。
- 濕式壓膜與適合濕式操作的乾膜設計，可改善對粗糙面的貼合能力。
- 對粗大纖維所做的基材，採用噴砂或化學處理法，會比刷磨法效果來得好，因為刷磨對波浪型外觀，可能產生貼附性不良問題。

但這些表面處理法，都沒有直接呈現可達成接觸面積最大化，也沒辦法指出可讓乾膜光阻與銅面產生適當化學結構及機械結合力。但由許多實際經驗及業者發表的報告，仍

可以發現其實電路板表面處理水準，對壓膜有直接影響，而它們的建議性銅面需求狀態如下，可作爲壓膜前表面處理外型指標參考。

$$Rz = 1.5\text{-}3 \text{ micron (60-120 microinches)}$$

$$Ra = 0.15\text{-}0.3 \text{ micron (6-12 microinches)}$$

5-6 銅面狀態的刷磨改質

　　一些特殊的操作狀態在刷磨機設備的操作手冊中有詳細的交待，但是實際的電路板生產者並不會滿足於這樣的狀態，因爲面對不同的產品需求，這些狀況都不是一般的設備商提供的資料所可以完全涵蓋的。一般生產者最希望得到的製程數據，是有關於如何確認板面的外型狀況以及它與良率的關係。更重要的是希望依據參數的設定，確實可以得到期待的表面外型狀態。

　　某研究的結果呈現，一般比較期待的表面狀態是 Ra 範圍大約在 2-3 μm，可以獲得不錯的結合力及良率。Rz 所呈現的關係，是以機械參數的變動如：傳動速度、切削速度、震盪速度等等所產生出來的結果。這個研究包含了刷輪種類、平面壓力以及刷輪形式的測試。由經驗得知，每一個單一的參數都不是絕對的因子，除了如：表面狀態參數 Rz 外對於乾膜的選用、壓膜的狀態等等也都是應該注意的因素。

5-7 銅面處理製程選擇的要件

　　製程的選擇主要是針對一些特性值來決定，而這些特性某些部分並不與純技術的想法完全搭配。例如：操作空間的限制、投資額、廢棄物處理問題等等，都有可能成爲重要的製程考慮因素。如過純從生產的角度切入，銅面的外型狀況恐怕也不是主要的決定因素，例如：基板的銅厚度有一定的規格限制，因此有可能處理的去除量就會受到限制，這當然就直接影響表面處理的選擇性。

　　在超薄的銅皮基板應用方面，有可能只能用反電解的方式進行表面處理，之後利用微蝕技術進行非常微量的銅蝕刻，因爲實際的銅厚度已經相當的低了。如果要再降低銅的去除量，也可以考慮在電解處理之後進行噴砂的處理，這樣也可以再次減低銅的去除量。表5-3 所示，爲幾種前處理技術對於銅厚度的影響量整理。

▼ 表 5-3　各種前處理技術對於銅厚度的影響

內層板以不同方式做銅面處理的銅去除量	
方法	Cu (microinch)
鹼性清潔 / 微蝕	70 –100
鹼性清潔 / 硫酸處理 / 微蝕	40 – 60
刷磨	20 – 40
氯化銅 (酸性)	80 – 160
噴砂	幾乎爲 0
反電解 / 微蝕	30 – 35
酸性清潔 / 微蝕 / 酸洗	20 – 60

　　降低基板的尺寸變異扭曲，是另外一個重要選擇表面處理方式的因子。使用刷磨、噴砂、化學處理等表面處理技術，在內層板處理方面的功能應用會受到限制。對於一些十分薄的而又有孔的內層板，日本業者的做法比較傾向於電鍍後直接進行影像轉移與蝕刻的做法。表 5-4 所示，爲一般內層板選擇前處理的原則整理。

▼ 表 5-4　一般內層板選擇前處理的原則

可用的表面處理方式			
內層板 (總厚度)	500 號刷輪	噴砂	化學處理
> 8 mil (0.2 mm)	可	可	可
6-8 mil (0.15-0.2 mm)	不當	不當	可
< 5 mil (0.15 mm)	不當	不當	可

　　爲了避免薄板尺寸的變異過大，化學清潔的作法是較佳的處理方式。但是電鍍過後的銅面一般不容易產生一致的期待粗化狀況，這與一般的壓合銅皮表現並不相同。某些替代的方案是利用電鍍的方式產生粗化的表面，就像製作銅皮的粗化面一樣。

5-8　銅面的化學組成

　　對於各種銅面的表面結構及化學組成，前文已有相當多討論，這裡只針對一些重點再做強調：

- 典型銅面不是純銅面 (Cu^0)，是銅與銅氧化物 (Cu、CuO) 及水合物混合體。
- 多數光阻都將配方設計得與這類表面有較強結合力，在剝膜時也會呈現清潔剝膜結果。
- 過度銅氧化不利於良好乾膜結合，因為厚氧化層呈現脆性，且容易被酸攻擊溶解影響結合力
- 銅皮常會帶有防氧化層或特殊處理層，降低銅面氧化狀態。適度去除這種表面處理，對銅面壓膜前處理是重要課題。
- 另外清潔的過程，必須要包含有機物的移除以及各種的特別處理物。

　　本段要討論的內容，是以測試及分析銅面狀態特性為主，鉻金屬類表面處理會另外討論，清潔後的停滯時間也會有特別內容討論。

5-8-1　銅面狀態與良率的關係

表面狀態的控制與偵測

　　在執行以 SPC(Statistical Process Control) 為製程控制手法的時候，對銅面處理必須注意關鍵參數，如：光阻與銅面接著面積、乾膜與銅面介面化學力等。為了控制後續狀況，工程上必須對銅面清潔度做量測，如：必須要做數據化測量殘鉻、殘鋅、過多氧化銅或有機物殘留等，以確認其實際清除狀況。這種製程控制並非常態執行，這是時間與成本限制問題。典型做法對化學分析的用途，一般都用在問題解析或確認造成良率問題的污染來源時使用。

　　有各種不同分析技術與方法，可用在銅面檢測。一些簡單目視品質檢查，就可偵測出表面過多污染物，使用顯微鏡可輔助檢查更細節部分。水破實驗提供了數據化表面狀況描述，可用來偵測斥水性及有機物殘留。但這種方法無法偵測一些親水性有機物，如：潤濕劑或無機物雜質。微量有機污染是沒辦法用光學顯微鏡檢查出來的，有時候有螢光反應的有機材料或許可用螢光偵測設備測得。這種方法曾經成功用於偵測銅面殘膜問題，樣品在波長 546nm 時會發光，利用濾波器就可看出是否有該光波反應。

　　另一個成功用於有機殘留的測試，是利用低能量 (-2 keV) 電子束在 SEM 系統中，將能量導引到污染銅面，做有機污染物測試。當電子束撞擊到銅面，會產生反射性電子束分布，這種反射狀態會產生影像。當有機物存在時，低能量電子會被有機物拘束住，因此金屬區與有機污染區會產生不同反射狀態，有機污染區會呈現較暗顏色。由 SEM 影像暗區產生的面積數據，可作為品質控制的參考。這種做法可偵測所有有機污染，不像水破實驗

只能偵測斥水性的東西。表 5-5 整理了一些特殊測試技術資訊，可作為偵測銅面的技術方向參考。

▼ 表 5-5　銅面偵測的一般性技術方法

方法	用途
目視檢查	(污垢、氧化、不均)
水破測試	測試銅面的親水性
顯微鏡檢查	檢視銅面的
棕化、浸錫、表面染料、微蝕測試	有機物或是保護膜的殘存
SEM	檢查表面粗度及精細外觀
(OSEE-Optically Stimulated Electron Emission) 測試表面的反應	以電子束觀測銅面的異物存在狀態
(EDX-Electron Dispersive X-Ray) 分析	以頻譜偵測銅面的元素內涵
螢光反應測試	以有機物的螢光反應特性偵測有機物種
立體顯微鏡	觀測銅面的外型與立面狀態
傳立葉紅外線轉換光譜 (FTIR-Fourier Transformation Infrared Spectroscopy)	偵測銅面的有機殘留狀態

要定義無機物表面清潔度標準是不容易的，不能像有機物一樣將標準定為零，因為銅相關氧化物本身就是無機物，永遠都有微量無機殘留物在銅面上。除了銅以外其他元素是否都可設定控制限制？這似乎也是不切實際的想法。較合理的假設應該是對鉻、鋅、磷、錫等設定門檻，ESCA 類設備可負擔這種責任，但成本太貴也不切實際，不適合一般製程管制，對微量無機物分析必須要找出成本適當的方法。另外目前一般生產廠，並未對無機物作嚴格管制，但其生產依然可順利，原因就在於前處理放大了作業寬容度，因此只要作業管制範圍維持住，無機類污染應該影響有限。

另外在表面粗度的量測方面，光學表面輪廓儀是利用光學干涉的原理進行物質表面的狀況分析，這樣的分析可以提供電路板表面的區域性輪廓數據。因為表面的狀況已經轉換為實際的接觸面積數據，因此可以呈現出比傳統只有 Ra、Rz 描述方式更有意義的資訊。圖 5-2 所示，為典型的光學表面輪廓儀所量測出來的光學干涉表面狀況。它不但將表面的狀態轉換為電子影像，同時經過數據的分析可以得到一般傳統方法所無法獲得的銅面粗度資訊。

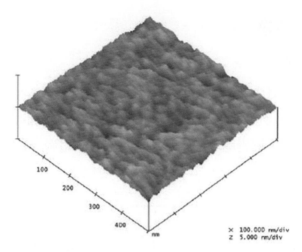

▲ 圖 5-2　典型光學表面輪廓儀量測的粗度資訊

對良率影響的實驗規劃

銅皮狀態對乾膜表現影響評估，是以實際工作狀態為特性：結合力表現、顯影後解析度、線路電鍍剝離程度及影像轉移 / 蝕刻斷路的比例等。測試樣本是一組 75μm 線寬間距的單一線路，採用迴繞與重複設計法做在板面，線路總長度約為一公里，每種銅皮與清潔法都有五片電路板做測試。

對測試一種線路的製作良率，如何定義出相對標準是有難度的。以每一定長度產生的斷路缺點，作為檢驗製程數據，以統計做差異分析是此處採用的方法。若觀察發現兩者差異其實不大，應該可大膽認為其間差異小是事實。為了避免實驗交互作用影響，實驗順序可採用隨機法進行。

表面特性與結合力的表現

表面處理期待的是清潔表面，可通過水破實驗 30 秒測試，是否能夠通過測試必須看處理程序為何。若出現部分不合格品並不意外，但並非所有未清潔板都會有問題無法通過測試。由驗證得知，其實乾膜在壓膜後短時間內產生的黏著力作業範圍寬廣，所有測試結果在壓膜 30 分鐘後，幾乎 100% 都有良好結合力。這種測試主要是驗證，壓膜後不需要特別停滯時間增加黏著力。另外在剝除保護膜的力量平衡，以往也是個問題，但目前產品技術也不成為問題。由各項壓膜顯影數據追蹤顯示，只要表面處理達到一定清潔度與表面狀況，其實顯影對乾膜解析度影響相對小多了。光阻在電鍍浮離的範圍從 5 ～ 59μm，主要是看檢驗技巧與操作法而定，介於 0 ～ 5μm 的剝離是很難偵測的，除非採用 SEM 檢查。

5-8-2　停滯時間的考慮

壓膜前的停滯時間影響

　　清潔後的銅面，在空氣中會再次氧化，壓膜前過度氧化會發生問題：在膜下方厚重疏鬆的氧化層，容易被攻擊並容易溶入酸，因此乾膜會有結合力問題。因此一般性作業規則，定義在常態作業環境，經過處理待壓膜的時間不應該超過四小時，這樣應該可以獲得良好結果。圖 5-3 描述 Cu^0、Cu^+ 及 Cu^{++} 在表面濃度變化狀況。

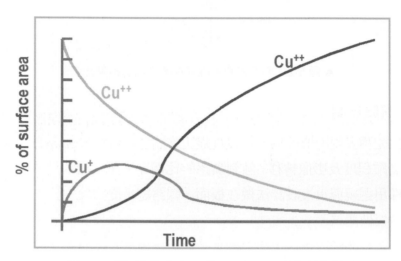

▲ 圖 5-3　銅面處理後的 Cu^0、Cu^+ 及 Cu^{++} 的變化模型

　　在初期反應，反應速率與材料表面狀態成正比關係。當起始狀態有較高 Cu^0、Cu^+ 濃度就會有較高反應速率。當 Cu^0 濃度降低，Cu^+ 產生的速度就會降低。同時 Cu^+ 是 Cu^{++} 的反應物，也會在作用中消耗而產生氧化銅。因此亞銅離子濃度也會在銅金屬濃度降低後達到最高濃度，之後逐步降低持續形成氧化銅。這個模型的假設，是在液態或氣態下，反應可自發性產生的一種模擬，不是討論固態金屬銅氧化程序。由測量實際的 Cu^0、Cu^+ 及 Cu^{++} 表面濃度隨時間的變化，呈現出類似曲線情況。

　　因為停滯時間與銅重新氧化時間相關，因此與處理程序相關，不同處理法出現的銅面其實有不同氧化速度。由經驗發現，化學銅與微蝕過的銅面，具有較高活性，與噴砂銅面比較確實有這種傾向，這種現象可由目視變化獲知。但不論如何檢驗，還是無法獲得銅面處理後，不可停滯超過四小時的直接證據，因此最好的做法是儘量縮短等待時間。

壓膜後的停滯時間影響

　　光阻與銅面會在壓膜後停滯時間發生化學反應，早期電路板商會要求約八天停滯允許時間，以符合製程作業可能發生的狀況需求。但在連續生產與產品週期縮短的現在，這種訴求不切實際，且過長停滯時間確實容易產生問題。由於整體作用不容易完全掌控，乾膜可能會與板面產生過強結合力，造成顯影與剝膜不潔問題。另外乾膜極性添加劑，會因為停滯時間過久產生銅鹽遷移，這些化合物不容易在鹼性溶液中清除。圖 5-4 所示為典型的乾膜銅鹽產生殘留的機構。

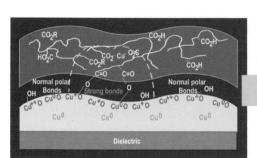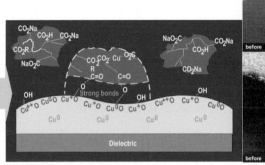

▲ 圖 5-4　典型的乾膜銅鹽產生殘留的機構

　　但有測試結果顯示，若能在鹼處理後用酸略為浸泡，可以將銅鹽化合物轉換回羧酸官能基而可以用鹼剝膜。因為銅鹽轉移到乾膜內需要一定時間，而銅鹽與膜內塑化劑反應也需要相當時間，這就是為何停滯過長時間，容易產生問題的原因。這類問題在濕式壓膜特別容易發生，因為水分會讓銅鹽移動加大。

5-9 品質檢查的規範

　　表面前處理的重點，是要做出適當銅面讓後製程順利，因此必須設計出恰當、快速、便宜的表面處理檢測法。問題是不經過壓膜、曝光、顯影、電鍍、剝膜等程序，實在無法確實了解實際處理效果。因此退而求其次的作法是，以 QA 監測前述表面狀況的參數，就是清潔、良好接觸面積的處理面。

　　清潔的處理面，本身就不是容易檢測及定義的，電路板必須經過有機物殘留、鉻金屬保護層檢測、氧化層檢測等驗證。因為缺乏這類表面現象規格限制的經驗值，因此較直接的做法還是用水破實驗，作為間接表面指標。

　　要直接定義銅面接觸面積是不可能的，然而 Ra 範圍在 0.15-0.3μm，Rz 值約在 1.5-3.0μm 卻是較建議的操作經驗值。銅面起伏對壓膜也有影響，一般希望峰與峰間距離 <4μm 是較建議的值。表面光澤度觀測，可提供有效的表面狀態資訊，使用光束以一夾角 (如：20 度) 做照射，另一端則以感應器接收。若表面如同鏡面，就會有最高反射光，粗糙表面則會產生散射作用使反射量降低，這種做法也可作為線上間接狀況偵測指標。綜合銅面品質建議狀態，整理如表 5-6 所示。

▼ 表 5-6　綜合的銅面品質建議狀況

參數	測試方法	規格
斥水性有機物	水破實驗	> 30 s
Rz	輪廓儀	1.5-3 micron
Ra	輪廓儀	0.15-3.0 micron
峰點間距	輪廓儀	< 4 micron

5-10 控制表面處理的特質與好處

5-10-1　刷磨

刷磨般會採用水平傳動設備，設計方式是以一組高速轉動刷輪在上下方做切削粗化。最常見的機械設計，屬於上下各一支刷輪為一組的機械設計。為了大量切削，設備編組也會採用四刷或八刷為配置單位。但對一般光阻貼合作業，雙刷設計是最常見的。圖 5-5 所示，為典型刷磨設備。作業中必須有充足水量冷卻板面，同時將脫落材質帶到液體中由過濾系統去除。

▲ 圖 5-5　典型的電路板刷磨設備

刷磨輪有多種不同製作法，用途與品質也有不小差異，在探討上有點複雜，我們嘗試逐項討論。電路板刷輪應用，主要以壓膜前處理、去除鑽孔毛頭、表面清潔粗化、壓板鋼板清潔、金手指表面處理等為主，近來由於構裝載板及高密度電路板應用需求，塞孔樹脂研磨、線路表面細緻化等需求也應運而生。因應多變的產品需求，當然設備商會強化機械穩定性、操控性及加工效率。在刷輪材料製作，也有多種不同選擇項目可供使用。圖 5-6 所示為典型去毛頭刷磨前後效果比較。

▲ 圖 5-6　典型的去毛頭刷磨效果

先就目前刷輪型式作簡單了解，我們可看到各式各樣研磨刷輪在市面上販售，而用於電路板加工的就有多種，如：研磨用毛刷 (Brush Zone)、陶瓷刷、不織布刷、發泡刷等，各種材料與製作法加上粗細變化，可有很多選擇。圖 5-7 所示，為各式刷輪範例。

▲ 圖 5-7　各式研磨用刷輪

以工作壽命看，似乎毛刷式研磨輪有較長使用壽命，單價也較低廉，但實際應用，這類刷輪較適合表面粗化及清潔，如果要大量切削就有困難。因此傳統作法會將這類刷輪，用於影像轉移前處理粗化與清潔，如：外層線路、止焊漆前處理，都有這類產品應用。也有人直接稱這類刷輪為尼龍刷，其實應該與實際狀況有差異。因為尼龍刷所指的是沒有切削力的純清潔用刷，若是要有研磨能力的毛刷，會在刷輪上做研磨顆粒轉植，否則就不能稱為研磨工具。

　　要提昇研磨能力的最直接方法，是加高研磨材密度，這方面最直接的方法是採用較緻密的支撐材料，不織布就是其中之一。對電路板表面要有全面研磨作業的製程，尤其是切削量需求較高的製程，不織布是可考慮的選擇。因為毛刷是以線接觸作業，不織布刷輪是以面接觸，所以不織布刷輪工作量高得多。但因為工作量較大，外徑、內徑、有效面均相等時，使用壽命就以毛刷較優。

　　其實刷輪的材質、設計、製造方法不同，對實際產品良率影響十分明顯。若需要的切削量大，而不使用恰當高密度研磨材料，對實際產品品質與功能勢必有不良影響。這類考慮，不能以使用壽命與單價為考量，應該注意到品質方面的需求。在討論刷磨時，直接的內容就是刷輪粗細程度 Mesh，但這不是刷磨品質唯一決定因素。好的刷磨必須具備良好穩定性、持續性、單價低、容易作業等特性。所謂穩定性，就是一片電路板研磨過後表面非常均勻平整，而持續性就是研磨後片與片間表面均勻性變異要小。

　　對量產工廠，一支刷輪安裝到更換，基板表面平整狀態沒有異常變化十分重要，只有這種穩定持續性才能算是好選擇。至於單價及作業性，因為刷輪的研磨載體是較厚重的布材或發泡材料，因此使用時間較長不需要常更換。為了保持刷磨穩定性及持續性，維持刷輪本身表面狀態十分重要，這又與刷輪設計製造形成的物理性質有關。至於因為使用產生的外型變化，要如何以操作參數調節，也應該做適度探討。不織布刷輪因為本身具有彈性，較適合用於電路板製造。依據其製作方法不同，有所謂放射、積層、捲曲式施工，其中又以放射與積層式使用較多。圖 5-8 所示為兩種刷輪製作法的略圖。

 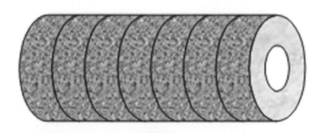

放射式　　　　　　　　　　　　　　積層式

▲ 圖 5-8　放射與積層刷輪

　　放射式刷輪，不織布的密度會因為刷輪摩耗產生變化，愈小的刷輪直徑密度愈高。又由於此類型刷輪以接著劑固定成形，接近中心容易缺乏柔軟性，而容易有滑動風險，使用時只能用外圈較柔軟部分，使用壽命相對較短，要完全消弭這種現象有一定困難。基層式刷輪設計，較不會因為消耗導致不織布間距離、密度產生變化。但這種設計在基層間會有研磨材缺少，研磨密度不足的問題。要改善這種問題，發泡式積層材料或整體發泡製作法較有機會改善。

刷磨過程，基板表面會起變化，刷輪表面當然也會有變化。經過長時間使用，刷輪會因為表面磨耗而有細小絨毛覆蓋，這些小絨毛不具有研磨力，卻阻擋了研磨材研磨。一般都希望這些小絨毛會隨刷磨過程與研磨材一起脫落，但實際作業時脫落狀況並未發生。若期待不織布刷輪有穩定持續品質，尤其是大負荷刷磨就有一定難度。因此，適度改變支撐不織布的材質，或直接用發泡材料進行刷輪製作，才是維持穩定持續刷磨品質的第一步。

除了刷輪表面絨毛外，另一個刷輪操作容易發生的問題是所謂"狗骨頭"現象，是指刷輪兩端消耗較少中間消耗較多，所形成的刷輪形狀。這種現象改善有兩個部分該討論，其一是延後發生時間，較簡單的方法就是投入電路板時採用"亂列"法，平均消耗刷輪左右磨材，讓狗骨頭現象延後發生。其二則是在現象發生時，採取整刷作業，利用整刷板做刷輪平整化處理。

對於刷磨品質控制，一般刷磨機的作業指標，是以所謂刷痕試驗來管制。作業方式，就是將測試板傳送到刷輪位置，但並不進行刷磨。當測試板到達位置時停止傳動，此時進行刷輪瞬間快轉，之後停止刷磨繼續下一支刷輪的測試。一片測試板，只進行一對刷輪測試，以免混淆刷輪表現狀況。適當刷壓加上良好刷輪表面，應該可獲得良好刷磨面。對刷痕表現要求，如圖 5-9 所示。

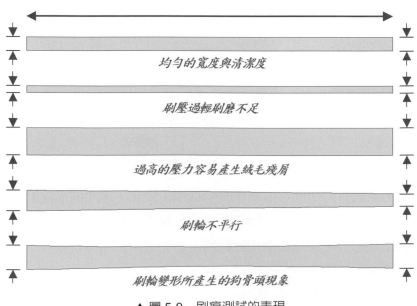

均勻的寬度與清潔度

刷壓過輕刷磨不足

過高的壓力容易產生絨毛殘屑

刷輪不平行

刷輪變形所產生的狗骨頭現象

▲ 圖 5-9　刷痕測試的表現

　　所有刷輪都要定期做水平度校調及間隙調整，這些調整對刷痕表現有直接影響，而刷痕狀況維持是一個經驗值，與刷磨效果直接相關。一般建議的刷痕寬度範圍，約設定在 0.6 ～ 1cm，這是刷壓變數的指標。其他機械變數如：切削速率、傳度速率、震盪頻率，都對銅面處理產生品質影響，震盪方向與刷磨及行進方向垂直，可降低刷痕方向性。

　　電路板刷磨的品質究竟要達到什麼狀態，其實業界有不同看法，但有一個不變規則，就是能符合後續製程作業需求。各家刷磨的使用方法不同，這種現象沒有絕對標準。如：某些使用者會在刷磨後加入微蝕製程，這種做法對刷磨表面氧化物去除率，就可以要求寬鬆點。由此觀之，刷磨本身也不是獨立議題，仍然必須搭配前後處理研討。因此我們討論刷磨，必須界定研討範圍是在刷磨本身，與其他做法搭配，就必須另外研討。

　　一般人會將研磨面光滑平整作為刷磨指標，這種期待似乎與實際理想刷磨目標有落差。其實光滑不是刷磨本意，尤其是電路板如果有氧化物殘留，光滑不但無助於製程進行，氧化物去除不全更可能造成結合不良問題。較恰當的目測指標，應以所謂水破實驗 (Water Break Test) 為測試標的。一般水破實驗標準，是將處理完成的電路板浸泡到水中，之後平放靜置觀察水膜破裂時間，時間愈長愈好，或者說愈穩定愈好。

　　如前文所述，若刷輪本身產生細微絨毛，就容易在電路板面產生摩擦卻未研磨，這種作業容易產生光滑表面。若加上某些設備維護變異，造成噴水不良，則表面可能有輕微燒焦問題。由此觀之，表面光滑實在不能作為刷磨品質指標，同時要獲得良好刷磨面，恰當刷磨噴水機制也十分重要。另一個刷磨常討論的問題是刮痕 (Scratch) 缺點，這類缺點在日常刷磨中常看到。觀看刷磨後基板表面，用肉眼即可鮮明確認研磨痕跡。通常刷磨深度約 3-5μm，但異常刮痕則有深至約 15μm 的可能性。

　　探討這種問題，首先當然是以刷輪滾軸無震動為前提，因為若有震動則不論裝何種刷輪都會發生某種程度的刮痕。這也代表另一個刷輪特質，會有減低滾軸震動影響的好處，就是刷輪柔軟度，有彈性的發泡滾輪有較佳表現，可減少衝擊力。一般刷輪粗細是用 Mesh (#) 來表現，參考研磨材平均粗度如表 5-7 所示。

▼ 表 5-7　刷輪研磨材粗度參考值

刷輪粒度值	平均徑 (μm)
320	57.2
600	28.5
1000	16.2

　　一般研磨材平均尺寸規格，是依據 CAMI (USA) 規格訂定，但因為顆粒管理都是以粒徑分布表達，因此研磨材也是用平均粒徑表示。其實巨觀眼光，#600、#320 與 #1000 粒徑都相近，但以研磨技術看，必須考慮加工的工件材質如：鋼鐵、木工、銅材等脂特性不同，而適當變異研磨材料。電路板的基本金屬材質是銅，刷磨是在加工非常柔軟的金屬，不需要粗顆粒研磨。若刷輪製作採用的研磨粒含有較粗顆粒，產生刮痕的可能性就提高了。表 5-8 所示，為一般常見的刷輪用研磨材特性。

▼ 表 5-8　研磨材 (顆粒) 的特性

	酸化鋁 (Aluminum Oxide)	碳化矽素 (Silicon Carbide)
化學商品分類	無機粉末	Fine Ceramics
別名	鋁	碳化矽素
化學式	Al_2O_3	SiC
結晶	無色六方晶系	青黑色三角柱
比重	3.99	3.25
硬度	9.0	9.5
形狀略圖		

　　除了粗粒刮痕外，在刷磨機的機構，會在刷輪另一邊提供支撐，就是所謂的背輪 (Back Up Roller)。若有硬物或不當殘屑掉落在背輪上，會造成傳送過程的刮傷，這也可能是刮傷來源。

　　刷磨是工件與刷輪同時磨耗的作業，會有刷輪殘渣產生的必然現象，殘屑應該是小而輕的。但如果是不織布材料，刷磨時又產生捲狀毛絨物質，若不能快速被供給的水帶走，也會產生機械擠壓異常刮痕。因此各家磨輪殘屑產生狀況與細緻度，也應該是選擇刷輪的考慮要件。若在刷磨通孔類產品，殘屑會堵塞通孔發生品質問題，這除了加強清洗能力，殘屑生成狀態也是重要指標。

　　線路製作前處理刷磨銅面，並不以切削量為主要訴求，因此使用毛刷式刷輪應該可以勉強滿足所需。部分廠商因為去毛頭能力受到考驗，考慮使用不織布或其他切削力較高的刷輪加工，但要注意產生毛屑造成的孔塞風險，雖然多數除毛頭設備都會有超高壓清洗機構設計，但仍會有孔塞風險存在。

　　至於一般粗化，因爲電路板厚度及線路都有變薄變細現象，刷磨處理的可能性相對受限，目前刷磨前處理僅限於厚度較高、線路較粗的產品。線路細緻度會影響刷磨的最主要原因，是因爲有細絲短路風險，線路間距變小刷磨有可能出現毛頭造成的搭接短路，因此這類產品刷磨應用受限。

　　然而若有化學性污物必須從銅面去除，則多數會在刷磨前進行，以防止刷磨污染再次回沾的問題。對於採用化學銅直接處理後，就進行線路電鍍的製程，只能使用微量酸洗做表面氧化處理，這類製程不適合用刷磨。多數用於線路前處理的刷輪，是尼龍纖維毛植入切削材料製成，切削材一般爲碳化矽顆粒。積層式刷磨材，是用平面不織布片製做，研磨材陷在纖維材料內，當刷輪受到壓力推擠而產生切削力，輪心部分會較快磨損產生狗骨頭狀外型。

　　積層式刷磨材比毛刷表現出一些優異處，他們可負荷較多水量而不容易產生乾刷問題，另外的優點是積層式刷，對線路銅墊及通孔的機械方向傷害力都較低。毛刷式磨輪，在機械轉動方向的力量較大，容易產生壓力過大凹陷現象。切削速度指的是刷輪與板面的相對速度，因此與刷輪轉速及直徑有直接關係。

　　另一個與刷磨有關的變數，是刷磨時的噴水量。首先對水的品質與維持就是個問題，明顯可看出可選擇選項不多。噴流水會在槽中循環使用，同時在處理中會產生重金屬顆粒需要處理。自來水是目前最常用水源，水破實驗可用來檢驗水中有機污染。工廠內的循環使用水，有可能含有介面活性劑，未必合適用作刷磨水。如果刷磨最後一道水洗是與刷磨獨立分開，水質最好呈現中性，酸性可能會使殘膜問題發生。水噴壓也是重要參數，積層式刷輪會產生比刷毛刷輪細緻的刷紋，這些刷出的細緻材料，必須由板面及孔內清除。一般建議的噴流壓力約 10 bar (～ 150 psi)，刷毛類刷輪可允許噴壓略低約 2 bar(～ 30 psi)。

　　最後要重申的是，刷磨對薄板細線製程十分敏感，會在基材上產生大的應力與扭曲，當基板經過壓膜、曝光、顯影、蝕刻後，應力釋放就會產生線路變形扭曲，這會使對位問題益形嚴重。這種現象會隨板厚變化，有不同的嚴重性，一般大約板厚度低於 0.2 mm 的基板，就不適合使用刷磨。

5-10-2　噴砂 (浮石 (Pumice)、氧化鋁、石英砂)

浮石 (Pumice)

　　因爲翻譯及業者使用習慣，本段內容使用的名詞常容易產生混淆。依據採用不同研磨材料及製程，不同切削參數必須控制，也會產生不同表面現象。這些處理主要模式，是採用鬆散顆粒懸浮液，與鑲嵌在刷輪上的磨材做對比。浮石 (Pumice) 這個名詞常被用來當作切削材料代稱，尤其是在英文類資料特別明顯。浮石是矽的複合物，具有多種組成結構，要看他原始的礦源而定。最常用來製作的材料，是義大利拿坡里島海岸取得的材料。

　　浮石原料採集後會加熱重結晶產生較硬顆粒，不同地區有不同的礦源，但處理方式大致類似，一般平均粒徑約為 60μm。偶爾這些製品會與抗氧化劑混合使用，這樣產生的銅面就會光鮮亮麗。浮石初期是以手動操作旋轉研磨，用於電路板銅面處理，雖然有效但費工耗時，又得不到大面積平整表面，因此必須發展自動化處理。自動化設備，採用懸浮液噴流法做板片處理，電路板則以傳動系統推進。早期浮石作業機械的設計，多數會因浮石磨損等因素，產生滲漏及噴壓不足問題，而管路與噴嘴磨損及零件消耗使設備快速崩解。目前這類問題因為設計及製作材料改變而改善，多數設備用陶瓷噴嘴及軸封製作。

　　至於高壓水洗 (10-20 bar)，對殘顆粒去除十分重要。一般液體內顆粒含量會保持在 15% 固含量左右，顆粒大小約為 60μm。使用中浮石會有崩解變細現象，會使切削清理能力降低，必須添加新顆粒。這些懸浮液可用量筒測量固含量，一般做法是將液體靜置約半小時以上，之後做體積推估。如果顆粒含量偏低，人工添加浮石顆粒將含量提高回應有水準。懸浮顆粒量及尺寸控制都是間接的，會靠經驗定義出固定排放時間，操作中是不作調整的。操作一定期間 (如：一班) 或一定量 (如：1500 片) 後，液體就會直接重配更換。

　　浮石顆粒會逐漸產生水解，它會與水產生作用，生成氫氧化鈉或氫氧化鉀，使水質逐漸產生鹼性反應 pH 值增高。依據噴砂顆粒壽命狀況，多數材質對這類反應可忽略，但若這種反應呈現明顯變化，則適度用硫酸將 pH 值調整到 5 至 7 是較建議作法。浮石噴砂機與刷磨機，在設計及對銅面影響是不同的，電路板經過含量約 15% 噴砂液體，一般是由底部噴嘴噴流到板面，一次處理一面。這種設備沒有刷輪，因此沒有大量切削銅的能力，噴砂顆粒只有類似鐵鎚敲擊作用。因此銅面污物最好在噴砂前去除，以免污物存留在銅凹陷底部或邊緣。多數噴砂機製作者，會建議使用較軟質噴砂顆粒，以免過度傷害磨損機械。噴砂處理後需用大量高壓水洗，以確認去除砂粒及雜物，並適度控制含砂量、顆粒尺寸及分佈等，也都是必須注意事項。

氧化鋁

　　類似於浮石噴砂系統，也有人用氧化鋁粉作處理介質。義大利機械公司提供了改良式噴砂系統，並做了一些研究，發現測試結果採用刷輪式，以氧化鋁為研磨材的設計，銅面處理效果比噴砂法好。也發現數據呈現現象，噴砂對薄板產生的扭曲影響比刷磨大，這對傳統浮石噴砂系統有參考價值。氧化鋁顆粒崩裂速度比浮石慢，固含量測試也可用類似方法，其測試速度與時間會較快。氧化鋁使用壽命比傳統浮石長得多，減少了停機保養時間及廢棄物排放量，但要注意的是顆粒會逐漸變成圓角外型。圖 5-10 所示，為使用前後外型比較。

新鮮的顆粒　　　　　　　　　使用兩個月後的顆粒

▲ 圖 5-10　氧化鋁顆粒使用前後的比較

　　圓弧化使銅面處理狀態改變，會影響乾膜結合力，因此氧化鋁更換頻率控制十分重要。部分業者針對氧化鋁外型、作業使用時間、銅面粗度變化，以乾膜剝離狀況為粗度不足接著性不良的指標做研究。由實驗證實，在一組產能約為 30 萬平方英呎的噴砂處理線，以每週取樣所得的結果，在一個月內測試產生的乾膜剝離情況與新配槽沒有太大差異，但作業兩個月後的氧化鋁懸浮液，就開始發現乾膜剝離逐漸增加。

　　由表面粗度 Ra 值偵測可發現，其實同一片經過處理的電路板表面粗度會隨粗度計掃描方向有差異，使用一週、兩週、一個月後，粗度也有統計差異。最重要的是操作約兩個月時，剝離數字明顯上升，這個現象可呈現出品質變化差異，也可作為氧化鋁操更換指標。表 5-9 所示，為氧化鋁噴砂處理效果變化追蹤結果

▼ 表 5-9　氧化鋁噴砂處理效果變化追蹤結果

氧化鋁的使用時間	平均剝離量 (μm)	平均 Ra (低水準)	平均 Ra(高水準)
新配置	5		
一週	< 5	0.132	0.214
一個月	< 5	0.144	0.200
兩個月	10	0.093	0.187

石英

這類材質較少使用，研究發現石英顆粒尺寸小於目前氧化鋁或浮石就可獲得類似表面狀況。這種小顆粒石英，不容易在孔中殘留。

5-10-3　化學處理製程 (清潔劑、微蝕劑、電化學清潔處理)

清潔劑

清潔劑種類繁多，此處以可噴流操作的清潔劑為討論主體，因為這類清潔劑適合傳動型設備與製程使用。一般清潔劑大致分為酸、鹼兩類，多數清潔劑以鹼性較容易發揮去除有機物功能，稀釋液鹼是最簡單的脫脂劑。特殊鹼性清潔劑含有介面活性劑及消泡劑，可發揮脫脂與抑泡效果，槽液控制並不複雜，供應商會依據滴定濃度百分比或生產量決定添加量。水破實驗可用來檢驗槽液活性，鹼性清潔劑對氧化及鉻金屬去除較沒有效用。

酸性清潔劑同時有除氧化或微蝕功能，多數具有清除銅氧化及除鉻功能，也會有某種程度有機物清除功能，即使只有 10% 硫酸噴灑也有一定效用。硫酸會比鹽酸更適合這類應用，因為鹽酸有揮發煙霧問題，也不容易從線路表面清除其氯化物，這類殘留會讓乾膜產生殘膜現象。一般銅皮供應商提供的數據，典型金屬處理量約為 $3 \sim 15\text{mg/m}^2$，多數處理量以 5mg/m^2 為標準。

所謂單一步驟清潔處理在業界十分普遍，指的是不需要機械處理，只要一道化學清潔步驟就可產生適合壓膜的表面。這些清潔劑一般為酸性，並含有潤濕劑，典型的酸如：磷酸、硫酸、硝酸或混合液。這些清潔劑可清除銅氧化物與部分有機物，但比鹼性清潔劑效率還是較低。這些清潔劑普及化，主要因素來自於機械處理會產生尺寸變異，尤其對薄板特別嚴重。當然簡化製程降低成本，或因為電路板所用是已有特殊表面的材料，這些也都可能是因素。對這些清潔劑的使用與評估，應該注意以下的事項：

- 與傳統表面測試法相容，如：水破實驗是否可以使用
- 這類清潔劑蝕刻量從無到十分多都有，處理線傳動速度必須可調整，以獲得適當蝕刻量
- 部分藥劑會傷害設備材料，必須列入評估項目
- 部分清潔劑必須修改配方，以符合傳動線操作與噴灑需求，同時可獲致均勻清潔表面處理

微蝕劑

過硫酸化合物或過氧化物類化學品，廣泛用於酸環境微蝕作業，用以去除氧化、鉻金屬及微量有機物和銅金屬，這種處理會得到比刷磨與噴砂平整的銅面。所謂微蝕，指的是表面腐蝕但不是全面蝕刻，蝕刻是將銅完全去除。微蝕是理想的壓膜前處理，因為可利用這種處理，在去除銅的同時去除雜質。但實際狀況並非如此理想，如：微蝕對有機物去除就不十分有效，因此在微蝕過程有機物會停留在銅面一定時間，這就會像抗蝕刻膜作用產生不平整銅面，因此微蝕都會搭配化學清潔處理一起作業。

如果要單用微蝕完全去除銅面鉻金屬處理，必須要去除約 2.5μm 的銅才能徹底完成，但這對前處理而言似乎過度，一般表面處理只要約 0.75μm 就足以產生良好表面。典型常用微蝕化學品，如：過硫酸鈉、硫酸雙氧水等，圖 5-11 所示，為典型過硫酸鹽蝕銅反應機構。

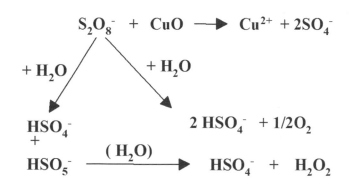

▲ 圖 5-11　典型的過硫酸鹽蝕銅反應機構

其中因為會產生雙氧水產物，可繼續將銅氧化成為氧化銅，能繼續對銅產生攻擊作出微蝕反應。過硫酸類微蝕槽控制法，一般會採用滴定監控銅含量、過氧化物含量、酸度等。蝕刻速率可用空板做製程前後重量差比較，這樣就可以獲知實際表現。

電化學清潔

電化學清潔是採用反電解法，他是一種電鍍逆向操作。電路板成為電鍍槽的陽極，表面金屬如：鉻等處理，都會在作業中溶解去除成金屬鹽類。這種處理可用傳動型自動化設備，槽配方可同時具有去除有機物機制。經過電化學處理的電路板，接著可進行粗化處理，應不同需要施行的步驟。因為表面鉻金屬已經去除，只需要再去除約 0.75μm 的銅就可達成完整清潔工作。

5-10-4　特殊物質去除的處理

　　經過濕式表面處理，業者還會採用特殊方法，在壓膜前去除特定污染物。最典型的作業，就是用沾黏滾輪將表面落塵去除，這是將電路板傳送過一對沾黏滾輪產生的效用。爲了要讓灰塵更容易去除，部分設備會採用除靜電法改善其效果。一些沾黏設備設計，並沒有直接接觸沾黏面，而是採取間接法做除塵，以免沾黏物反而污染銅面。一般設計會用移轉滾輪，將灰塵轉移到沾黏輪上。部分沾黏輪設計採用多層式結構，當表面髒污可以直接撕掉繼續使用。爲了避免維護產生停滯，也有一些新設計採用多段滾輪設計，這樣即使更換滾輪也不會有停線問題。

　　沾黏滾輪可與前處理及壓膜機連線，這樣可以全自動化作業。若是手動作業，則可在壓膜前做手動清潔後進行壓膜。沾黏滾輪也用在曝光前清潔，因此乾膜必須與保護膜有一定黏著力，否則容易被拉扯下來。不過這種問題也可以從機械設計角度改善，若沾黏滾輪不從板前端處直接沾黏，而略爲落後再開始，則保護膜剝離問題就不容易發生。

5-11　較佳的表面處理選項

5-11-1　對一般供應商銅皮的表面處理

　　一般銅皮表面較容易出現在內層板製作，外層板銅面則主要以化學銅或全板電鍍銅爲主。對一般銅皮使用，有幾個特別需要注意的表面處理事項：

- 有機物 (油脂、指紋) 去除
- 氧化物 (氧化銅) 去除
- 抗氧化物 (鉻金屬處理) 去除
- 表面形狀處理 (粗化)

　　有幾個不同思考方向可幫助製程技術簡化，首先內層板是較薄銅基材板，刷磨會產生尺寸變形與扭曲，不適合採用。其次應該考慮銅的移除量該是多少，如果必須移除 4～6μm，則較強微蝕處理就十分必要。另外在廢棄物處理的考慮，也影響到技術採用。依據內層板特性與厚度，業者可從前文中整理的製程，找出適合的處理方法。多數公司採用的經驗做法，都是以鹼性清潔與微蝕爲主的作業。其他作業處理，還是應該依據實際經驗數據做適當選擇。

5-11-2　比較適合化學銅的表面前處理方法

　　化學銅表面多少都會有亞銅存在，外型也較偏向草菇狀，還可能會有點化學銅處理殘留物，去除這些殘留也是表面前處理的一部份。另外在前製程的最後水洗，如果有加入抗氧化處理，這類薄膜去除也要列入表面該處理的部分。抗氧化處理用來保護銅面，讓它可做適當期間存放，因為許多製程設計並不完全連續。因此化學銅表面處理，目的應該有以下幾項：

- 去除殘鹼
- 去除有機物
- 執行減低氧化的措施
- 最大化膜接觸面積

　　第一個目標可用冷熱水洗混合製程處理，之後再以酸浸法將殘鹼去除。第二項目標可用類似方法達成，不過多數使用者會用適當鹼性藥液如：碳酸鈉等做有機物去除，以保證有機物去除完整。若抗氧化層是在壓膜前處理時去除，則抗氧化措施對壓膜銅面比較不是問題。然而多數製程還是保留了這種處理，因此在製程中必須注意處理與乾膜相容性問題。至於第四項目標更是不在話下，較大表面接著面積對製程重要性十分明顯，一般化學銅表面都會有相當大表面積，不需要刷磨處理。但如果銅面有較重污染，適度的刷磨及水洗去除污物，會有助於壓膜穩定度維持。

5-11-3　對電鍍銅製程前的銅表面處理

　　有兩個簡單步驟，是典型乾膜貼附電鍍銅表面的處理程序。首先是在全板面進行薄層電鍍銅處理，以備後續線路電鍍製程用。這種處理基於兩個主要目的：它可以建立足夠銅厚度，不需要完全依賴化學銅來加厚孔銅，製程簡單也便宜。另外因為是全板電鍍，電均勻度比線路電鍍平整得多，對於線路均勻性較有利。還有一種面銅電鍍處理做法，是在化學銅上直接全板電鍍出約 $20 \sim 25$ μm 的銅，之後直接做蓋孔蝕刻 (Tent & Etch) 製程。電鍍銅具有非常高的純度，並具有非常平整表面，也沒有進料銅皮經過的鉻金屬防氧化處理。若這種表面經過一定儲存時間，會產生一定程度氧化層，基於這種原因，以下的壓膜前表面處理就是必要的：

- 氧化物去除
- 表面粗化

　　要達成這些表面特性，採用 500 號刷輪進行處理是不錯的選擇。但對於電鍍銅板又是薄板狀態，這種處理就有問題。薄板刷磨會讓電路板尺寸變化大或扭曲，因此採用化學處理較為恰當。可惜的是電鍍銅面都呈現光滑平整，化學微蝕處理很難獲得應有粗度。至於刷磨處理本身，有利於電鍍後有小凸點的銅面處理，這些凸點對乾膜作業及細線路製作非常不利，用刷磨法處理後可改善狀況。去除這種小點，業者常使用砂帶式刷磨機做處理。

CHAPTER 6

壓膜

6-1 製程的考慮

　　壓膜是採用乾膜光阻貼附到基材上的做法，壓膜程序是為了使乾膜與銅面產生黏著力的製程設計，壓後乾膜會用於抗蝕刻或選擇性電鍍。乾膜接著是依靠薄膜本身變形量，經過適度流動產生的填充作用。而流動產生的方法是將乾膜黏度降低，並提供足夠壓力及充裕作用時間完成。

　　乾膜加熱可降低其黏度，壓力差則可依賴滾動、油壓或機械壓力提供，必要時還可加上適當真空處理。手動處理設備必須人工上料、乾膜切割及下料，但目前大量生產設備都已經自動化。圖 6-1 所示，為典型自動切割壓膜機。

　　熱滾輪壓膜法同時在電路板兩面貼上乾膜，當乾膜由機械供應輪拉下，會先去除承載膜，並被拉到抓取機構上，前段貼附時後段切割成適合電路板的長度，經過壓輪做壓膜作業，完成時表面保護膜仍然保留在乾膜上未去除。

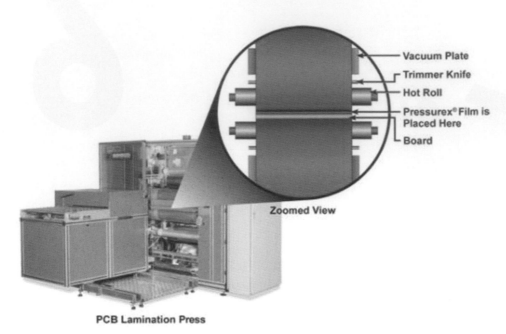

Vacuum Plate
Trimmer Knife
Hot Roll
Pressurex® Film is
Placed Here
Board

Zoomed View

PCB Lamination Press

▲ 圖 6-1　典型的自動切割壓膜機

6-2 ⠿ 壓膜的參數

　　熱壓輪壓膜程序中，熱是經由熱滾輪傳到保護膜，之後再傳到乾膜及銅介面，電路板則在進入壓膜機構前就做預熱。實際介面溫度，要看乾膜與熱源接觸時間及熱源溫度而定，這當然涉及到熱傳係數及接觸面積比熱等問題。接觸時間受制於壓膜速度，至於傳熱面積則與滾輪柔軟度、壓力與變形量等有關。實際介面溫度不會直接監控，而是經由間接控制。控制的變數包括壓輪溫度、速度、預熱溫度等，電路板離開壓輪的溫度，時常作為監控重要參數。因為有些因素會影響電路板離開壓輪的溫度，如：電路板厚度、室溫、傳動速度等，這些變數都應該被考慮，使控制能力可以發揮。

　　壓膜輪的壓力也不是直接量測，實際施予壓膜的總力顯示壓力表，會設在某特定點，因此實際壓膜表面力完全要看機械設計模式、壓力傳送機制、滾輪壓力分布面積及電路板寬度等決定，至於典型控制法則只有壓力表設定而已。壓力表設定值，會依據板寬度不同而不同，雖然沒有直接壓力值顯示，但使用感壓紙可以輔助解決設備設計、維護、滾輪更新及問題解決的測試。感壓紙受到壓力會變化顏色，顏色變化代表壓力落在某一範圍內。對於壓輪直徑及柔軟度等，大致上當作是常態穩定情況處理。

　　自動壓膜機有幾個操作變數，如：切刀速度、壓膜輪下壓力、溫度及時間等。這些變數項目及控制方式，是這類設備重要能力規格，設備商都會有建議值作為設定標準。自動壓膜機被設計成連續、捲式操作模式，因此捲膜牽引力與張力成為另外一些變數。

6-3 ⠿ 壓膜製程

　　壓膜製程與液態光阻最大不同是具有壓膜及蓋孔程序，基於這種不同特性而必須有一套特定設備，具有良好滾輪品質、固定滾輪尺寸、抓取膜機構、分離承載 PE 膜等功能。將保護膜與乾膜移轉到電路板上，需要許多控制機構與捲曲設計，使得壓膜機作業與設計有點複雜，但其基本日的卻十分簡單，只是要產生適當銅與乾膜間結合力。

6-3-1　排除空氣達成表面間接觸

　　首先壓膜工作必須將介面間空氣排出，之後使乾膜高分子產生流動，這種流動必須有足夠接著效用。因此足夠時間及適當表面處理就十分重要，其中最重要的工作就是將其間空氣排出。空氣間隙會讓接著不連續，這會讓顯影蝕刻製程產生斷路，會讓線路電鍍蝕刻製程產生滲鍍。有些排除空氣的做法被業界討論，但只有小部分做法被實際應用在電路板製作。

真空壓膜

　　最佳去除介面空氣的方法當然是真空排氣，實際做法是在兩個材質還未接觸前就將空氣移除，這樣在乾膜接觸銅面時，很容易就因為施壓而接合在一起。這種設備對於非平面狀態，具有防止空洞有效填充的功能，因此被用在表面有線路的電路板應用。機械設計，有多種不同設計想法，主分為捲式與平台式設計。圖 6-2 所示，為此兩種設備的代表性設計模式。

▲ 圖 6-2　滾輪式與平台式真空壓膜機

熱滾輪 (Hot Roll) 壓膜

熱滾輪壓膜是製作線路專用的壓膜法，是有效又可自動化的設備，與傳動線連結是典型規劃。目前多數量產廠採用的作業，以這種壓膜機所佔比例最高。當然壓膜機還有很多不同機構設計，用以改善壓膜效果，但都屬於局部更動不需要過細描述。

6-3-2　促使感光高分子流動

乾膜光阻是非牛頓流體，具有非常高的黏度，要將這類流體填入不平整凹陷區，黏度必須降低同時加上壓力才能達成。降低黏度是較常見的方式，直接提高乾膜溫度就是簡潔方法，所有壓膜作業都採用乾膜貼合前預熱操作，當然輔助將電路板預熱也是作業的一部份。

多數壓膜機用熱滾輪對板面加溫，這樣就產生了熱壓帶可將電路板升溫到一定水準，一般作業溫度約 85-100℃，若用更高溫度可將黏度降得更低，使流動更容易。但更高的溫度，會使保護乾膜的聚酯膜產生收縮或皺折，另外也可能會使乾膜揮發物產生汽化影響品質。溫度調節也受到機械設計限制，少有壓膜機可在整支滾輪上提供穩定溫度分布，熱滾輪壓膜最好能從頭到尾都保持一定作業溫度，必須注意的是作業溫度如果超過 125℃，有可能會超過壓膜機保護溫度，因為輪內外溫度有差異，而感溫裝置位置影響到實際作業狀況。

較高壓力作用在銅面與乾膜間，可提供較高高分子剪力讓乾膜流動，多數材料可因為作用力加強而適當流動。利用作用力強化增加側向剪力，取代升高溫度，對壓膜效果有正面意義。較高黏度可降低空氣進入間隙機會，溫度低黏度高，空氣確實不容易進入。除非黏度低到重力存在也會流動，否則必須靠剪力才會發生，因此流動只會在熱滾輪壓著期間作用。所以良好的黏著作用，作業時間長短變得十分重要，而時間長短在設備上十分容易調整。其實多數壓膜機滾輪與乾膜壓著時間，若以滾輪切線區作研討，會發現可能的作用時間都在一秒鐘左右，因此如果壓膜效果不佳，可考慮減緩壓膜速度。

6-3-3　壓膜的壓力

乾膜流動依靠的是加熱降低黏度，同時提供一定時間壓力差產生流動，壓力可由氣壓、液壓或機械式壓力提供，也可混合不同模式提供。一般作業不會直接量測乾膜表面力，主要控制法是以提供力量的壓力桿產生壓力為準，該處會安裝適當壓力顯示裝置，實際轉換到乾膜表面的力量，必須看機械設計形式而定。因為力量轉換依靠會形變的熱壓滾輪，因此平均壓力必須經過轉換分配到單位面積上。就是總力除以滾輪變形後與電路板的接觸面積，這就是平均的乾膜面壓力大小。

接觸面積大小與所施加總力、滾輪直徑及包膠厚度有關，跨越整個壓力區的壓力會有一定變化，從弧面邊緣的零壓力到中心最高壓力都有，因此中心區的壓力對乾膜流動貢獻最大。整個壓力區塊的平均壓力約為最高壓力的 2/3，這是平常較容易控制也較有意義的壓力。為了讓模式簡化，壓力表達常以單位長度上的力量為表達方式 (如：磅 / 英吋或公斤 / 公分)，忽略變形後實際的寬度。實際在壓膜輪的壓力分布，可用感壓紙檢測，或可用電子感壓系統量測。

驗證高壓膜壓力對乾膜變形量的影響，可用 AOI 檢查線路與壓膜不良相關的缺點，如：斷路、缺口、凹陷等發生在顯影、蝕刻製程的典型缺點。依據以往實驗，採用 36 磅 / 英吋及 62 磅 / 英吋兩種壓力，對同樣寬度電路板做壓膜及所有線路製作，結果發現如果加大壓膜壓力到較高水準，約可降低 80% 缺點率。但可惜的是，一般壓膜機多數都會因為加壓產生滾輪變形，要達成加壓目標，機械設計必須適度修正。壓力區的形成，會因為滾輪彎曲而在兩側變寬中間變窄，如圖 6-3 所示，這意味壓膜壓力，在滾輪中心較低而在兩側則較高。壓膜機製作商了解這種問題，嘗試用較實際的方法，將滾輪做出適當的弧度，以補償變形量，如圖 6-4 所示。

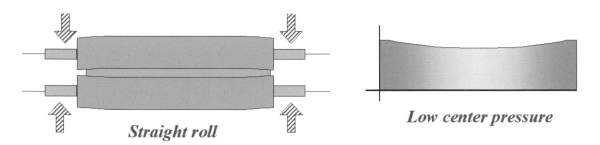

Straight roll　　　　　　Low center pressure

▲ 圖 6-3　平直的壓膜輪所產生的壓力分布現象

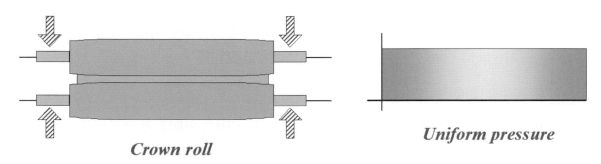

Crown roll　　　　　　Uniform pressure

▲ 圖 6-4　經過輪型修正後的均勻壓力分布現象

弧狀滾輪採用中心膠厚度高邊緣低的模式製作，產生了弧狀外形，經驗值約是邊緣與中心差 3-4 mils，這就可以獲得恰當補償並降低缺點率。

6-3-4　壓膜溫度

在熱滾輪壓膜作業，熱是經由滾輪加熱系統轉移到保護膜及乾膜與銅介面。滾輪加熱方法有多種，包括電熱管理入滾輪或表面電熱片貼在空滾輪內等。滾輪接近表面處會加入導熱液體，強化熱均勻性及傳熱效果。某些滾輪加熱採用紅外線加熱滾輪表面，用這種方法必須有足夠大的滾輪表面才能提供適當加溫效果。溫度均勻度是重要品質參數，會直接影響壓膜輪下的乾膜變形量，常見均勻度要求規格是整支壓輪溫差要在 2℃以內。

也有直接輔助加熱法，用在壓膜設備組內，如：利用三組熱滾輪在電路板送入壓膜機前做加溫。實際發生在銅面與乾膜間的溫度，受到接觸時間及熱源溫度影響最大，當然介面各種材質所具有的熱傳係數也是因素。接觸時間與壓膜機速度及壓力區寬度有關，速度設定可依據轉速與直徑而定，但壓力區的寬度則與壓力、膠厚度及滾輪直徑有關。

壓膜介面溫度只有用間接監控法，控制變數包括傳動速度、滾輪溫度及預熱溫度等。較直接有效監控，還是以觀測電路板離開壓膜機時的瞬間溫度為指標，因為這種顯示溫度較接近實際壓膜時溫度。電路板離開壓膜機的溫度，會受到環境溫度、壓膜速度及電路板形式影響。因為過高壓膜溫度容易造成皺折及乾膜材質汽化等問題，必須依據電路板形式設定適當出板溫度，以往經驗值對於薄內層板會建議設定為 60-70℃，對於略厚的電路板則建議設定為 45-55℃，如果乾膜用於電鍍鎳金，則建議設定為 50-55℃。為了降低落塵對乾膜作業的影響，多數壓膜機會與沾黏滾輪組連線。

6-4　壓膜的缺點

因為壓膜產生的短斷路缺點，多數來自髒點殘留在乾膜與銅面間，或存在壓輪與保護膜間。斷路常因為壓輪上有孔造成，或因為膠面有顆粒嵌入。皺折來自多種不同壓膜機問題所致，凹陷、缺口、斷路有可能因為有空氣殘留在乾膜底部。

因為灰塵產生的短斷路

包覆灰塵或空氣在乾膜下，會造成乾膜接觸不良，因此在顯影蝕刻製程產生斷路問題。但在線路電鍍製程，則可能產生滲鍍與短路問題。對於結合力表現測試，是在壓膜後的 0、15、30、60 分鐘到 24 小時做測試。以沾黏膠帶壓到乾膜上，之後拉起膠帶並觀察殘留在銅面的殘膜量。測試前不會進行切割或分格作業，以免影響測試結果。

　　顯影後的解析度，是以經過顯影的乾膜可存留的最小線寬與間距為指標，其中尤其是獨立線路。有些標準測試線路底片，在其上製作出 20 ～ 200μm 的線路及間距，有獨立與繞線的幾種不同結構，用這種結構做電鍍及蝕刻測試能力檢驗。乾膜光阻在電鍍的剝離程度，可用放大鏡或顯微鏡觀察電鍍後剝膜前的線路狀況，剝離程度以 μm 計算。一些觀察經驗發現，乾膜的剝離程度會隨膜外型而變，因此一般測量都會在大銅面邊緣做取樣，並取得多片平均值。

　　影像轉移 / 蝕刻的良率評估，主要以 AOI 檢驗結果為判斷標準，不相關的缺點可用軟體設定法去除。如：重複性缺點可能是因為機械或是底片問題造成，就可以在評估時用軟體設定去除。因為排除了非乾膜光阻缺點的緣故，實際缺點率就較可呈現實際與乾膜光阻相關的缺點。

壓輪損傷的問題

　　壓輪表面如果有洞就會失去壓力，容易產生氣體殘存問題，這種現象會產生斷路缺點。如果有顆粒嵌入壓輪，則可能會在高壓壓膜作業將乾膜壓薄，薄的乾膜保護性不足，也可能會產生斷路。

皺折

　　皺折問題來自於多種不同原因，首先應注意的是乾膜安裝是否與作業方向對正，如果乾膜或是承載膜有拉偏現象，皺折就會產生。第二個應該檢查膜的張力，並非所有壓膜機都有張力調節裝置，但有這類裝置的壓膜機多數有比較好的壓膜品質。另外皺折也會因為高溫或壓輪變形產生，這些都必須注意。

6-4-1　乾膜皺折與壓膜參數的影響

乾膜變薄的趨勢

　　近年乾膜使用趨勢，朝向較薄保護膜及較薄光阻發展。較薄保護膜使乾膜在壓膜過程變形較容易出現，但它對曝光解析能力有幫助。較薄光阻層不但可以幫助影像解析度，同時可改善蝕刻均勻度。但要讓壓膜作業在這些改變下仍然品質穩定，相對難度就較高，因為較薄結構讓乾膜更容易皺折。目前保護膜厚度已從傳統 25μm 降低到約 18μm，部分用於內層板製作的乾膜也有低於 25μm 的規格，如何強化作業精度降低皺折，成為壓膜的重要課題。

6-4-2　滾輪壓力區所產生的壓膜皺折

最麻煩而具有殺傷力的皺折模式，就屬壓力區產生的皺折，這種缺點是嚴重皺折缺點，常因膜摺痕而產生影像轉移缺點。這些摺痕使曝光產生接觸不良，既不利於細線路製作，也可能產生影像變形。一般可能引起這類皺折現象的原因，整理如下：

- 供應膜的軸捲與壓輪對位不良
- 進板傳動方向與方向對位不良
- 張力性變形或承載膜捲曲軸拉力不均
- 乾膜移轉至真空持取面時不平整
- 乾膜未對中或電路板未對中造成扭力
- 因為切割產生的變形導致皺折
- 高靜電存在捲曲的膜上
- 導引乾膜的軸不平整
- 壓膜輪的表面速度不均
- 上下供應膜輪拉力不均

- 壓輪軸承損壞
- 滾輪彎曲
- 滾輪軸壓力不均
- 熱壓輪上下溫差大
- 上下壓輪壓力差異
- 壓輪不平行
- 滾輪包膠過厚
- 電路板厚度不均
- 乾膜厚度不均

這些缺點會因為以下的因素加入而更形嚴重：

- 乾膜有較薄保護膜
- 較寬的電路板及乾膜

- 較薄光阻層
- 較薄基板

對正的安裝乾膜及維護壓膜機，是降低壓膜皺折的第一步，但許多皺折問題卻在良好對位與設備維護下仍然發生。壓膜皺折對薄基板是嚴重問題，特別是對於薄銅皮基板。首先因為基板強度低且柔軟，使得基板對正與順利送板能力下降，任何對位不準或偏斜的問題不只會使乾膜皺折，也會使基板變形。

壓膜挾持模式必須均勻，且要避免乾膜在包裝時產生變形，至於壓膜輪也必須均勻對稱才能避免問題發生。另一個問題就是滾輪彎曲產生的問題，乾膜會因為橫向壓力不均勻產生結合力偏低，或乾膜揪結問題。對於壓特別薄的基板，必須使用略為曲面中間略凸的滾輪，這樣可降低輪邊互擠的壓力，使中間確實接觸壓合。圖 6-5 是一個簡單範例，在良好的對位與設備維護下，在作業中所呈現的狀態。

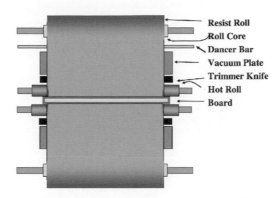

▲ 圖 6-5　良好的對位與設備維護下壓膜作業的狀態

　　作業者必須儘可能避免所有前述可能引起皺折問題，尤其是操作應力不均與溫度不當造成的皺折問題。一般規則是在適當維護與操作下，皺折會發生在寬於 20 英吋且基板厚度 < 0.2 mm 的壓膜作業，對這類產品製作如何降低皺折，成為重大挑戰。

壓膜後的皺折

　　壓膜後的皺折一般都不會馬上看到，主要造成的原因是過大應力或熱殘留在保護膜上。多數現象如同波浪狀，順著壓膜方向分布，一般看起來似乎並不嚴重，但在曝光會產生問題。圖 6-6 所示，為缺點現象示意圖。

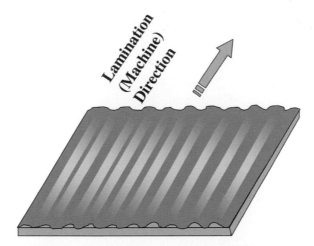

▲ 圖 6-6　因過大應力或是熱殘留造成的壓膜後皺折

主要的缺點來源如下：

- 過高的壓膜溫度
- 壓膜預熱過高
- 過大的壓膜壓力
- 較厚的乾膜
- 保護膜較薄
- 較長的壓膜與曝光間停滯時間
- 不當的壓膜後冷卻
- 壓膜後未冷卻就直接堆疊

綜合來看，薄保護膜與光阻確實有助於解析度提昇、處理速度、減低廢棄物量，然而對皺折問題卻有負面影響。自動壓膜機作業必須注意捲軸與壓輪對位問題，並注意設備維護，才能降低皺折發生率。電路板預熱、壓膜作業、壓膜後停滯時間也必須適度調整，以降低壓膜後皺折問題。

CHAPTER 7

蓋孔製程的應用

7-1 想法

　　乾膜光阻用於覆蓋電路板通孔,將通孔兩面完全封閉,以達成保護目的。在蓋孔蝕刻製程,蓋孔可防止蝕刻劑進入孔內傷及銅,在線路電鍍時蓋孔用於遮蔽工具孔,防止電鍍液進入。工具孔一般必須有一定直徑,不但必須有較小公差,有時候還必須完全沒有金屬,電鍍銅或錫如果進入孔內,會使直徑縮小或金屬在蝕刻時無法去除,這些都不是我們期待的。

7-2 重要製程變數

　　主要製程變數可分為幾個主要類別:

- 孔型及尺寸
- 孔的品質,如:銅面狀況是否適合蓋孔乾膜附著
- 壓膜狀況,如:預熱溫度、壓膜壓力及溫度
- 壓膜後停滯時間及環境 (溫度及溼度)
- 乾膜蓋孔特性 (膜厚、強度、脆性)
- 曝光狀況 (曝光能量)
- 顯影狀況 (化學品的強度)
- 蝕刻狀況 (蝕刻強度、酸度、溫度)

7-3 製程經濟性及地區性的不同

當多年前導通孔結構用於電路板製作，業者必須權衡不同製程產生的優勢與劣勢。製程的挑戰就是如何有效將通孔金屬化，又能保護通孔不受蝕刻劑攻擊。保護孔內銅免於蝕刻劑攻擊，是一種減除式製程，孔內金屬可用金屬抗蝕膜遮蔽 (如：線路電鍍錫)，或用有機光阻保護 (如：正型電著光阻)，或蓋孔 (如：乾膜光阻)，或用塞孔油墨保護等。因此電路板通孔製作技術，選擇就包括以下可能性：

- 線路電鍍
- 全板電鍍後蓋孔蝕刻
- 全板電鍍後金屬抗蝕膜蝕刻
- 部分全板電鍍
- 全加成線路技術
- 序列式增層技術，使用導電膏或不使用導電膏

因為有太多不同製程優劣勢可能性，沒有一種製程是絕對贏家，也因此不同地區喜好的製作法也不相同。日本地區喜好採用蓋孔製作線路直接蝕刻製作法，外層線路多以這種方式製作，線路細緻度隨銅厚度不同而不同，多數線寬間距都在 75/75μm 以上較多。這類製程面銅厚度，受孔銅厚度限制較多，而銅厚度限制又影響到蝕刻製程側蝕程度，這些因素直接影響細線路製作能力。

日本以外地區使用這種製作技術者較少，但近年來由於製作成本壓力，部分東南亞地區業者學習日本做法，以減少一次電鍍程序的方式製作電路板降低成本。一般認為蓋孔蝕刻的方式，優於線路電鍍的原因有以下幾種：

- 如果在相同良率下，作業可降低約 10 ～ 20% 製作成本
- 內外層製程相同可增加製作彈性
- 可用於製作內層埋孔內層板
- 有較佳線路平整度，有利於細線高密度的表面貼裝板組裝
- 平整線路有利於止焊漆塗佈

降低成本的最大原因是因為減少製作程序，與線路電鍍製程相比確實如此。但是仍然有一些重要的原因，使得業者不樂於採用蓋孔蝕刻的製程，其原因如下：

- 如果外層用蓋孔蝕刻，線路容易發生不可修補缺口或斷路等報廢性缺點
- 電路板可能因為一個蓋孔不完整而產生整片報廢

- 蓋孔可能因為對位偏移而被蝕刻液攻擊報廢
- 線路細緻度會受到厚銅嚴重側蝕而受限
- 有大量廢蝕銅液產生

　　一片蓋孔蝕刻的電路板會有大量通孔存在，孔數量常會高於每片 25,000 孔以上，只要一個單孔受到損傷，整片電路板就報廢了。因此這類製程應用必須注意，如果需要蓋孔區域都是小孔分布，此時採用蓋孔法比較容易保有高良率。潛在對位偏移產生的缺點，一般都會發生在微小銅墊孔圈設計，這種現象描述如圖 7-1 所示。

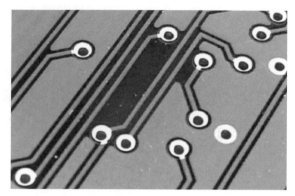

▲ 圖 7-1　小孔圈設計時潛在的對位偏移風險

　　成本的壓力及環保因素，使得這類製程有了變化，為了市場競爭力及細線路製作技術需求，這類技術朝薄銅方向發展。使表面銅變薄的方法有以下幾種：

- 使用較薄銅皮
- 設計準則允許孔銅變薄
- 傳動式電鍍均勻度提高，使總厚度可降低

　　因為特定產品及技術需求，這種蓋孔蝕刻技術近年來朝向特殊製作應用發展，如：一般雙面與多層電子構裝載板就是如此。

7-4　蓋孔蝕刻的製程

　　要有好的蓋孔蝕刻製程表現，成功的關鍵與一般內層板顯影蝕刻或線路電鍍製程不同，主要著重的是前處理及壓膜穩定度為最重要關鍵，當然表面處理後到壓膜前及壓膜後停滯時間也是重要因素。

7-4-1　銅面的處理

全板電鍍銅面一般都相當乾淨，除非存放時間長，都不需要特別清潔處理，建議做法只要一道酸洗就可以了。典型表面處理，採用一次機械粗化處理增加接觸表面積，這樣可使乾膜與銅面錨接面積加大，同時容易在介面產生化學鍵結力。這道粗化處理同時具有去除銅瘤功能，因為全板電鍍，可能會在銅面產生微小凸點，這些凸點去除有利於順利做光阻製程。對於表面處理，常使用積層式碳化矽刷輪處理，至於毛刷式研磨輪比較少用，因為容易產生凹陷等問題影響蓋孔表現。浮石處理不論是噴砂或刷磨式都有引用，但較擔心的是顆粒容易殘留孔內。當然這種問題未必會影響蓋孔表現，但容易產生其他製程問題。當電路板厚度逐漸變薄，表面處理影響尺寸及外型的問題愈趨明顯，因此化學處理變得比較重要。

有趣的是化學蝕刻處理，沒有辦法將銅面產生粗度，反而只是將銅面結晶結構呈現出來。傳動式電鍍表面光亮，似乎提供了更平整表面狀態。有一個被注意到的奇怪現象是，電鍍銅有一點類似回火行為，在室溫下相當時間會產生較大結晶結構，這種現象有利於用微蝕法產生表面粗度。另一個有趣替代方式，是利用特殊電鍍產生表面粗度，這類似銅皮製作程序。另外近來有些業者關注脈沖電鍍，這種電鍍也會產生類似結晶結構，有助於微蝕粗度產生。

7-4-2　壓膜與壓膜後的停滯時間

壓膜作業在蓋孔蝕刻製程，是一個必須適度平衡的流程，一般作業方式會採用高壓膜溫度及壓力取得良好變形量，當然這種作業是基於皺折未發生前提下採取的手法。在蓋孔製程中，如果採用過高壓力及溫度，可能產生蓋孔失敗問題。最典型的缺點模式，就以所謂切孔缺點 "Cookie Cutter"，如果乾膜在孔緣厚度變薄，就會產生弱化現象，容易產生蓋孔失敗危機。

膜變薄的原因，當然與壓膜過高壓力，特別是壓膜滾輪柔軟度高最容易發生。在這種高壓力集中在孔緣的狀態，膜會因為流動而變薄。當然溫度因素也會影響膜的黏度與流動性，較高溫度會使流動性提高，自然也讓膜在孔緣的厚度變薄。另外這種現象，也會因為孔內局部負壓更形嚴重，內外壓差呈現了對乾膜更大拉扯力。電路板預熱會影響這種現象的發生，因為當時孔內空氣比環境空氣溫度高，壓膜完畢冷卻後電路板降溫到室溫，這種負壓現象就會發生。

因為乾膜變薄需要時間，在壓膜後停滯時間及環境狀況會直接影響其結果，有些業者會在壓膜後盡快將電路板冷卻，減少乾膜較高溫度下的流動。就如同前文所述，溼度對乾膜特性也是重要參數，因為水如同乾膜膠凝因子，乾膜吸水後會降低黏度增加流動，蓋孔能力會因為高溼度而降低強度，因此在較低負荷下仍然會產生缺陷。

7-4-3　光阻與保護膜的厚度

乾膜厚度及保護膜厚度，對蓋孔能力都是重要變數，蓋孔強度正比於膜厚度，因此 50μm 的膜比 15μm 的膜要強大很多。膜愈厚表示愈強固，保護膜同樣也有類似行為影響。但不幸的是，愈厚的保護膜及乾膜，會使曝光接觸距離加大而容易降低解析度，同種乾膜變厚也會影響解析度，兩者都會增加廢棄物量，這些都是較負面影響。

7-4-4　曝光與顯影

增加曝光程度有助於強化蓋孔能力，因為強化曝光的結果，讓有機物交鏈更密增加了強度。然而強的曝光，也增加了乾膜脆性，容易使得蓋孔出現問題。因此曝光能量必須適當選用，以符合乾膜最佳化表現。過度強化的顯影也要避免，因為化學品的攻擊會弱化乾膜蓋孔能力。顯影噴嘴必須適當保養，以免局部堵塞而必須更高壓力顯影，這可能因為過高衝擊力而傷害乾膜。

多數製程狀況，如果能製作出良好蓋孔蝕刻電路板，也應該可以適合顯影蝕刻或線路電鍍製程。然而蓋孔製程的作法，必須更注意孔面保護特性，這方面更甚於注意乾膜變形量或其他特性。

7-5　蓋孔作業的缺點模式

孔徑較大會產生較多失敗機會，因為蓋孔強度反比於孔徑平方。噴嘴如果有足夠高噴壓，就有可能使蓋孔破裂。另外大孔尤其是工具孔，有可能因為機械傳動或手工操作受到傷害，較小孔徑的孔較沒有這種問題。

小孔蓋孔失敗模式與大孔不同，大孔可能會因為塑化性質破壞或拉扯破壞。至於脆化現象出現在大孔，則主要是因為曝光過度或有外力快速加諸於蓋孔區所致。小孔失敗模式，幾乎一直都是因為脆性斷裂問題，因為此區膜厚度與直徑比例較高。

厚電路板孔內比薄板具有更多聚合抑制劑氧氣，因此會有較少聚合而使該區乾膜彈性較高，這種現象可輔助蓋孔能力。然而厚電路板產生的氣體冷卻負壓卻比薄板要高，非常薄的電路板則有可能因爲兩面乾膜相互黏貼而強化，這些因素的影響，使得板厚度對壓膜影響有點錯綜複雜不易判斷。

蓋孔強度與乾膜厚度成正比，變形量及黏著力也會因爲乾膜厚度增加而增加，這些因子都會因爲使用厚膜而發生。在蓋孔蝕刻製程，孔徑小於 0.5mm 的電路板多數都會用 1.5～2.0 mil 乾膜壓膜製作，以符合穩定製程。相對的當蓋孔製程用於線路電鍍，電鍍需求就會變成主要因素，此時蓋孔因素有可能因爲這種特性需求而被忽略，因此使蓋孔失敗率增加。

較厚乾膜，一般會提供較彈性的蓋孔能力，這種特性使得要遮蔽大孔或導槽的應用較喜歡用厚膜。綜合兩種因素發現，其實孔徑與乾膜厚度是相互交絡互相影響的，選擇因子要看是乾膜成本影響大，還是蓋孔破裂產生損失大。

實際蓋孔尺寸與設計孔圈尺寸相關，也與鑽孔偏差加上曝光對位偏差相關，偏差量過大會讓乾膜沒有足夠著力區，而發生破裂或剝離現象，嚴重的根本就會發生漏出空隙，讓蝕刻液或電鍍液進入。這類問題可看到如果孔墊設計採用方形外型，就會有較大表面著力面積，與大孔墊面積會有愈強的蓋孔能力。一般建議的孔環設計寬度，以孔徑乘以 0.2，因此多數設計會建議用 5 mils 作爲下限，但這對於現在要求高密度的電路板設計，有點不切實際。

7-6 ⠿ 使用前的最終測試以及測試的模擬

7-6-1　使用前的最終測試

最實際的蓋孔能力測試，就是完成整個製程所有相關程序，經由整個程序評估來看實際良率表現。作業者可觀察損壞發生是在哪個步驟，如：顯影後、蝕刻後剝膜前或檢查通孔的電氣連續性等。即使板面中有百分之九十以上的孔都有良好蓋孔狀態，但如果有一個孔產生缺陷，也有可能產生報廢問題，因此這種測試模式是不切實際的。

我們都知道大孔比小孔更容易產生蓋孔破裂問題，因此直接觀察少數大孔的蓋孔能力，比檢查小孔表現要實際。定出可以接受的蓋孔良率值，就可以轉換爲相關可接受蓋孔蝕刻製程良率。蓋孔的失敗率與實際電路板良率相關，但這只是統計數據，不是量測數據，兩種數據的意義其實並不相同。實際測試信賴度，必須要採用統計檢定法進行風險率分析，分析所得風險率若符合期待值，才是可接受的乾膜特性模式。

　　並沒有標準公定的蓋孔蝕刻測試被業界接受，部分業者堅持必須有線路與蓋孔設計在同一片電路板上做測試。這種概念最主要的考慮，是希望不會因爲蓋孔的能力考慮，而犧牲了線路解析度及線寬控制能力。當然一些特殊開槽或特殊形狀鏤空，也都可能會被設計到電路板作爲測試標準，因爲這些狀況比一般孔的蓋孔需求能力更高。

7-6-2　測試重要的光阻物性參數

　　直接針對乾膜的物理特性做討論研究，會比統計蓋孔破孔數字這種方法要簡潔得多。利用 TMA(Thermo Mechanical Analyser) 量測未曝光的乾膜，可用來推估流動特性及可能在孔緣發生膜厚變薄的問題，溼度控制在測試中必須注意，因爲會影響測試黏度表現。綜合實際測試作業及乾膜物理特性測試，如果統計數字及物理特性表現都得到不錯信心，就可以直接放大使用。

CHAPTER

底片

8-1 應用的背景

底片是影像工具，具有 UV 光可穿透與不可穿透的部分，在生產電路板時放在光阻與光源間。基礎材料以聚酯樹脂片或玻璃板為主要原料，具有遮光與透光區同時存在平面上。遮光區域可由金屬如：銀、鉻，或由吸收 UV 的有機色料層產生，製作方法則以影像的電腦輔助設計產生數據製作。

8-2 重要的影響變數

主要與底片特性相關的因子，包括尺寸穩定度及再現性等，影響影像品質的因素如下：

- 光密度對比性
- 透光與不透光區的敏銳度
- 遮光區的完整性 (無針孔或是雜點)

這些要素的重要影響因子，要看基材品質及感光材料品質。這包括了底片製作的製程變數影響，如：雷射繪圖機 (如：畫素大小)、顯像及定影乾燥過程。底片尺寸受到環境溫度、溼度影響很大，這包括製作時的環境及完成後儲存環境在內。底片各層機械及化學特性也直接影響尺寸安定性。底片的再現性問題涉及其表面耐磨性，另外一個表面特性，就是底片最好能允許空氣通過，這有利於曝光時真空可產生密貼。

8-3 ⋮⋮ 底片的製作與使用

底片製作與使用涵蓋了許多工作項目，主要內容如下：

- 底片製作
- 底片形式與性質
- 鹵化銀與偶氮系統的作用模式
- 感光底片特性
- 恰當操作與使用底片
- 尺寸掌控

底片的製作

　　線路設計交到電路板製作者手中的資料，經過電腦輔助排版作業，就可以製作底片。這時候各層線路可分別利用繪圖機，將線路繪製在感光片上進行工具製作。傳統作業模式會製作原片，之後利用縮放法製作實際工作底片，但是拜電腦科技之賜，目前工作底片幾乎都採用直接繪製法製作。這種做法因為可利用電腦做尺寸補償，但並不需要受傳統縮放法影響，傳統作法線路尺寸與位置必須同時變化，對精細電路板可有較彈性設計空間。同時因為所有排版都可以在電腦直接進行，製作效率也大幅提高。圖 8-1 所示，為利用電腦輔助做工具設計。

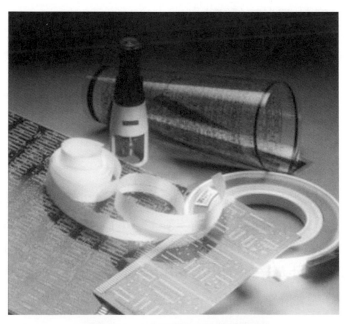

▲ 圖 8-1　電腦輔助工具設計製作

　　在排版完成後，還必須在底片上加註流水號、測試線路、導膠線路及對位工具記號等。這些現在都可用電腦輔助製造系統設計，或者也可利用其他曝光輔助技術加在底片上。當所有輔助記號及線路都完成，將資料轉換到繪圖機上繪製，底片製作的母片算已經完成。部分業者利用這種底片做再製，產生所謂〝棕片〞進行生產，但也有人直接用此片做生產，損壞需要再製時直接用繪圖機產出。因為繪圖機成本逐漸降低，電路板精密度又逐步提高，加上自動化的曝光系統逐漸普及，用繪圖機直接產生底片的比例已經很高。圖8-2 所示，為典型的捲筒式雷射繪圖機。底片處理要十分小心，因為每張底片的瑕疵都會忠實再現在電路板影像轉移中，這不但是底片製作成本浪費，還會導致電路板大量報廢損失。

▲ 圖 8-2　典型的捲筒式雷射繪圖機

8-4 ⋮⋮ 軟片型的底片特性

　　鹵化銀及偶氮片是兩種不同底片形式，用於各個不同製程底片製作，實質上有多種不同鹵化銀底片用於電路板製作。要決定用於特定製程的最佳底片選擇，必須了解底片特性及它適合使用領域，選用底片重要考慮項目如下：

- 曝光速度等級
- 感光敏感度
- 再製模式 (正片或負片)
- 製作時所用化學品
- 底片種類 (鹵化銀或偶氮類)

　　底片分類的其中一種方式，可依據曝光製作所需能量多少來分，用於製作底片的曝光燈管類型，可決定何種底片適合於這種應用，一般曝光速度有三個等級。高速或照相機速度等級的底片，可用在繪圖機、再製底片相機或接觸式點光源曝光系統，這是用於電路板製作感光最快的底片，但仍然比一般使用的照相底片感光速度慢相當多。中速曝光底片較適合用於接觸式曝光製作法使用，採用的光源多數是石英製作的燈管。偶爾這種底片也可用在較長時間曝光的相機製作系統，但並不適合用於繪圖機應用。低速曝光底片設計，用在照度非常強、UV 光比例高的曝光系統，如：金屬鹵化物或氙氣燈管，這些底片可在黃光室下操作，可比照電路板感光光阻類材料操作。

多數用於工具底片的材料，並不同於一般照相用底片，當然也和人的視覺感光系統不同，否則就必須在暗房內作業。不同的底片有不同感光區塊，不同底片對光敏感程度，影響到可作業環境狀況及使用光源作業效率。對 UV 光敏感的底片只對 UV 光產生反應，因此可在黃光環境下停留一定期間，對藍光敏感的底片多數都會對 UV 附近範圍的光有一定敏感度。儘管這類底片會加入抑制藍光敏感度濾光色料，也添加了強化 UV 光敏感度製劑，但這種底片仍然會顯現出類似鹵化銀對有色光的敏感度。這種底片可在比黃光略暗的環境中使用，有些特定所謂安全燈管可輔助作業進行。

灰階色濃淡的底片，對於綠光及藍光都較敏銳，多數工業用高速底片會採用這種配方，唯一人眼睛可看得到但這類底片無法感應的是紅光，因此這類底片必須在紅色光作業環境下操作。對於三原色都敏感的底片是全彩底片，這類底片必須要在完全黑暗的環境中處理，一般相機用彩色底面就是這類底片，工具底片很少用這類全彩片。

鹵化銀底片可以是正片形式也可以是負片形式，所謂正片就是線路與底片影像一致的叫正片，反過來線路區域如果反而是空白的就是負片。至於作用方式，見光分解的叫做正片作業模式，見光聚合的叫做負片作業模式，因此偶氮片是一種正型作業模式的底片，但一般繪圖機用底片則屬於負型作業模式底片。至於製程應用，其實不必為正負片名稱而爭議，只要注意到見光會聚合留下來或會分解，應該要採用哪種底片較恰當，其他問題都只是枝節問題。

鹵化銀片並非可任意經由顯像處理，多數底片可經由快速顯影劑處理產生良好結果，但某些特定底片只能在專用顯影劑中處理，對於其他顯影劑就會有較差表現。因此在採用底片作特定應用前，必須將這些問題列入考慮。各種鹵化銀片表面特性及物理特性，是討論底片使用時重點項目。目視透光度、表面抗刮能力及尺寸穩定度等特性，使這類底片使用品質優於偶氮片。

8-5 ⋮⋮ 底片的結構以及光化學反應

8-5-1　鹵化銀底片

　　鹵化銀底片比偶氮片有更寬廣的使用空間，高速底片感光速度比偶氮片快 100,000 倍，因此可用於低照度高速感光應用，如：繪圖機、照相機、步進感光系統等。典型鹵化銀片包含多個層次，概略狀況如后：

- 底片表面會有一層塗佈層或保護膜，以防止刮傷及磨損，多數保護膜面還會有粗化表面，允許真空作業時能快速將空氣抽除達成均勻貼合。
- 乳膠面含有感光性鹵化銀物質，這個層次就是經過曝光等作業後產生可見影像的層次，這層材質主要結構是一層均勻骨膠，內部散置了鹵化銀結晶材料。圖 8-3 所示，為鹵化銀在乳膠內的結晶顆粒狀態。

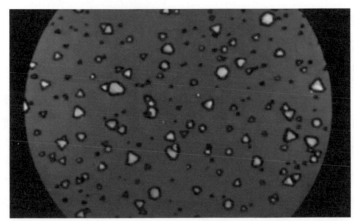

*底片的表面會塗敷一層非常薄的底層，讓骨膠與載體材料的結合更緊密。

▲ 圖 8-3　銀在乳膠內的結晶顆粒狀態

- 承載膜一般都採用光學級聚酯樹脂片，雖然玻璃也在影像轉移應用上被採用，但整體的使用比例仍然以塑膠片為主。這層承載膜必須提供一定強度、耐久性、柔軟度、透明度及尺寸穩定度等特性。
- 在骨膠外面要再做一次塗佈處理，以強化與底片最後一層骨膠材料結合力
- 最後一層骨膠塗佈被稱為底片背膠塗佈，主要是一層骨膠內含防止光暈的色料及抗靜電配方，目的是為了要改善影像品質及降低沾黏髒點機會，也可以幫助控制捲曲程度

　　一般膠片承載膜厚度大約爲 7 mils (175µm)，所有塗佈層含背膠在內增加厚度約爲 5 ～ 7 µm 左右。鹵化銀的結晶包括了溴化銀、氯化銀、碘化銀等成分，外型是立方體或角錐體，具有大略邊長約 200 ～ 300 奈米，大約含有 10,000,000 個原子。各個結晶都會填入小量敏感材料，如：金、硫等元素以產生感應核心。曝光過程中晶體會吸收光子，能量可在敏感性區域中心產生金屬銀，當光子吸收量增加時金屬銀原子數量會增加，當金屬銀原子數量跨越基本門檻約 4 ～ 10% 的程度，晶體位置就產生了潛在影像。這種潛在影像，會使該區顯像過程中完全轉換爲金屬銀，因此曝光量必須適當控制，以獲得最佳結果。如果屬於負型工作底片，則在繪圖機下曝光過久，會產生線路變寬現象，如果曝光不足會產生線細問題。

　　經過曝光後的底片必須做後續處理，這是四步驟的作業程序，一般會直接在一套專門設計的機械內進行。實際各步驟作業發生的狀況，可用斷面結構變化說明，其曝光過後的晶體會呈現出潛在影像。

　　第一個後處理步驟是顯像處理，這個步驟中鹵化銀晶體會轉換爲金屬銀。潛在影像的物質會成爲觸媒產生還原反應，這就可以製作出曝光區與非曝光區差異。一旦還原反應啓動，就會使整個晶體完全轉換。這是一個擴大性反應，可以千萬倍反應速度完成。底片顯像必須最佳化，才能得到穩定良好的結果，過度顯像會使線路產生過寬或模糊問題。某些狀況處理不良，會產生透光區有霧狀殘留。如果顯像不足，也有可能在曝光較低區域產生薄影像膜，一般對製程調整，多數都以調節處理速度爲主。

　　鹵化銀經過曝光區域會轉換爲金屬銀，非曝光區則不會受到顯像處理影響，但這種狀況卻並未使底片藥膜面完全成爲永久性膜。要讓影像成爲永久性膜，必須經過定影過程將仍然爲鹵化銀的區域去除。在定影作業過程，硫代硫酸銨 (Ammonium Thiosulphate) 會用來將這些鹵化銀轉換成幾種不同的可溶性鹽類，這就可以將乳膠由底片表面去除，此時金屬銀區域不會受影響。這個不是困難步驟，因爲定影不容易產生過度問題，但如果定影處理不足還是有可能會讓應該透光的區域產生不潔現象。底片製作，顯像處理代表的意義是經過曝光區域產生的反應，經過顯像處理可擴大其反應程度。

　　光阻作業，這種反應是在曝光中直接產生，雖然有些光阻需要在曝光後停滯一小段時間以完成反應，但並不需要另外的程序處理。而光阻製程的顯影處理，則是指從電路板面去除未曝光不要的光阻區域薄膜，這個步驟則與底片製作的定影程序類似。因爲兩種技術語彙並未恰當調整，有時候會有混淆問題。

經過定影的底片，受曝光產生金屬銀的區域會留下影像，骨膠仍然會在整體結構中扮演凝聚角色，不會在處理過程脫落去除。經過顯像及定影的底片，必須經過恰當清洗，去除所有製程中殘留物，如果清洗不潔殘留，有可能會產生陰影或經過一定儲存期間後底片變黃。

底片乾燥不是繁複程序，但實際狀況卻有點複雜。乾燥過程中水分會揮發，此時經過顯像定影的膨潤骨膠，會因為水分失去而產生尺寸收縮，大約為濕潤狀態時尺寸的十分之一左右。聚酯樹脂底材也會在此時釋出製程中所吸收的水分，這些都會對整體尺寸產生影響。

8-5-2　偶氮底片

偶氮底片因為有其特殊性而被用於影像工具底片，對一些需要用目視法使用底片與電路板對位的作業者，偶氮底片半透光特性有利於實際操作。因為偶氮片棕黃半透光藥膜，可方便與事先鑽孔的電路板對位。同時這種偶氮膜可過濾光阻最敏感的 UV 光波段，偶氮片表面強度又比乳膠片表現好，這些都使得偶氮片有利於人工操作。圖 8-4 所示，為典型偶氮片結構。

▲ 圖 8-4　典型的偶氮片結構

偶氮片結構比鹵化銀片簡單，但以化學反應角度而言卻不單純。偶氮底片表面也會做一層化性敏感影像材料，這層結構的一些特性如下：

- 含有低光敏感度偶氮鹽類
- 顯影時染料會與偶氮鹽類反應產生影像
- 有在染料與偶氮鹽類反應產生前的反應防止措施
- 一些小量毛面處理措施

偶氮底片的底塗不同於鹵化銀結構，但他的目的相同，想要提供承載膜與塗佈層間良好結合力。如同鹵化銀片一樣，這類底片最常用的承載膜還是聚酯樹脂片，因為它具有好的強度、透光性、柔軟度、耐用性及尺寸穩定度。與鹵化銀片類似作法，底片表面會做抗靜電處理，可減少因靜電產生的沾塵問題。當使用 7 mil (175μm) 厚的承載膜，實際底片總厚度約為 7.2 mils (180μm)。

　　在偶氮底片面上的光敏物質是偶氮鹽類，它是一種有機分子約為 1.5 奈米大小，含有兩個鏈結在一起的氮原子。如同鹵化銀晶體結構，它可產生多種不同結構型式以符合期待需求。偶氮底片是一種正型工作的感光材料，見光區域偶氮會分解不產生影像，但鹵化銀底片卻是見光區域留下影像。當偶氮片暴露在接近 UV 波段環境，偶氮分子會分解成兩個無色化合物，其反應如圖 8-5 所示。這裡曝光量控制與鹵化銀作業一樣重要，但不良的曝光控制卻有不同影響。一般負型作業底片，曝光過多會有線路變粗問題，但在正型作業模式的底片，曝光過多卻會使線路變細。

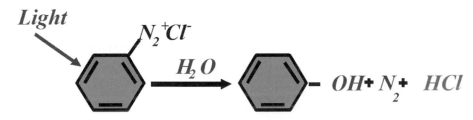

▲ 圖 8-5　偶氮片的曝光反應

　　為了產生適當曝光狀態，可採用 21 曝光格測試片作參考，將測試片放在空區域檢測是否達到恰當曝光程度。一般應用如果曝光格數落在 2 清潔而 3 產生模糊影像的狀態下，應該就是可接受的控制範圍，如果是細線路應用則可將曝光範圍再降低一點。經過曝光，偶氮片曝光區上偶氮鹽已被破壞，之後底片必須進入另外一個簡單步驟處理。顯像處理時，底片會加熱並暴露在氨蒸氣中，氨會與偶氮層作用並讓仍留置的偶氮鹽與色料產生偶合作用。此時至少有兩種吸光色料物質產生，其中一種會吸收藍光使透過底片的光呈現黃色可見光，另一個則是吸收 UV 光可防止光阻感光作用。

　　顯像製程是在已經商品化的設備中進行，顯像必須使用新鮮氨蒸氣，溫度控制必須控制感光面位置維持在約 60 ～ 70℃，過高溫度容易產生底片扭曲。所有偶氮底片都應該經過這種處理兩次，有些老設備還必須要多次處理才能完全處理乾淨。經過顯象後，底片表面會有穩定影像出現在非曝光區，此後不再需要額外處理。偶氮片不容易產生過度顯像問題，但有可能產生顯像不足問題，這方面需要留意。

8-6 底片的品質

不論鹵化銀或偶氮底片，作為工具片的製作材料，有幾個共同品質特性可以評斷是否底片品質良好。為了獲得良好光阻品質表現，底片上所有影像必須要平滑且影像清晰。線路邊緣狀況直接影響光阻及線路外型製作品質，有許多因子會影響線路外型敏銳度(Sharpness)，這些因子包括：

- 曝光
- 顯影
- 對位

- 處理系統
- 底片選用
- 顯影條件

破碎的線路邊緣容易產生小片狀聚合殘膜脫落現象，這種小碎片有可能會重新回沾到線路區而產生品質問題。擴散線路形狀，容易產生線路邊緣局部聚合現象，這些區域可能會讓光源局部通過，使光阻產生半聚合狀態，半聚合光阻會在顯影後產生殘膜現象。這種擴散式底片線路，有可能是因為曝光複製時底片接觸不良，也可能是因為曝光或顯像處理不佳造成。

底片線路寬度必須作適度調整，以符合實際曝光後產生的影像狀況。對於銅墊尺寸也要作適度調整，以符合實際位置及尺寸需求，這些工作目前都可用電腦輔助製造系統做繪製修改後出圖。

底片工具除了需要線路設計外，還必須有輔助圖樣，如：對位記號、註記符號、流水號、導電連結線路、偏斜確認符號等。當然，對一些必要線路添加也是例行工作，如：為了流膠控制所作檔膠塊，及為了改善填充能力所作的線路設計等。所有底片線路影像，必須比實際需要的最小線寬或間距大。必要的文字最好直接產生避免手寫，因為手寫會產生遮光性不足，造成半聚合的問題，可能產生殘膜。

8-7 底片與製程的定義說明

電路板製作者，常對於所謂正負型底片、正負片製程及正負型光阻有混淆。從簡略的認知中可以大略的描述如表 8-1 所示的說明方式。

▼ 表 8-1 正負型乾光阻 / 正負型底片 / 正負片製程說明

	正型	負型
乾膜 (感光膜)	• 見光分解型的感光材 • 因反應速率慢較不被採用 • 較不會被顯影液及水所膨潤因此理論上可獲得較佳之影像	• 見光聚合型的感光材 • 因反應速率慢較快被廣爲採用 • 本身有易被水膨潤的官能基因此影像易失眞
底片	• 與所要製作的影像呈同一外型的底片稱之爲正片 • 做線路電鍍的感光用底片用於負型膜曝光者就屬於此類 • 若使用負型乾膜則底片製作恰相反	• 與所要製作的影像呈相反外型的底片稱之爲負片 • 做線路蝕刻的感光用底片用於負型膜曝光者就屬於此類 • 若用正型乾膜則底片製作恰相反
製程	• 選用的感光膜殘留於製品表面者若與所要產生的銅區域呈同一影像者稱之爲正片製程 • 一般電路板的內層蝕刻或所謂的 Tenting 製程就屬於此類	• 選用的感光膜殘留於製品表面者若與所要產生的銅區域呈相反影像者稱之爲負片製程 • 一般線路電鍍蝕刻製程就屬於此類

8-8 底片的操作與使用

底片製作出來後必須避免受傷、尺寸變異，同時必須維持整體穩定表現。檢查、修補、配位度及儲存等都會影響底片壽命，不當作業當然也有潛在損傷機會。底片檢查及修補十分耗時費力，不但會讓成本提高也讓作業時間延長。同時由於線寬間距縮小，修補可能性相對降低。較常見的底片缺點需要修補，是由於有髒點出現在曝光過程中，因此維持操作環境清潔度是必要努力課題。多數底片製作，仍無法避免局部修補作業，但降低修補比例到最低可能程度是努力方向。過度修補需求，代表清潔度維持不良、曝光接觸不良或設備維護不佳等因素存在。

應該儘量避免在底片上使用膠帶，因爲容易產生不必要問題。如果必須使用，必須注意膠帶邊緣應保持在線路區外。底片上使用膠帶，較容易產生的問題如下：

- 膠帶沾黏材料會受壓流出，可能會沾到其他薄膜或曝光框，必須時常清潔
- 膠帶邊緣容易沾髒，產生不規則邊緣及部分聚合光阻
- 透光膠帶在 UV 曝光環境下並非完全透光，當曝光時其下方光阻比其他區域接收較少能量，因此產生部分感光現象

- 貼在藥膜面的膠帶，有可能影響底片與光阻密合度，可能產生模糊曝光影像及光阻殘留問題

底片貼點的製作，是在底片外圍區域切出空窗，之後貼上適當膠帶作為底片曝光時與電路板接合的工具。一般貼合窗尺寸約為 6 x 18 mm，膠帶由藥膜面背面向內貼，貼附區域必須在有效線路區外，因為膠帶容易沾黏灰塵。膠帶必須是不透 UV 光材質，因此紅色膠帶是比較好的選擇。底片開窗數量隨電路板大小而異，製作者可依據實際需要調整開窗數目。

以對位插梢做底片對位是較快速的方法，沖孔底片與電路板用插梢進行曝光位置控制，可以固定兩者相對位置。這類對位孔，一般會落在無光阻覆蓋的區域，設置方式以相對長邊兩側同時作出定位孔為原則。必須在底片上加註辨識方向符號，一般手寫文字或符號容易產生毛邊或半透光狀態，因此可能會產生半透光衍生問題，這類作業應該避免。

8-9 尺寸的穩定性

電路板製作所需的底片，其精確度要求一般都會期待保持在每 24 英吋誤差在 1mil 以內，特殊應用甚至期待 30 英吋長度誤差在 0.5mil 以內。這些需求可採用玻璃底片或軟性底片，同時控制環境狀況達成，選用原則以價位考慮為主。玻璃底片對溫溼度影響較不敏感，但它的重量大、尺寸大、造價昂貴又不具柔軟性。聚酯樹脂底片，對溫溼度影響較敏感，但它具有柔軟性，這使得製程可採用傳統設備概念同時容易作業。

觀察底片材料的基本特性，可描述出實際應用的取捨。底片彎曲主要源自於底片表面不均勻的伸張或收縮，只要有彎曲發生就顯示尺寸發生了變異。對於底片材料，柔軟度及尺寸安定性表現有相互牽制性，但透光性表現則與聚酯底片柔軟度及玻璃底片尺寸安定性沒有太大關係。影響底片尺寸的兩個因子：

- 底片作業環境 (就是溫溼度的變化)
- 製作底片處理設備，尤其是乾燥設備

底片尺寸控制，有五個重要作業控制因子必須注意，以確保作業中尺寸安定性。首要控制因子就是要注意，所有底片取出置放袋後所進入作業環境的溫溼度。底片安定性希望能保持在每 24 英吋低於 1mil 變化，這是最大允許尺寸變化，當然愈嚴格的尺寸控制要有愈嚴格的溫濕度控制。如果底片作業環境變動轉入不同設定狀況，則尺寸變異在所難免。

另一個重要控制因素，是底片送入暗房後必須適度靜置，以適應環境狀況。最好不要直接使用，以免因為狀態不同直接製作，產生尺寸差異。製造與運送底片程序，溼度含

量是很難控制的，但至少在底片作業與運送到達時都能適度置放，以適應環境降低尺寸變異。底片必須在到達作業環境時，儘可能與作業環境產生適度平衡。

這是一個相當耗時的處理程序，需要多少處理時間會與底片的厚度以及空調循環狀況有關。一般曝光房內實際的前置尺寸穩定作業方式，會採用特別設計的開放式輕型置放箱，可以容納大約五十張分隔開來的底片，這些置放箱區內會利用室內的氣體進行循環穩定尺寸的作業處理。其次應該注意的是底片處理程序標準化，特別是乾燥處理的影響較大。在濕製程處理步驟 (顯像、定影、清洗) 對最終尺寸影響有限，但乾燥步驟產生的影響卻比一般人理解複雜。

作業中底片會因為吸水而變大，最後會達到相對飽和溼度，當底片排除濕氣時尺寸會再度收縮。因此底片的最終尺寸，還是會因為乾燥程序與程度而產生重大影響。最溫和的處理，會採用靜置室內自然乾燥法，當回到原始溼度狀態時會發現有尺寸縮小現象。

如果採用人為乾燥處理，底片會達到較高乾燥狀態，這種溼度含量會在底片預置放處理時吸收濕氣。這種處理狀態下，尺寸可能會比剛處理出來時的底片尺寸大。這些狀況都可以靠調整乾燥操作溫度，使底片最終尺寸能確實回到原始尺寸。不論如何，共通性的現象是，乾燥不足底片會產生最終尺寸變小的問題，但過度乾燥則可能產生尺寸變大問題。

第四個需要注意的事項就是底片完成時，必須給予足夠時間讓底片回到室內環境狀態，之後才可以做尺寸測量及曝光作業。一般底片都會在離開乾燥機時產生尺寸較小現象，之後在適應環境預處理過程產生尺寸逐漸變大。一般如果適度用環境空氣對底片兩面做循環預處理，多數在兩至三個小時內就可達成平衡。如果底片有堆疊狀況，可想像預處理時間會延長。

最後對維持底片尺寸需要注意的事項是，適當控制與量測作業環境狀況。環境溫度控制與量測難度不算太高，但相對溼度的量測卻不容易精確，也可能會產生一些誤判。選用適當溼度計及放置在環境適當位置，對量測精度有一定幫助，乾濕球濕度計及許多不同類型溼度設備，都被用於溼度控制量測，其中以電子式溼度控制設備較為精確有效。

曝光

9-1 說明

　　感光膜設計依據製程目的，確立產品要求特性，考慮化學變數選擇配方製作感光膜。其原理只有一個，就是溶解度變化，如圖 9-1 所示。

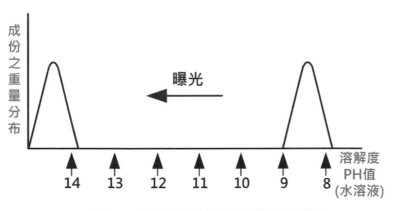

▲ 圖 9-1　曝光讓感光材料的溶解度明顯變化

　　經由 UV 光選別膜讓 UV 光穿透或遮蔽，可以產生聚合與非聚合區。有時候影像產生會採用雷射直接繪圖法達成，這些影像產生，是依靠數碼的數據轉換產生。圖 9-2 所示，為簡單的光阻曝光作用示意。

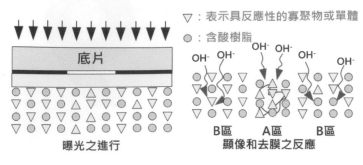

▲ 圖 9-2　曝光對感光材料結構的影響

9-2 重要變數

　　UV 光能量傳送到光阻面，均勻度是品質重要變數，因為曝光是一種 UV 能量傳送過程，所有潛在會產生能量吸收的介質，都是作業影響因子。UV 光源及光阻，如：光阻聚酯保護膜、曝光框、底片透光區、底片保護膜等都會被列入影響因子內。因此量測曝光量的能量計，必須要在光阻表面進行。置放曝光能量累積計在不同位置，可顯現出曝光能量均勻度。較精確的 UV 總能量並不是實際關鍵因子，更重要的因子是有效啟動光化學反應能量的百分比。

　　多數光阻，其有效 UV 光波區是較類同的，因此多數 UV 光源都會標準化，以符合實際光阻敏感區。然而高照度 UV 燈管會利用填充金屬蒸氣，加強有效光波區發光量，因此採用可偵測有效光波區能量偵測計是必要的。一般共同認定的看法是，單位時間內提供給光阻單位體積的有效能量，是一個關鍵變數。也就是說，即使單位區域內累積了同樣能量，不代表會產生相同效果。比較期待的曝光模式，是在較短時間內完成，就是較高能量曝光燈管是必要配備，因為較長曝光時間會造成光阻中遮蔽劑遷移問題。

　　常用於曝光實際狀態偵測的方法，是使用所謂"曝光格數底片"進行實際光阻反應狀況觀察。曝光格數底片，提供漸層灰階透光度，經過格數底片曝光的光阻，接著進行建議的標準顯影。這種測試法主要目的是要檢驗，何種 UV 光穿透量對曝光作業有利。曝光格數底片在曝光過程，會產生透光率變異，曝光機可依據曝光顯影後的結果調整曝光時間。

　　另一個曝光變數是，UV 光在作業進中滲入非曝光區的程度，對這種現象的影響變數如下：

- 光平行度與散射情況
- 底片與光阻間間距會受真空度影響

- 乾膜保護膜厚度
- 底片是否有保護膜
- UV 光經過介質的散射情況
- 光源經過基板表面的反射量產生的影響

　　典型曝光滲漏現象監控，多數人會專注於曝光真空度，尤其是牛頓環表現狀況。另外在底片實際線路尺寸，也是曝光過程重要變數，因此曝光中的溫濕度、底片製作過程及底片儲存狀況都會產生影響，必須適度控制。曝光中的對位狀況，也是重要品質特性，單邊對位常會使用插梢做配位，但目前多數自動曝光機已經使用固態攝影機對位系統，做對位工作。至於其他會影響不良影像的因子，如：底片刮傷或灰塵污染問題也是重要影響因子，必須適度做控制改善。底片品質檢查會在無塵室進行，曝光機也會在無塵室作業並監控。

9-3 光阻的敏銳度

9-3-1　曝光格數底片 (灰階底片)

　　曝光格數底片，是一片聚酯樹脂灰階底片，內含多個漸進式透光區塊可以漸次改變透光率 (光密度)。這種底片用途是量測光阻在 UV 曝光下，產生的感光高分子聚合狀態。曝光格數底片，是每前進一格就降低微量透光度的底片，也就是更高格數會降低整體透光率。在一定的曝光能量下，部分區域會因為曝光量不足產生聚合不足現象，因此曝光格數底片就是用來量測實際光阻表面受光量的工具。有數種不同曝光格數底片，具有不同透光率設計可以使用。

　　曝光機的作業，不但要注意曝光程度，還必須注意曝光區域均勻度。電路板曝光機必須符合製作尺寸需求，否則無法順利生產。目前電路板生產尺寸，多數都會要求符合長度24 英吋以上製作能力，因此有效區域的曝光均勻度十分重要。圖 9-3 所示，為一般曝光機測試均勻度時所採樣的區域示意圖。

　　對測試區域必須採取生產尺寸最大區域，一般測試法會採用照度計做曝光能量累積。對累積量差異，隨不同產品需求而可以定出不同檢驗標準，多數都希望最高與最低能量差異，要在 20% 以內差距愈低愈好。至於實際作業，則因為光阻本來就會有儲存與狀態差異，因此只是控制累積能量並不足以表達實際線路製作能力。所以必須進行曝光表現測試，這就可以用參考格數底片同時在不同位置做測試，確認曝光條件是否恰當。有數種不同曝光格數底片，可產生出不同曝光能量密度，較常被使用的格數底片以 21 格與 41 格片較多，表 9-1 顯示出幾種典型格數底片與光密度關係。

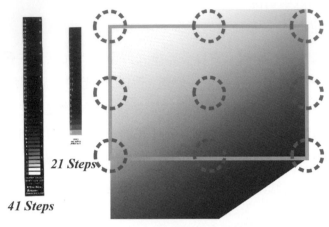

21 Steps

41 Steps

▲ 圖 9-3　一般曝光機測試均勻度採樣點示意

▼ 表 9-1　曝光格數底片間的能量關係

光密度	杜邦 25 格片	Stouffer 21 格片	Stouffer 31 格片	Stouffer41 格片
1.50	21		16	30
1.55	22	11		30
1.60	23		17	32
1.65	24			33
1.70	25	12	18	34
1.75				35
1.80			19	36
1.85		13		37
1.90			20	38
1.95				39
2.00		14	21	40
2.05				41
2.10			22	

▼ 表 9-1　曝光格數底片間的能量關係 (續)

光密度	杜邦 25 格片	Stouffer 21 格片	Stouffer 31 格片	Stouffer41 格片
2.15		15		
2.20			23	
2.25				
2.30		16	24	
2.35				
2.40			25	
2.45		17		
2.50			26	
2.55				
2.60		18	27	
2.65				
2.70			28	
2.75		19		
2.80			29	
2.85				
2.90		20	30	
2.95				
3.00			31	
3.05		21		

　　決定光阻曝光狀態的首要工作，是決定曝光作業範圍，所謂作業範圍就是曝光能量累積值產生的光阻聚合度，這個程度足以承受蝕刻或電鍍作業，也可以適度產生影像尺寸再現性。一般光阻都會有建議指標作為曝光作業參考，可以遵照指標做測試線路製作，並作適當的微調。除了曝光格數底片外，曝光照度表也可用來輔助標定曝光程度，但因為液態光阻或乾膜都還是有儲存及作業變異，因此用格數底片做直接表現驗證較能夠顯現實際狀況。

9-3-2　能量的吸收與感光高分子的聚合反應

感光高分子吸收曝光能量可啓動聚合反應，也可能會轉換成螢光、色光或其他能量發散。一般光化學反應所指的是，在吸收一定波長能量下產生的感光高分子聚合反應。對光阻研究必須注意，其相對感光敏銳區是何種光波，同時操作曝光時也以採用產生此光波區較多的燈源爲優先考量。

對於實際作業，偵測曝光能量的工具應該儘量降低非有效區吸收量，同時若可能應該用濾波裝置將非有效光波區濾除，這會有利於光化學反應的作用及製程控制。圖 9-4 所示爲典型高壓曝光燈管與其光波圖形。不同感光高分子，會有不同光敏感區，但一般用於電路板製作的光阻有效感光區域多數都落在 300 ～ 460nm 區間內，且其光敏感區多數都有窄化現象。如何選用有效曝光源，並能有效濾除無效光源就成爲有效控制光聚合反應的重點。

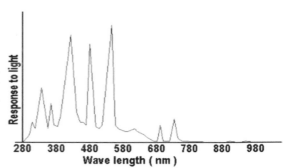

▲ 圖 9-4　典型的高壓曝光燈管與其光波圖形

9-4 ⋮⋮ 曝光設備

目前市場上有各式各樣的曝光設備可供選擇，一般選用考慮多數是以投資費用與產能爲重要考量，依據設備形式可大分爲手動與自動兩類設備。圖 9-5 所示，爲典型手動與自動曝光機設備。

最普遍又廉價的曝光設備就屬手動曝光機，由於技術進步目前低瓦數曝光機已不多見，多數曝光機設計都可以提供 5 ～ 8kW 功率，其光阻表面照度則可獲得約 15 ～ 25 mW/cm²。這類設備多數都可獲得良好照度均勻性，同時對平行光系統也可獲得良好平行度。圖 9-6 所示，爲捲對捲連續曝光及濕製程生產設備。平行光系統的主要目的，是爲了製作較高解析度的電路板，與高照度光源搭配可獲得較佳效果。然而平行光系統比一般非平行系統價格約高出一倍，且對灰塵異物影響也較敏感，即使很小的異物顆粒也可能產生針孔缺點。為了降低缺點率，平行光系統必須在較乾淨潔淨室中操作，又由於系統複雜度較高使得維護成本提高。

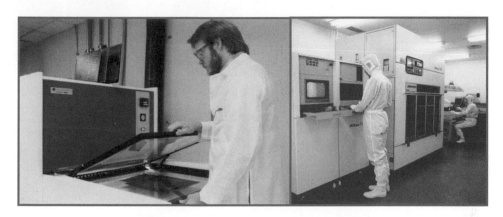

▲ 圖 9-5　典型的手動與自動曝光機設備

▲ 圖 9-6　捲對捲連續曝光及濕製程連線

　　手動曝光系統一般會採用貼底片對位或套插梢對位，至於自動曝光機則採用光學固態攝影機對位系統自動對位。內層線路製作，多數曝光會採用雙面操作。已有線路的板子，手動機可能採用雙面操作，自動機則以單面操作較多。自動曝光系統，還會加入退板機制，避免因為曝光對位不順產生停滯問題。

　　曝光光源、遮罩開關、平行反射機構、冷卻機構、真空機構等都是較細節但成本不低的配備。能產生 300 ～ 400 nm 光波的水銀燈管，是符合光阻曝光需求的必要配備。部分燈管也可產生 400 ～ 500 nm 範圍光波，這種光波範圍較適合液態光阻及綠漆類曝光作業。因為乾膜光阻對較大波長不敏銳，因此使用這類光源，會浪費能源且產生不必要餘熱。

　　反射機構必須提供均勻光學分布及適當平行度，任何污染或損傷都可能產生嚴重曝光解析度影響。圖 9-7 所示，為典型平行與非平行曝光設備機構。

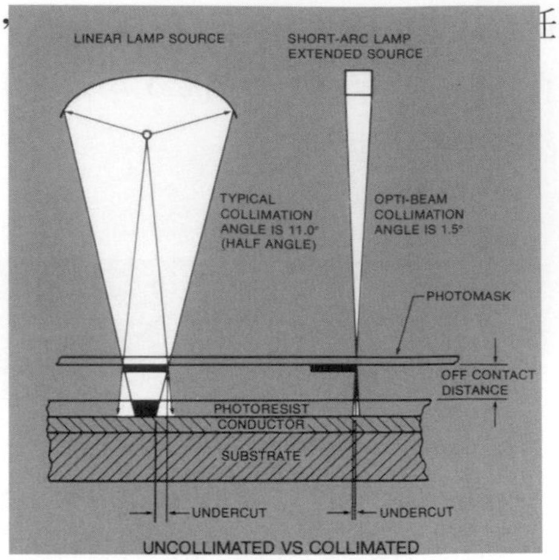

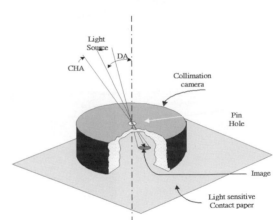

▲ 圖 9-7　典型的平行與非平行曝光設備機構

　　對於曝光光源平行度，必須要有確認機制，因此可採用輔助驗證工具做測試。業者目前使用的工具是一組平行度測試器，其工作原理如圖 9-8 所示。

▲ 圖 9-8　測試曝光平行度的測試器

　　由感光材料產生的光點與周邊同心度可看出光偏斜半角，而從光點與實際測試器上的開口直徑差異，可看出光源的散射半角，兩者累積就是曝光可能產生的陰影偏斜大小。真空機構的引用，是為了要讓底片與電路板能緊密接觸，一般傳統手動曝光機可能會有軟性聚酯膜在曝光框上方，底部則以硬玻璃為基礎。為了真空排氣順利，作業時會在電路板四周加上排氣條以方便排氣。目前也有些手動設備，採用全玻璃曝光框設計。圖 9-9 所示，為全玻璃框設計的曝光機構。全玻璃式的曝光框，提供了良好底片與電路

▲ 圖 9-9　全玻璃框設計的曝光機構

板對位性，增加了曝光生產力及簡化底片操作，因此也可去除底片保護膜增進底片密貼性。然而獲致良好的密貼性，在玻璃框系統是有困難的，特別是不平整的外層線路製作。

　　全玻璃式曝光框系統，降低了高真空作業的可能性，即便是使用強化玻璃也只能增加一點真空能力，但仍然會怕因為提高真空度或異物而產生玻璃破裂問題。牛頓環在這類全玻璃曝光框設計下，沒辦法用來驗證密合度，因為牛頓環是用來偵測曝光框與底片間密合度，但無法用來偵測底片與光阻間密合度。有些自動曝光系統採用壓克力玻璃製作曝光框，會比較有彈性。但曝光一段時間後，其透光率就會衰減而必須更換。

9-5　線路製作的位置精度

　　製作細線路的基板，除線路的尺寸精準外，最大線路製作技術議題就是位置配位精度 (Registration) 問題。因為電路板必須配合組裝位置密度提高而加密接點空間，這些加密設計都促使板面各個相對幾何圖形對位難度提高。例如：當鑽孔後所產生的位置，必須與線路曝光搭配在一起，就是一個明顯案例。這些搭配動作，都是電路板製作中的位置精度問題，也是典型高密度電路板製作的重要技術問題。

　　電路板材料本身就是一個位置精度的重要決定者。因為電路板材料本身就是一個標準混合體。尤其是主體樹脂材料，會隨溫度、烘烤時間、溼度等因素變異。另外在加工過程，如果必須作延展式機械加工，則尺寸變異更大。但位置搭配問題在電路板製作一直都存在，當導通孔製作出來後仍必須經過各式濕製程處理達成孔導通。而線路蝕刻程序，又會將多數前製程中累積的應力釋放出來，如果採用特殊製程必須加入烘烤，那麼整體變異將會更多。至於底片方面，不論使用何種材料與形式的底片，以目前多數電路板製作方法，仍然以使用平板接觸式生產的方法來看，底片是另一個必須討論的對位尺寸精度因素。

　　多數膠膜底片，因為尺寸穩定性確實較差，對較高精度產品幾乎都無法使用。但對一些小量可以不在乎高效率的電路板，也有部份製作者採用較小基板發料尺寸來克服對位問題。這對多數大量生產者，如何利用大尺寸對位生產模式生產，依然是重要細線基板製作技術議題。

　　對位本身簡單的分析，其實只有兩個重要指標，其一是生產工具及產品尺寸的安定性必須高，否則變異大會使差異性產生隨機變化，根本沒有尺寸搭配可能性。其二是對位過程對準程度，後者代表的是曝光機械操控能力。對於生產工具及材料精度穩定度，控制材料取得來源是重要控制事項。包括供應商的材料製作穩定度、品質控制能力、使用物料類型、製作機械等級、清潔度、聚合穩定度等，許多因素都會影響工具與材料後續尺寸變化。

　　這其中尤其是電路板材料選用，必須特別注意纖維布供應是否品質穩定、基材製造商的塗布及操作控制能力穩定性、壓合完成的基材板尺寸穩定性等。這些問題常是在基板製造廠之外就已經發生，一旦材料進入生產線則可改善的空間非常有限。對於基材使用，製造商大概只能從兩個方面著力，其一是裁剪時必須將基板機械方向固定，以免製造中尺寸隨機變化。其二是在內層線路製造前，最好先進行高溫烘烤基材板，這可以降低因聚合不全衍生的尺寸變異。在機械對位的部份，由於主要對位精度幾乎完全來自對位系統控制能力，因此製作者必須對使用曝光系統對位能力作深入了解。目前一般用於電路板製作的曝光系統，多數都採用兩個或四個對位靶的對位系統，藉以提高整體配合度。典型雙對位靶的運作狀態示意，如圖 9-10 所示。

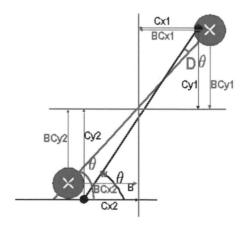

▲ 圖 9-10　典型 CCD 對位模式

　　對位是採用固態攝影機讀取靶位進行數據蒐集，之後將電路板上的標靶與底片標靶間差異利用數學計算決定出垂直、水平、角度差異調整值，之後利用馬達驅動調節底片或電路板其中之一，以達到確實良好配位關係。許多曝光系統為了保持確實對位度，避免因為抽真空作業可能產生的移動，因此會在抽真空後曝光前進行一次對位度再確認，這種做法可讓曝光結果更精確。

9-6 接觸式曝光的問題

9-6-1　非曝光區的漏光

　　接觸式曝光是一般電路板標準製作模式，這類作業模式的兩類主要問題是非曝光區漏光問題及異物造成的缺點問題。作業練習及設備物料適當選擇，可以降低作業的問題。投射式及雷射繪圖式曝光設備可以避開這類問題，這部分在後面的內容討論。

基本的想法

　　接觸式曝光是利用底片透光區與不透光區差異，將光經由透光區傳送到光阻表面產生光聚合作用，光聚合基於兩種狀況而能限制在曝光區域內：

- 遮蔽劑濃度高於反應門檻，使非曝光區不會因為散射產生光聚合作用
- 光聚合速度比遮蔽劑遷移速度快，在非曝光區不及反應時就完成曝光

　　曝光前遮蔽劑及單體均勻分布在感光層中，在曝光前沒有任何光聚合作用與遮蔽劑消耗產生，當曝光開始後光子提供了光聚合啟始動力。在此同時遮蔽劑會從非曝光區擴散進入曝光區，因為濃度產生了差異。這種狀況使得鄰接區域因為保護性降低而產生聚合作用。為了降低這種現象發生，在配方中可加入較多遮蔽劑，但這會降低曝光速度。當然較低的散射量，是比較期待的曝光行為，同樣的縮短曝光時間與增加照度也是方法。

　　然而實際曝光，難免有非曝光區局部散射問題，這一定會產生某種程度的聚合反應，這類問題可利用底片密接度改善降低。圖 9-11 所示，為一般電路板做曝光時所具有的垂直堆疊結構關係。如果適度降低所有不必要間隙厚度，其實曝光產生的偏折與散射問題會降低，相對可改善曝光效果。

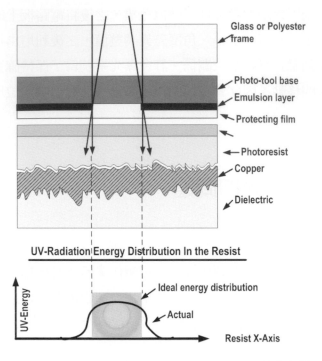

▲ 圖 9-11　電路板進行曝光時所具有的垂直堆疊結構

　　光阻中的遮蔽劑必須維持一定濃度，以保持反應門檻讓不希望反應的區域不發生反應，即使有微量散射也不希望有問題。但這種反應卻與遮蔽劑擴散速度有關，如果光聚合反應不快速完成，而讓非曝光區的遮蔽劑有機會因為濃度差擴散到曝光區，就有可能在交界區產生局部聚合反應。這種現象有可能產生線路界面不清，會產生殘膜、鬼影等不希望發生的問題。圖 9-12 所示，為一般建立的曝光偏差數學模型。

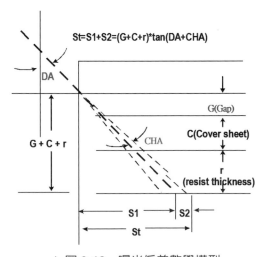

▲ 圖 9-12　曝光偏差數學模型

　　因此較高曝光能量密度較短曝光時間，對光阻解析度會有一定幫助。圖 9-13 所示，為光阻曝光時遮蔽劑產生擴散的機構示意。

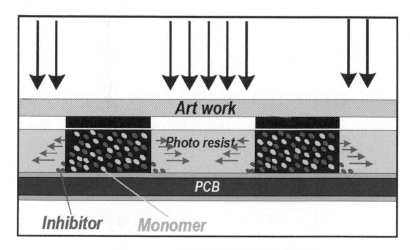

▲ 圖 9-13　光阻曝光時遮蔽劑擴散示意

　　良好的曝光作業，基本上應該注意以下事項：

- 曝光與燈源間必須有足夠的空氣流通空間
- 恰當的曝光框 (玻璃底片或是膠片)
- 曝光框與底片間的空氣流通空間
- (鹵化銀) 底片的穩定性
- 底片的材質
- 乳膠層 (Emulsion Layer) 的影像狀態
- 藥膜面的保護膜
- 底片與光阻保護膜間的間隙
- 光阻保護膜厚度
- 光阻本身

　　底片實際操作會更複雜一點，必須注意以下項目：

- 一層表面保護層以防止刮傷，部分底片還會有微量粗面處理強化均勻快速的排氣
- 乳膠層內含有光感應的鹵化銀物質
- 膠片底塗部分，是一層非常薄的塗層，可強化乳膠結合力
- 承載膜多數是 7 mil 厚聚脂樹脂膜
- 底片會有一些防塵及防靜電處理

如果光透過片各層未被吸收，則會直接到達光阻及銅面，部分會吸收而部分會反射，主要還是看光阻化學結構及底板狀況而定。金屬銅面會反射最多的光，但氧化銅則會吸收較多光，吸收基本上是較期待的狀態，因為反射方向是隨機的，容易讓非曝光區產生局部聚合現象。

曝光底片的間隙

底片接觸的間隙一般指的是底片與光阻間有一道氣膜，較寬廣的定義則是任何光阻與乳膠膜間的空隙都稱為間隙。這些包括了任何乳膠保護膜、乾膜保護膜及光阻本身等。首先讓我們檢討沒有空氣間隙狀態：

乳膠保護膜

這層保護膜約有 3 ～ 15μm，實際狀態必須看材質及應用方式而定，以塗裝法製作多數為 3μm 厚，若以壓膜製作多數為 6 或 12μm 厚，當然這必須加上 2 ～ 3μm 膠層厚度。保護膜可延長底片使用壽命，但也可能因此產生沾塵與皺折問題。因此一般都比較希望採用表片防刮薄層塗佈，而不希望使用保護膜作業。圖 9-14 所示，為典型保護膜壓著裝置。

▲ 圖 9-14　典型的保護膜壓著裝置

乾膜保護膜

為了降低底片接觸間隙，多數乾膜已經將保護膜厚度由 25μm 降低到 18μm 以下，這也使得壓膜皺折率提昇。液態光阻及正型乾膜可在沒有保護膜的狀態下曝光，部分負型光阻也因為不需要氧氣遮蔽，而可在無保護膜下曝光。

光阻

　　一般乾膜光阻作業厚度範圍約在 25 ～ 50μm，多數用於曝光顯影蝕刻類製程乾膜，會採用較薄膜厚，這不同於電鍍用乾膜。用薄膜的原因是可以獲得較高解析度、較高曝光顯影去膜生產速度及較低廢棄物產量等。一般最被注意的曝光間隙，就屬接觸不良產生的間隙。降低的方法可採用抽真空模式，而判斷方式則會使用稱為牛頓環的工具。牛頓環是一個小型類似彩虹狀不規則外型工具，色澤類似油滴飄在水面一樣。當真空度達到而底片與保護膜接觸良好時，牛頓環就會變小不再移動，這時就代表底片與保護膜接觸狀況良好。

　　導致接觸不良的原因：

- 最普遍接觸不良原因，是真空作業時間不足造成。其次較常出現的問題是真空不良或儀表不良所致
- 如果提供真空正常但沒有排氣管道也可能產生間隙，一般常用來解決這種問題的方法，是在曝光框內加導氣條協助排氣。導氣條的厚度，最好與電路板厚度同厚或略薄，在電路板轉角區留下至少 6 mm 空區以防該區排氣不良
- 對玻璃框使用者，高於板面彈性氣密條設計有助於排氣。因為真空產生時曝光框中間會比邊緣凹下，這會讓壓力先產生在電路板中間再逐步向邊緣推進有助於排氣。部分廠商使用非平面聚酯膜曝光框設計幫助排氣，這種的設計確實可讓空氣容易流出，但光會因此產生散射對曝光未必有利。
- 良好真空並不保證良好接觸，如果電路板平整性不足或曝光框本身平整性有問題仍然會產生接觸不良問題
- 底片與光阻間夾雜了顆粒一定會產生接觸不良問題

　　圖 9-15 所示，為一般膠片架設時的結構，如果能恰當配置底片與導氣條高低與位置，可適當幫助提高底片貼附性，有助於達成良好曝光效果。圖中的最上方架設，是較有利於產生平整貼附的方法。

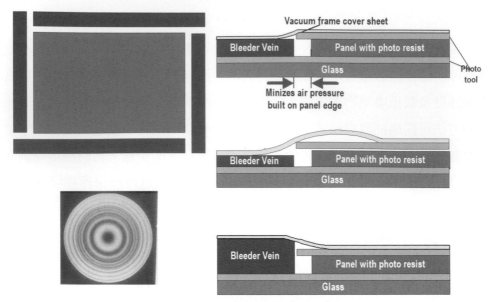

▲ 圖 9-15　一般膠片架設時的結構狀況

9-6-2　髒點異物及表面粗糙對曝光的影響

　　為了降低底片間隙問題，曝光機構中偶爾會採用粗糙面設計來加強排氣能力，但這種方式會產生光折射及影像變異問題。在接觸式曝光中，並非所有光都循直線穿過底片進入光阻並產生完美影像。當光要穿越不同介質時，會產生不同光轉折現象，部分光會轉折甚至反射，也可能會被吸收成為熱，或者會在穿過狹窄開口產生繞射現象。

　　要降低這些因子對接觸式曝光的影響，可採用平行式光源、選擇低吸收率低折射率介質材料、降低曝光間隙同時降低銅面反射量，當然並非每項改善都很實際可行或成本很低。如過要避免銅面反射現象，適當調整曝光照度減低光子到達銅面的量，並達成光阻內外均勻曝光，就是重要的事。銅面產生光亮具有角度的表面，如：前處理刷磨痕跡，容易在非曝光區產生鬼影。要避免這種問題，較好的方法就是產生不規則隨機粗化表面。

　　氧化銅面比光亮銅面反射更低的光，這可以解釋為何用微蝕處理的銅面可以做出較好的影像解析度，有些特定研究發現會產生粉紅圈銅面，光反射率相當低，對曝光解析度改進十分明顯。至於曝光機構內的異物髒點，對曝光良率有一定影響，尤其是沾黏在底片上的髒點，會產生重複性缺點更是電路板的品質殺手。曝光時外來攜入異物，如：玻璃纖維、樹脂顆粒、銅屑、光阻屑、油墨碎片、包裝材料、毛髮等，這些問題都應該經過統計分析，做環境與作業改善去除。不論如何難免還是會有異物沾到板面，此時可用清潔沾黏滾輪在曝光前清除，至於底片也應該訂定適當清潔週期以防異物污染。

　　乾膜及底片有時候爲了容易排氣而作成粗化表面，這些粗化表面的粗細程度會影響影像呈現，加上是否使用平行曝光設備及眞空度的影響，這些整合起來就產生了實際曝光影像。有時候在曝光作業中，如果使用的是非平行曝光機反而會使線路邊緣平滑不凹凸的線型。影響線路邊緣平整度的因素有多種，如：光平行度、保護膜上顆粒、底片品質、曝光框折光率等，如果底片製作良好仍出現線路不平順問題，應該檢討其他因子影響。圖 9-16 所示，爲典型感光干擾因子產生的影像現象。

Cover sheet with
coarse particle

Cover sheet with
small particle

Clear cover sheet

Low collimation Exposure

High collimation Exposure

▲ 圖 9-16　典型的感光干擾因子所產生的影像現象

9-7 影像轉移的無塵室考量

　　無塵室 (Clean Room) 又名潔淨室，目前已是半導體工業及生化醫療界不可或缺的重要設施，其發展日新月異且造價成本愈來愈高，重要性是不言可喻的。科技一日千里，由於科技創新對產品高精密度化、細小化需求更爲迫切，諸如：超大型積體電路 (VLSI)、極大型積體電路 (ULSI) 研究製造，已成爲世界各國科技發展極爲重視的項目。他與精密軸承 (Bearing) 航太儀器、光學機械、平面顯示器、電路板等精密產業，對空氣中浮游粒子、粉塵等污染極爲敏感。且對產品品質可靠性及良率有巨大影響，因此均必須在良好潔淨室內做製造。

　　故工業用無塵室在各產業廣泛採用，因爲電子產品製程及功能均有逐年改進增高精密度的現象，對於製程所需的週邊設施及環境控制與需求也要相對提昇，當然對潔淨室要求也就愈來愈嚴。對電路板業，環境需求也同樣重要，會直接影響良率及缺點率。至於醫學及醫療技術，對手術、新生兒、重症加護病房 (ICU-Intensive Case Unit)、燙傷病房等場所，爲了達成高度醫療效果也需要有去除空氣中浮游細菌的無菌環境。其次在製藥工業、食品製造業及醫療儀器製造業等，為提高產品品質及安全衛生，去除空氣中浮游細菌或微生物為對象的無塵潔淨室，也跟著急速增加。

回顧無塵室的歷史演進，最主要的作用在於控制產品 (如：電路板、矽晶片) 接觸的大氣潔淨度及溫溼度，使產品能在良好環境中製造。無塵室的定義為，能將一定空間範圍內的空氣微塵粒子、有害空氣、細菌等污染物、室壓、溫溼度及氣流分布情形與速度，控制在一定範圍內，給予特別設計安裝的特殊房間。亦即不論外在空氣條件如何變化，室內均能維持原先設定要求的潔淨度、溫溼度及壓力等特性。構成無塵室的要件須含下列各項因素：

1. 能除去空氣中漂浮微塵粒子
2. 能防止微塵粒子產生
3. 溫度和溼度控制
4. 壓力調節
5. 有害氣體排除
6. 結構物及隔間氣密性

無塵室演進可由二次世界大戰時歷史談起，美國空軍發現飛機大部分零件故障原因是粉屑、灰塵等污染引起，開始將這些小軸承、齒輪等零件轉到空氣浮游灰塵較少的地方加工組合，使得故障率劇減，此為潔淨室觀念起源。1958 年美國太空計畫，開始作無塵室研究，並於 1961 年完成美國空軍無塵室規範。在 1963 年 12 月經美國原子能協會、太空總署 (NASA)、公眾衛生局等合作，完成了美國聯邦潔淨室規格 (Federal Standard No.209)，其後於 1966 年 8 月修訂為 209a，於 1973 年 8 月再修訂為 209b。由於美國聯邦標準 209b 不適用後來的實際產業所需，新的潔淨室標準是依據粒子大小及微塵粒子計數訂定，而修改為 209c，其修訂內容有下列四要項：

1. 必須避免生物粒子與氣體之污染
2. 增加 Class 10 及 Class 1 兩等級
3. 潔淨室潔淨度藉統計觀念訂定之
4. 測試時需分竣工時、設備搬入時及運轉時三階段

經過修訂後同樣是 Class100，其可根據微塵粒徑 0.5μm、0.3μm 或 0.2μm 而決定其微塵濃度。其規定內容如表 9-2 所示。

▼ 表 9-2　一般無塵室的環境標準需求

潔淨級數	微塵粒子		壓力	溫度			溼度			風速換氣率	照度
Class	粒子 μm	粒子數 Particle/CF	Mm Aq	範圍	推薦值	誤差值	MAX%	MIN%	誤差值	Turn/Hr	Lux
10	≧ 0.5	≦ 10	> 1.25	19.4 ～ 25	22.2	+/- 2.8 特殊狀況 時減半	45	30	+/- 10 特殊狀況 時減半	層流 0.35 ～ 0.55 m/s 紊流 ≧ 20Turn/Hr	1080 ～ 1620
	≧ 5.0	0									
100	≧ 0.5	≦ 100									
	≧ 5.0	≦ 1									
1000	≧ 0.5	≦ 1000									
	≧ 50.	≦ 10									
10000	≧ 0.5	≦ 10000									
	≧ 5.0	≦ 65									
100000	≧ 0.5	≦ 100000									
	≧ 5.0	≦ 700									

無塵室之控制原則

為維持潔淨室的潔淨度，在設計、施工及運用管理有下列四項原則可遵循：

禁止進入

在設計潔淨室之初，即應量測大氣含塵量及粒徑大小再慎選過濾網，是 35% 效率預過濾 (Pre-filter)，99.7%HEPA 或 ULPA Filter，至於使用何類則視潔淨室內採用的潔淨等級而定。其最終目的就是將外氣、回風及其他旁路進入的微塵粒子經層層過濾，達到一塵不染的地步。至於人則於入室前需更換無塵衣，並經過空氣浴 (Air Shower) 才可入室，要搬入的材料儘量減少，搬入時亦應經空氣浴或傳遞箱 (Pass Box)，使帶入污染物達到最少程度。

禁止殘留

潔淨室設計雖然僅可能使空氣產生垂直流動，但絕免不了在牆邊、設備或不規則外型附近產生渦流，致使微粒子累積在該處成為污染源，因此在設計時應該考慮室內表面平滑度及圓弧設計不易積塵，也需要勤於擦拭以免染塵。

污染物排除

帶入的污染物或室內發生的塵埃，應採適當換氣回數儘量排除，對有害氣體產生處，應採局部排除法處理。

禁止外洩

　　人體是最大污染源之一，在潔淨室工作的人員，除了穿著潔淨衣外，仍需遵守進出潔淨室規定，定期換洗無塵衣。在室內工作期間，最忌大聲喧嘩、追逐及誇大性動作，至於紙筆及文具儘量避免攜入，必要可用油性筆及無纖紙。對於電路板生產需求，這些規則可適度放寬，但仍然必須注意產品等級需求，愈精細的產品必須要愈好的環境控管。採用何種等級無塵水準，會以製作線路的十分之一當作無塵室內可允許最大顆粒尺寸參考依據。

塵埃粒子之大小及分佈

　　在空氣中浮游的微塵粒子有細小纖維渣及砂粒、金屬粉及人體脫落皮膚、煙塵等種類繁多，除此之外尚有部份微生物如：原生動物、酵母菌、細菌、濾過性病毒等，潔淨室所欲去除的微塵粒子，是眼睛無法看見且不易掉落的塵埃或細菌。要製作細線路產品，必須在適當清潔環境中作業，這是可理解的想法，然而在成本與良率間平衡考慮，恰當選擇適當環境等級是提昇競爭力的要因。　某些項目的執行，是可以實際改善作業環境的 (結構、維護、流程)：

- 降低無塵室中工作使用紙張用量、人員移動
- 減少水平表面、死角同時應該要可擦拭，地板最好是無縫設計同時轉角採用弧面以減少污穢沉積，可用黏貼式封閉型天花板及環氧樹脂處理牆面
- 採用高效率過濾系統 (HEPA)，並採用層流迴風設計，出風口儘量接近地面，較高風壓區域設計在接近設備的地方
- 電路板在進入無塵室前做適度清理 (如：沾黏滾輪處理等)，定時清理底片 (清潔劑或是沾黏滾輪)
- 底片儲存：膠片以垂直套袋儲存，玻璃底片可用緩衝墊隔開
- 不要阻礙迴流抽風出口
- 常檢查預過濾系統，以防止過度污物累積並適時更換濾材
- 有必要時才開啓交換窗及出入口，不要持續開啓

9-8 直接感光系統 (DI)

　　直接感光系統，是一種不需要底片的曝光系統，這種影像直接製作在影像膜上的概念不是新觀念，目前已被提出的想法及實際的生產設備已不少。雷射直接感光不需底片操作，一直是業界的理想，自 1980 年後陸續的有實際商品問市，90 年以後陸續有如：

Orbotech、ETEC、AutomaTech、Barco 等公司推出產品，但是受限於效率低與材料昂貴問題，一直都無法普遍使用最近這些問題都已經逐漸解決，值得做細部的探討。評估直接雷射感光技術，應該注意的重要事項如下：

- 潛在利益與成本對比
- 基本工作原理分析
- 解析度能力
- 作業速度

　　數碼化直接做彈性無工具製造的期待，在各個產業都在逐步發展，而電路板業嘗試採用直接繪圖技術製作線路影像，也進行了多年。雖然相關技術都有進展，但到目前能商品化的仍以雷射直接成像 (LDI) 與微機電數碼元件 (DMD- Digital Micro- mirror Device) 成像兩種技術較成熟。

1. 數碼雷射直接成像 (LDI) 技術

　　雷射直接成像技術早在 80 年代就已經發展，但在感光材料、設備能力、規格需求、成本效益等因素不成熟下，一直到近十年來才逐漸有能力進入量產水準。周邊零件精進與高感度影像材料發展，促使這類技術應用逐漸成熟，統計數字顯示全球已經有數百台設備進入量產。

　　這種直寫技術的優勢在於不使用底片，可排除所有使用底片面對的問題。包括：無底片成本、無底片雜點、環境寬容度佳、縮短換料時間、不必檢查底片、高度自動化、提升設備稼動率、提升曝光良率、提升對位度、適合小量多樣生產、可隨機尺寸補償、可彈性分割曝光。不過這些都是理想狀態，實際面對的問題在後續內容中筆者將以實務角度討論。

　　這種設備目前代表性供應商以奧寶科技較知名，圖 9-17 所示，為該公司 LDI 設備外觀與運作模式示意，日立公司具筆者所知也有能力製作這類設備，目前也有新廠商展示了概念機，並宣稱將推出競爭機種。

2. 微機電數碼元件 (DMD-Digital Micro-mirror Device) 成像技術

　　這類成像技術主要訴求，是依賴微機電陣列鏡片反射機制建構影像。它利用高照度光源，透過數碼控制反射鏡陣列機構產生影像，各家基本應用元件差異似乎不大，但實際應用與設備發展卻大相逕庭技術重點也不同。DMD 成像系統原始想法，來自德州儀器的微機電技術，初期以此微陣列反光鏡系統發展投影機與背投電視，後來被 Ball Semicon 公司導入製作球面半導體製造，並發展了相關曝光設備。由於資金與人脈關係，這類技術首先被授權導入日本，並先後發展出不同特性設備，在不同領域有非常不同的表現。日本較知名的四家代表設備公司各為：ORC Manufacturing、Hitachi Via Mechanics、Dia Nippon Screen Manufacturing、Fujifilm，近期又有美國的 Maskless 及歐洲的 Micronic 等公司，發表了不同概念設備設計。中國廠商大族數控，也發展出高效能的電路板應用設備。雖然各家設備細節有所不同，但其基本核心架構都是以 DMD 作為影像心臟元件。典型 DMD 元件外觀與微觀鏡片狀況，如圖 9-18 所示。

▲ 圖 9-17　奧寶的 Paragon 系列 LDI 外觀與運作模式 (來源：N.T. information 報告)

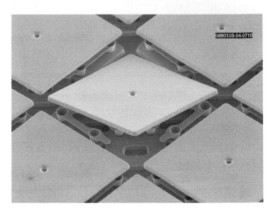

▲ 圖 9-18　典型的 DMD 元件外觀與微觀的鏡片結構

3. 傳統設備商與新技術的合縱連橫

　　基於數碼化、無光罩生產已經是影像設備業者認定的大趨勢，因此傳統的主流曝光設備商都進行了必要的合縱連橫的技術或商業整合，其中尤其是傳統自動曝光機大廠 ORC、Adtec、Hakudo、Hitachi Via 等公司，為了要能夠保有新舊技術的平衡優勢，個別採用了自己的方式進行技術與商業整合。表 9-3 所示，為這些廠商在大趨勢下採取的策略與現況整理。

▼ 表 9-3　幾家代表曝光設備廠商的整合策略現整理

公司的組合	整合的優勢
ORC ＋ Asahi Pentax	Asahi Pentax 是傳統的繪圖機重要廠商，具有大量影像數據處理能力的重要優勢，有助於幫助 ORC 的新數碼曝光設備快速數據轉換能力提升。
Adtec+FujiFilm	Adtec 是重要的傳統自動曝光機大廠，同時具有分割投射曝光的技術能力與良好的設備製作技術，結合 FujiFilm 的設計可以同時具有兩種不同世代設備的優勢。
Hitachi Via+Onosoki	Hitachi Via 領先開發了微型聚光鏡片元件，可以提升影像單光點的解析度，在併購 Onosoki 後也可以平衡其在傳統曝光設備部分的缺口。
Hakudo+Maskless	Hakudo 在垂直傳統曝光機方面一直主導市場，但是在直接成像技術方面有缺技術口，在搭配 Maskless 的直接成像技術後，可以填補其市場產品不足的問題。
Obotech(LDI+AOI & CAM)	奧寶科技的 LDI 技術雖然是併購所得，但是在整合其本身就具有的數據處理與設備製造優勢，加上原有的 AOI 高市場展有率，具有相當強的整體競爭力。
Dia Nippon Screen	該公司本身也具有 AOI 的技術經驗，因此相互搭配可以應對 DI 所需要的各種數碼處理技術。
大族數控	該公司對全方位的數碼控制製作設備，有多元性的介入與發展，在雷射鑽孔切割、傳統機械鑽孔都已經有多年經驗，這些年也在 DMD 曝光設備上有所表現，現階段以取代傳統曝光機為主要目標，未來潛力待觀察。

4. 目前典型直接成像技術，可呈現的解析能力如圖 9-19 所示：

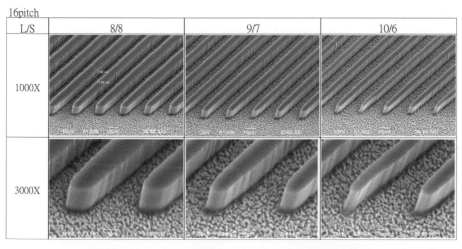

▲ 圖 9-19　以 DI 試做的 16μm pitch 線路解析能力

9-8-1　LDI 的優勢

有不同的出版品提到有關 LDI 的優勢,簡單歸類其重要優勢有四項:

- 減低底片及其相關製作設備的成本費用
- 降低作業的設備投資
- 縮短產品製作時間
- 改善良率

至於評估其成本效益方面,應該要比較每張底片的費用除以底片使用次數,來看實際成本效益。每張底面使用次數愈少,相對改用 LDI 成本效益就愈大。底片使用的成本項目包括:

- 底片本身
- 製作底片所使用的繪圖機以及處理設備
- 底片儲存設備及空間
- 人工及檢驗的成本
- 製作底片所產生的化學品、廢棄物成本
- 傳統曝光設備的成本
- 傳統光阻的生產速度與費用

雷射直接感光技術的成本項目:

- 雷射設備投資
- 雷射槍更換成本
- 設備維護費用
- 高感度光阻費用

基於這種假設,成本平衡點約在每張底片使用 30 ~ 70 次左右,當然這必須看設備取得成本及不同地區的不同成本狀態考慮而定。很明顯可看出,如果是小量多樣產品,使用此類技術是有利的。至於較短作業時間優勢,這應該有明顯好處但卻不容易量化,這種優勢對樣品製作公司有一定優勢。至於操作成本優勢方面,前述內容著重在實際操作面,但對於良率貢獻應該也有貢獻率。良率有機會提高的原因來自於:

- 不會產生重複性缺點
- 較佳的對位度
- 對不平表面仍然有良好影像產生

9-8-2 直接曝光設備原理概述

DI 設備光學解析度會因爲基礎元件設計不同有差異，目前眾多 DMD 爲基礎的設備，影響解析度的因子有三個：各別是 (1) 反射鏡光點尺寸，(2)DMD 傾斜角，(3) 聚光鏡片。LDI 與 DMD 模組系統比較，LDI 設備掃描模式屬於單光束與 DMD 模組的陣列模式競爭，兩者間的優劣理論上一定是陣列掃描會較佔優勢，但 LDI 系統不斷提昇照度、功率卻讓市場上機種產能相當接近，筆者也很難在此下定論。

DMD 的反射鏡光點大小會影響解析度與掃描速度比較容易理解，單元尺寸愈小可以操控反射光點就愈小，當然可達到單點解析就比較小。典型 DMD 元件已如前述，它是微機電元件，可快速運動發揮反射與偏折光源功能。

至於 DMD 掃描傾斜角影響，較需要用圖形資料解釋，如圖 9-20 所示。當電路板與 DMD 相對運動的夾角愈小，且單反射鏡片尺寸也小，可獲致的圖形細緻度就愈高，掃描角度一般在 DI 設備出廠時就必須調整固定。單個 DMD 模組可覆蓋範圍有限，因此必須用多個 DMD 元件配置成陣列，或進行平行帶狀重複掃描，才能夠覆蓋整面圖形影像區。

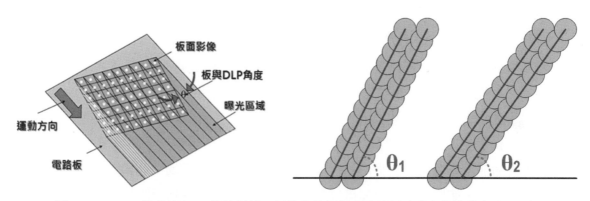

▲ 圖 9-20 DMD 構成的 DLP 機能結構可以靠調整相對運動關係達成調整線路寬度的目的

因此多個 DMD 元件間必須有良好搭配性，如何達成相互間銜接精準度避免產生銜接位置變形，平衡每個 DMD 模組單元照度，成爲 DI 設備重要調校項目。許多設備商在設備搬運後，都必須做這方面的調整，以確保設備回到原始基準。但設備經過跨海運輸，難免會有各種搬運過程產生的變動，因此各家廠商機構設計就相當重要。

如果機構設計不理想，不但新機安裝曠日廢時，也可能讓未來使用維護負擔增加。目前 DMD 的生產以美德兩國爲主，尤其是美國德州儀器公司比重較高。筆者曾搜尋相關網站，了解一些典型的 DMD 元件類型，可看到清單上有多種不同型號，這也從各家設備商提供元件資料得到證實，他們使用的 DMD 類型並不相同。不過技術細節屬於業務機密，筆者無從得知選擇原則與根本思考因素。圖 9-21 所示為 DMD 模組陣列配置示意，筆者所謂的 DMD 模組單元校調，指的就是多個套裝模組銜接與平衡問題。但如果模組內部出現問題，就必須整套模組更換，這方面的困擾相當大，也是評估設備時值得注意的部份。

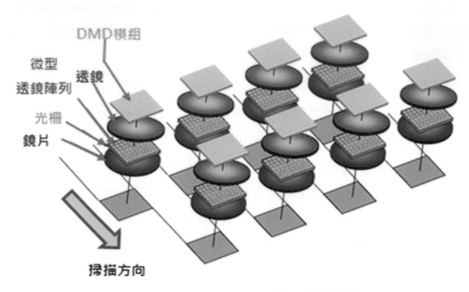

▲ 圖 9-21　DMD 陣列可以進行大面積掃瞄

　　如前所述，當 DMD 模組銜接出現問題，可能會讓曝光影像出現不連續現象，如圖 9-22 所示，線路因為銜接問題出現胖瘦不一外觀。這種現象多數都可調整 DMD 模組解決，不過筆者也曾碰過必須更換元件才能修正的窘境，似乎 DMD 模組元件還相當脆弱容易受損，設備模組原始機構設計是否強固不容易評估但值得留意。不過萬幸的是，DMD 模組使用壽命並不如筆者當初擔心的一樣，會在短時間內就損壞。如果正常使用，元件交運與安裝也正常，使用期間都已經可以逼近保證時間，沒有看到損壞問題出現。

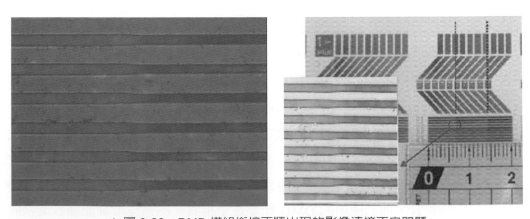

▲ 圖 9-22　DMD 模組銜接不順出現的影像連接不良問題

　　依據影像轉移技術規則，光阻可呈現影像解析度必須比製作的線路細，否則無法做尺寸補償 (蝕刻與曝光量)。依據數據資料判定，筆者認為數據解析度就是設備可提供的單點光斑尺寸能力，理論上這些設備都應該有潛力可製作比現有規格更細的圖性，問題只在各廠商要如何將現有技術障礙排除。許多板廠已經嘗試用 15μm 乾膜光阻製作超細線路影像，以期能提昇製作能力。薄光阻固然對解析度提昇有幫助，但還是必須前述第三項技術改善，將微型聚光鏡片能力加強才有機會達成。圖 9-23 所示，為 DI 光學系統模組的工作原理示意。

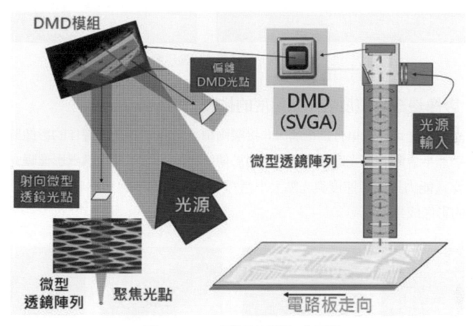

▲ 圖 9-23　DI 光學系統模組工作原理

　　光源投射到 DMD 上，經過表面微型反射鏡分流，偏折光脫離行進路徑，而反射光則朝微型透鏡陣列前進。經過微透鏡陣列構成的 BMP(Bit Map) 影像會變成圓形光斑，再經過透鏡組投射在工件上。透鏡組可適度調節，讓光斑能準確聚焦在板面。不過也如愛好攝影人所理解，鏡片組如果過於複雜，會減損光強度與清晰度，未必有利於影像產生。另外曝光需要整體累積照度，必須靠曝光時間累加，照度減損也不利光阻深處聚合及生產速度。DMD 模組曝光機，嚴格說屬於多燈源系統，雖然廠商都有自己的調整方法，但如何平衡各 DMD 模組照度，也會影響設備保養性與稼動率。

　　典型電路板曝光製程分類是內層線路、外層線路與止焊漆覆蓋，選用直接成像技術時必須面對傳統曝光設備的挑戰。波長特性、穿透能力與照度限制、點曝光機構組合，仍然是這類設備需要探討的重點。圖 9-24 所示，為典型數碼直接成像示意，這是與傳統光罩曝光最大的不同。當 HDI 類產品需求逐步成長，層間對位需要的精度變得比重高、精度也高。

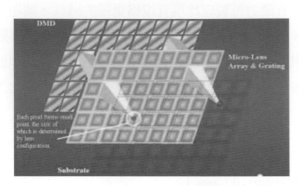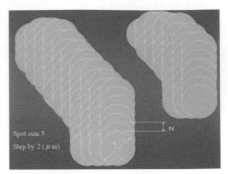

▲ 圖 9-24　數碼直接成像示意

9-8-3　影像邊緣平整度與生產速度的挑戰

　　傳統光罩曝光可以簡單分為接觸與非接觸兩種，但只要在光罩製作的影像夠細緻，操做模式幾乎都不會影響曝光影像外形。相對於傳統光罩，如果採用數碼影像曝光就會面對厚影像膜穿透能力、生產速度與光點大小選擇等相關問題。圖 9-25 所示，為直接成像與光罩曝光的影像成果比較。

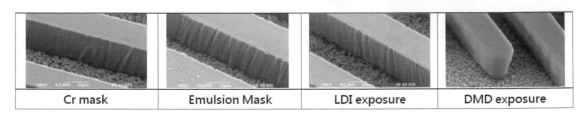

| Cr mask | Emulsion Mask | LDI exposure | DMD exposure |

▲ 圖 9-25　直接成像與光罩曝光成果比較

　　不論是採用哪種數碼直接成像技術，最終影像構成都來自單光點能量累積與連接。當需要製作細緻線路，必須使用較小光點來累積曝光能量才能產生細緻外形，這也是特定廠商會發展高精度、高解析聚光鏡片的原因。但這種選擇會減緩生產速度，且必須搭配更多DMD 元件或更多次雷射光束來累積線路外形輪廓。採用哪種策略來克服線路平整度或速度，都必須付出成本與技術代價。當使用更多元件或者掃瞄連接法成像，會面對相互間搭接的差異風險。依據市調人士資訊顯示，目前廠商在綠漆曝光與線路製作應用都有進展，但也面對了不少技術挑戰。

　　廠商因為發展專有光學鏡片，可在超細線路解析有優異表現，不過細緻線路製作不只靠影像膜高解析度就可完成，若沒有適當製程整合與材料搭配，仍然可能在線路電鍍或後續製程中出問題。目前確實有部分廠商嘗試以 DI 類設備製作超細線路，不過從整體搭配性來看，目前要跨越 5/5μm 的水準仍然有困難，影像膜的抗電鍍性與支撐性是挑戰。部分廠商宣稱可以做 5/5μm 的線路，卻沒有明說採用的是比較薄的光阻，就是一種去巧的講法。其實目前多數電路板產品，還沒有看到線路厚度低於 7μm 的規格，用線路電鍍製作這類產品，7μm 乾膜厚度是不夠的。

DI 類設備發展初期，受限於光源及 DMD 技術搭配，設備業者朝向兩種不同思維發展。部分廠商以解析度為重，強調這類設備在高階電路板產品表現優異性。另一派廠商則以廣大市場為主要考量，強調高速度、大產能設計概念。廠商嘗試採用較多顆 DMD 元件提升掃瞄速率，因此相對產速有較優異表現。依據目前發展狀況看，強調高產出的設備商佔了市場優勢，設備佔有率也以這種高速、高產出機種為主。設備商宣，不斷推出高解析度、高產速的機種，不過評估設備要將光阻感光度列入考慮，搭配不完整會與評估有差異。

傳統乾膜需要感光能量較高不利快速生產，目前高感度乾膜已經平價化，曝光能量接近 20mj/cm^2 的乾膜產品，產速已經有超越傳統曝光機的表現。連續生產，每小時超過 250 面以上單機能力，已經是可期待的訴求。LDI 類設備，除了強調可應對 365nm 乾膜外，採用 DMD 設計的 DI 設備，也已突破初期只能用 405nm 波長的限制，只是採用這種 365nm 光源設計，散熱、穩定感光解析度等還有改善空間，另外 DMD 元件壽命的影響也還要努力。不過依據一般電路板需求，30μm 幾乎已經足以應對目前所有 HDI 板設計需求，因此只要生產速度夠快確實有競爭空間。

9-8-4　DI 在綠漆應用方面的挑戰

解析度與生產速度，固然也是在綠漆應用的重點，但這個領域更重要的技術訴求，是以光穿透性、光源照度、對位與解析能力、光源及光學元件壽命等為重點。一般電路板線路用乾膜，曝光能量需求相對低且容易做出高解析度，但綠漆曝光能量需求會高出許多，某些特定深色止焊漆甚至需要超過 1000 mj /cm^2 的曝光能量，才能達到適當光聚合。此時 DI 類設備最大弱點 " 光照度偏低 "，就成為使用這類設備的最大致命傷。

這類應用較具領先地位的廠商，以 Dia Nippon Screen 與 ORC 為代表，他們各有量產廠商在實際使用，不過相對於線路製作的 DI 設備用量看，整體裝機數量仍然相對懸殊。從實際使用經驗看，這類應用最大技術問題，出在數據處理速度、模式與光穿透率能力。對於電路板後段製程，最大曝光對位問題在電路板本身的尺寸變異大。傳統電路板製作，一向以單次全面曝光為主，自從 HDI 類產品出現後，因為對位需求提高且單一產品面積小，允許業者採用分群、分區局部曝光作業。分割曝光、步進曝光 (Stepper) 都是業者已經採用的生產設備與作業模式。

不過到目前為止，只要採用光罩曝光概念作業，就無法跳脫以固定比例調整對位公差的限制，而步進曝光可微量調節比例漲縮，但相對也會影響到線路尺寸大小，這些特性都很難克服電路板本體可能出現的扭曲、變形、隨機變異問題，其基本框架限制來自底片與曝光設備特性本身。

設備業者從傳統曝光轉換到 DI 類設備的最大問題，也出在保留了光罩框架概念。只要產品能維持在設計規格尺寸內，以使用者的立場，最希望能讓設備直接隨著實際電路板線路狀況走，這樣不論是層間線路或線路對孔位的搭配性都不會出問題。但目前多數 DI 設備設計，仍沒有完脫離光罩作業窠臼，在進行分區曝光時，仍然需要個別曝光，無法將應對實際電路板現況做完全線路影像轉換。一次讀取多組標靶後，做數據影像轉換再做全面曝光。以筆者所知，已經有設備商可提供完全彈性數據轉換功能，一次讀取板面標靶後進行整體數據調整做單次曝光，不過有這種能力的廠商屬於極少數，且其軟體功能完整性也還有改進空間。

光穿透率的部分，更是這類設備應用致命傷。傳統曝光機光源成熟度相對高且照度強，因此在綠漆曝光的光阻底部感光度相對高，產生的顯影側蝕狀態也不會太嚴重。但當導入 DI 設備，由於其本身光學機構限制，採用的光源照度相對低且穿透力差，要讓光阻底部達到高聚合度，困難度相對較高。一般 SMT 用電路板止焊漆覆蓋，較常見的設計是開放式開口配置，綠漆開口會出現在基材區。這種設計因為介面下方有高 UV 光吸收率的有機材料，成為止焊漆吸收率的競爭者，會讓止焊漆底部聚合度變差。圖 9-26 所示，為兩種不同綠漆開口設計的側蝕比較，可看出金屬面開口綠漆測蝕相對較低。

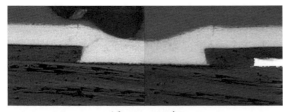
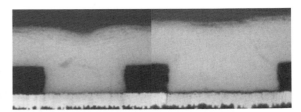

Above resin   Above metal

▲ 圖 9-26　不同開口設計的綠漆側蝕狀況比較

面對這類現象，一般 SMT 應用的止焊漆可能生產不成問題，但當 HDI 類產品成為高價電子產品主流，接點密度提高、接點尺寸縮小，會讓高密度接點信賴度與製造難度都變差。尤其是構裝載板用陣列接點設計，其光阻底部側蝕加上金屬處理攻擊，會讓高密度接點短路風險大幅提高。目前材料業者嘗試發展高感度綠漆改善這種綠漆聚合特性，不過整體成品表現還是不如傳統綠漆水準，單價高更讓這種材料難以普及。設備業者也嘗試做光源變動設計，採用廣域波長光源設計，業者宣稱可改善綠漆底部側蝕表現，不過依據筆者看到的狀態，問題仍然存在只是變得輕微。

　　以往筆者總認為光阻外型較受到曝光與顯影條件影響，但筆者曾經規劃測試實驗，調整了不同顯影條件配置與藥水濃度卻變化有限。當將曝光能量固定下來，調整壓膜條件與銅面前處理反而會出現比較大的影響。圖 9-27 所示為不同表面處理與壓膜條件下的影像結果。其實當銅面與光阻結合力強化，光阻垂直方向有可能出現小腰身現象，就是上大、下大中間小的外型。圖 9-27 右邊的示意圖，為兩種光阻的外型表達。

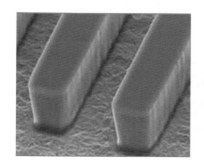 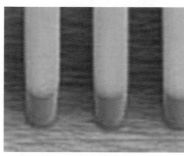 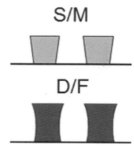

▲ 圖 9-27　仔細觀察會發現光阻有上大、下小、根部突出的趨勢

　　綠漆光阻因為曝光能量高，永久材料配方調整也讓光穿透力較差，這些都會造成光阻底部聚合度不容易提高，因此用單一短波長的 DI 光源做曝光要達到底部高聚合度更困難。而一般乾膜光阻，需要累積的能量較低，在較大波長光源下穿透率偏低，可能讓光阻底部聚合偏低，不過線路乾膜光阻曝光時間短，讓上下聚合度差異變小，相對側蝕就會降低。又因為光阻底部與銅面有抓地力，容易留下殘足而呈現上最大、底部次之、腰身最小的現象。這個解讀是筆者比較過幾種光阻行為後，與光阻專業人員討論的結果，但可惜的是無法提出數據化證據。

　　一般高分子材料聚合度，是靠 FTIR 偵測殘留單體官能基來決定聚合百分比。但這些光阻膜都相當薄，要進行取樣已經相當困難，還要將表面與底部樣本分開測試更困難。大家較常聽到的光阻聚合度都是取樣平均值，而且取樣必須有一定量才能測試，這樣要想知道小位置聚合度差異相當困難。不過筆者為了提昇綠漆解析度與遮色率議題，與供應商討論到有關光阻填充材料問題，確認了以往黑色油墨，確實可利用降低填充物比例，而能達到降低側蝕與改善曝光解析度的目的，這個論點或許可當作對 DI 曝光現象看法的一個註解！

　　特定光阻都有其最恰當光敏感區，當曝光機提供的光源無法有效讓光阻聚合，高瓦數光源也不過是浪費能量，無法有效提昇產速，這種觀點對止焊漆與乾膜光阻都適用。目前不論 LDI 或 DMD 模組，主要光源類型有：雷射、LED 燈、鹵素燈管等，已經有跡象顯示混合波長在兩大類光阻表現都比較好，單一波長燈源與光阻相容性較差，特別是前述光阻側壁外型在多波長光源下表現會比較好。這種特性會隨應用而有表現差異，對用在純蝕刻乾膜光阻應用，因為曝光能量較低讓差異較小。但當面對線路電路應用，特別是載板用的光阻就會較明顯。圖 9-28 所示，為大日本印刷設計的光源系統光波強度分佈示意，可看到多元波長有利於止焊漆聚合，這是筆者到目前為止認為在止焊漆外型表現最好的 DI 曝光模式。據筆者理解，他們強調的是多元波長，可讓表面與底部聚合取得平衡，當強化長波光源比例，有機會讓光阻足部比頂部寬。

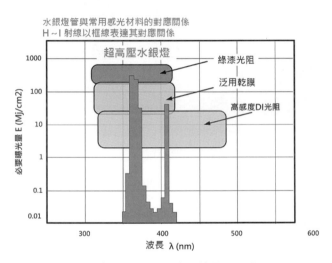

▲ 圖 9-28　典型的多波長燈源系統波長特性圖（來源：Screen 型錄）

9-8-5　光學元件 DMD 與結構特性的挑戰

　　投射成像曝光系統，都會透過鏡片聚光成像，這就會涉及焦距問題。曝光設備內部一定會面對溫濕度變化，尤其是溫度變化不均或過大，就可能讓設備基架產生移位或彎曲現象，這會影響光點在感光膜的成像大小變化、偏移、接合不全、感光不均等問題，曝光不良產生的影像接合不全範例已如前述。

　　這類問題出現在採用多 DMD 元件設計的曝光設備較多，因為多個元件間搭配性不容易調整到完全一致，且要讓多個元件維持在同一平面，採用的基架材料及環境控制設計都相對重要。DMD 光學元件與鏡片、設備機構間關係，可以靠精密調整解決一致性問題，但設備內環境控制就不是單靠元件精度調整可面對的。光點影像大小偏差來自多重原因，如果用於一般乾膜材料曝光問題不嚴重，因為整體曝光能量累積差異有限。但當這類設備要用在高能量綠漆材料曝光，能量累積總差異會變大，讓相同影像尺寸變異加大。圖 9-29 所示，為 DI 設備曝光最佳成果的開口尺寸偏差與側蝕水準比較，可看出 DI 曝光在綠漆開口尺寸穩定度比起傳統底片曝光略差。這已經是筆者所知的最佳狀況，是否能夠進一步改善有待努力。

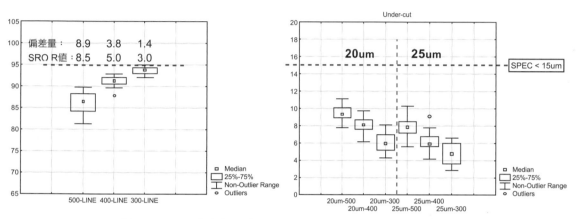

▲ 圖 9-29　DI 系統在綠漆曝光上的開口尺寸分布與側蝕表現比較

9-8-6　直接感光系統的對位與解析能力

對某些需要特定電性電路板，不只層間孔必須做精密對位，層間線路也必須做位置搭配，達到電磁遮蔽與電性控制目的，此時 DI 更能發揮其效益。圖 9-30 所示，為 DI 系統在層間線路對位能力的成果比較。

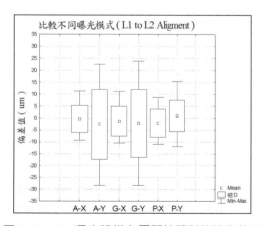

▲ 圖 9-30　DI 曝光設備在層間線路對位能力的比較

LDI 影像品質、作業速度與解析度與光點的尺寸有直接的關係，光點的大小可當作照的指標。一般光點大小可視爲製作最小線路寬度的尺寸，但卻未必是最小刻度變化，因爲刻度變化還必須看實際機械步進距離爲何。雷射能量分布式呈高斯曲線分布，光點中間區能量超越某等級才能產生作用。爲了做出連續漂亮影像，雷射光點設計會比實際像素設計大一些，經過連續曝光連結才不會發生鋸齒狀線路外型。圖 9-31 所示，爲典型雷射直接曝光機作業模式。

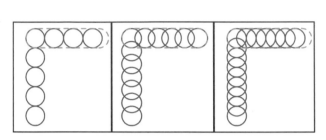

▲ 圖 9-31　典型的雷射直接曝光機作業模式

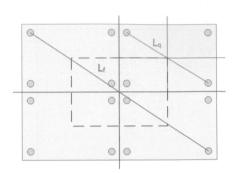

▲ 圖 9-32　分區與全板曝光對位關係示意

　　如果雷射槍走直線行進，會將光槍開關保持在開的位置，就可以產生連續平直曝光效果，其型式如圖中的洋紅色軌跡。但如果線路方向呈現非垂直水平時，雷射就會採用點放式作業模式，此時如果重疊範圍恰當則光阻邊緣影像會平滑，不會有圓弧狀影像出現。不論採用的事 LDI 曝光機構，或者是 DMD 元件曝光作業，採用光點構成圖形是共通的作法。因此在驗證這類曝光機時，又留意水平、垂直、45 度線路的曝光成果差異。

　　一般傳統接觸式曝光概念，底片的圖像會先假設可保持在較穩定的水準，因此應對變動的電路板尺寸，可利用分區對位降低電路板尺寸變動產生的影像配位偏差。理論上電路板面積愈大，整體漲縮總差異會比半片或四分之一片大。假設全板對位無法進入期待誤差範圍，則採用分區曝光就有機會進入對位規格。理論上目前多數傳統分區曝光及步進曝光設備，也一直以這種觀念執行。不過假設出現電路板尺寸與底片幾乎是一致的狀態，則此時曝光機採用全板對位模式作業，且對位誤差 (PE) 值設定也與分割曝光相同，就有可能會發生全板對位表現比分區曝光表現好的現象。其分區與全板對位靶關係示意，如圖 9-32 所示。

　　因爲傳統曝光作法，是在對位時設定產品最大允許偏差量，當 CCD 感測對位水準達到小於此設定值就會做曝光。但全板曝光與區域曝光若採用相同的偏差設定，因爲全板曝光靶位距離比區域曝光靶位距離長，相同偏差量下產生的對位能力，會因爲旋轉或平移差距在相同水準下，反而導致全板對位表現比較好的現象，其間幾何關係解說如下：

當 PE 值設定相同時，全板的對角靶位為最長距離對位點，此時的距離假設為 L_f，相對四分割的對角靶位長度設為 L_q，則 $L_f \fallingdotseq 2L_q$。

當曝光機達到對位 PE 值範圍內時就會進行曝光，此時如果採用的是一比一的線路關係，則理論上的全板曝光板邊配位最大偏差量與四分割四角偏差量是一致的。但是如果從統計分析的角度去看，全板曝光在圖面棕色虛線區域的配位度就會比四分割區域的對位水準要好，其它區域的對位水準最差也會與四分割曝光相當。但是如果在進行四分割曝光的時候，將 PE 值調小為全板曝光的一半，則所得到的邊緣對位水準就應該可以與全板曝光相同。

因此從傳統曝光角度看，分割曝光主要目的是應對電路板漲縮變異無法進入對位規格，可採用的應對措施。如果實際電路板與底片尺寸搭配相當好，也有可能用同樣全板曝光 PE 值做分割曝光，反而讓對位表現變差，沿用傳統曝光想法設計或操作 DI 設備有可能會產生這種盲點。

不過以理想 DI 系統看，其實沒有所謂對位問題存在，而應該是在讀取電路板靶位後直接做線路影像數據轉換，搭配設定漲縮調整比例直接投射到電路板上，所可能產生的偏差量應該就是設備本身運動精度偏差量。從這個角度看，廠商雖然宣稱已經採用了 DI 設計，但骨子裡仍然隱約保留了不可見的底片在作業中，並利用這種影像做整片線路對位。

筆者並沒有測試過所有 DI 設備是否都採用這種軟體模式設計，也理解想要達到理想作業，必須轉換處理更大量影像數據。不過從最理想的 DI 系統角度看，完全拋棄既有光罩概念才算是全 DI 設備，這種想法可提供 DI 設備發展商作參考。電路板線路製作，提升解析度、生產速度、應用光阻彈性是主要技術發展訴求，這些技術範疇比過去已經成熟很多。至於止焊漆曝光方面，如何提升產出速度固然是重點，更重要的是如何改善光源系統提升深層止焊漆聚合度，這些有待設備加強。

9-9 其他可替代接觸式曝光的技術

如果要討論替代接觸式曝光的作業，雷射直接曝光系統當然會被認為是一種方式，但仍然有多種不同曝光概念應用到曝光製程。部分概念已經商品化，也有發展出來又被淘汰掉的。這些影像製作技術，包括了投射式曝光、步進式曝光、可見光雷射曝光、感熱型曝光、分割式曝光等技術在內。因為各個不同機種都有供應商投入研究，每個機種都有特殊設計及不斷改進修正，實在無法對細節一一交代，只能讓有興趣的讀者自行搜尋相關資料研究了。

CHAPTER 10

曝光對位的問題判定與對應

10-1 背景

業者常在不同場合,為對位偏移問題爭論。探討電路板製作對位問題,現象與觀念其實相當單純,但要瞭解細節變化及如何實際應對就相當複雜。不同廠商可能因為採用不同製程、使用工具差異、系統設計邏輯變化等,而有相當多不同狀態需要說明。這類技術與技巧,電路板業使用相當頻繁,但相關基礎資料說明卻十分缺乏,實務應用常容易產生爭議性問題。因此筆者嘗試對這類概念做整理,提出一些具體看法,希望能適度釐清問題現象,並能夠針對這些現象提出參考性看法與建議。

要講清楚這種議題相當棘手,要深入探討會有難度。筆者嘗試從典型現象切入,說明這方面的問題現象,雖不敢說真能把所有問題交待清楚,但期待解開一些爭議性問題。

10-2 進入問題

對於對位不良現象,我們可能無法直接指出問題根源,但如果能將偏離現象歸屬哪部分,至少對問題改善方向能提出指引。這樣至少在爭議中,可以確實面對問題做實際改善。

其實有時候電路板在作業中對位良好,也可能是因為歪打正著造成的,這不是不可能的狀況。對電路板製作者而言,對位準確 (Good Registration or Good Alignment) 是十分必要的能力。但問題是達不到需要對位水準,問題究竟出在哪裡呢?我們可以嘗試對一般曝光製程，做作業狀況解析。不同的製程與作法採用的座標，產生的問題雖然有差異性，不過他們之間的基本判斷機制相當類似。為了怕把題目談的太大，無法專心仔細討論對位這議題本體，個別單一問題筆者並不作細節陳述，或許未來有機會再行探究，我們直接切入製程狀況並進行後續檢討。

10-2-1　曝光製程簡述

電路板常用到的曝光製程，包括內層、外層線路製作及止焊漆製作三部分。製作程序都是先做感光膜塗裝或壓著，之後進行後續曝光與顯影。這類標準製程，涉及到的尺寸製作問題，包括位置準確性及解析度問題。解析度與位置精確度，屬於兩個不同探討領域，議題是針對對位狀況探討，因此對解析度不作探究，只針對對位部分討論。曝光程序，業者會採用曝光底片對底片或底片對電路板做疊合生產，因此介入製作的物件包括電路板材料、曝光底片、曝光設備等。

業者較常用的作法，依據使用設備不同分為手動與自動兩種。所謂手動，指的對位主體是作業人員，而所謂自動則是利用光學感應信號，以機械運動做底片與電路板相對位置調整搭配。不論使用何種方式，都應該可以達到一定水準對位精度。所不同的是，如果採用人工作業就必須要把人的因素納入考慮。為了將所有電路板線路形狀套在一起，製作過程必須將相關座標標定在同一個基準上，才能在進行位置對準過程順利作業。因此各個業者會依據採用的設備系統、產品特性、工作習慣等因素，發展出自己的對位系統，這套系統業界稱之為「對位工具系統」。

圖 10-1 所示，為電路板製作，為了方便對位及驗證對位狀況採行的典型製作記號。這些記號會製作在曝光底片邊緣，工作時用來與電路板參考座標點做配位。當完成預設精準配位，讓兩者落在應有偏差範圍內，作業者或設備就會認定底片與線路相對位置，已經達到應有對位水準。

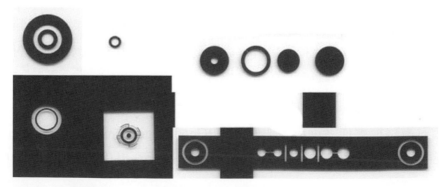

▲ 圖 10-1　典型電路板製造，製作在底片上的輔助記號

10-2-2　曝光位置偏差的來源解析

　　曝光對位偏差，最基本的現象當然是電路板座標位置與工作底片位置無法套在一起。檢討偏差問題，要先檢討座標無法套在一起的因素。我們可以簡單將這種對位偏差現象分為兩個群組檢討，會是比較切合實際的作法。這兩個群組各是：

- 兩者尺寸不搭配對位不可能良好
- 兩者尺寸搭配，但對位不良

電路板與底片尺寸不搭配的問題

　　由這兩個分類來看，似乎大家會說這不是浪費時間嗎？大家都知道這種問題不是嗎？筆者一向喜歡用大家都認為簡單，不必要再加說明的方法來敘述分析事情。其實最樸實簡單的分析，反而可容易瞭解並幫助釐清問題根本。許多設備製造商與生產者，時常不作細部與基本分析，只在出現對位偏差的結果上打轉，最後發生的爭執當然就是各說各話。在電路板與底片尺寸不搭配而對位不良，這是非常容易理解澄清的現象。就像身高 180 的人，無法穿上身高 165 的人所穿襯衣，道理十分簡單易懂。但是常常這麼簡單的問題，卻會在電路板製作中產生爭議。

　　設備使用或底片設計，較常聽到電路板業者抱怨：「我的底片一向尺寸很穩定，但買了新曝光機後老是曝偏」，而曝光機設備商的講法則是：「我在別家都沒有發生這種問題啊！可能有電路板、底片尺寸穩定度問題吧！」。所謂尺寸搭配不良，對曝光製程指的是底片與電路板尺寸與對位靶不搭配。就像人偶爾穿自己的衣服也會覺得緊，因為吃飽或沒吃、冬天或夏天，我們身材胖瘦是會不一樣的。當然衣服能有鬆緊彈性，就較容易感覺疏適合身，但這種邏輯無法套用到電路板曝光對位作業。

電路板尺寸變異的影響

　　在電路板曝光對位作業時，會先假設電路板尺寸應該維持在相當好的穩定性下。然而電路板基材是複合材料構成，除了自然熱漲冷縮外，也會有殘留機械應力及製造中樹脂聚合造成的各種尺寸變化。電路板的尺寸控制，討論應該是一個範圍而不是單一數字。如果電路板製作尺寸精度要求高，電路板的尺寸分佈範圍就應該小。電路板製作者如果沒有對電路板尺寸穩定度做統計控制，對位偏差發生風險會相對提高。

底片尺寸的問題

　　曝光用底片，是電路板曝光製作精準度重要的部分。日前業界較常用的底片有黑片、棕片、玻璃底片等不同型式。玻璃底片因為單價高，除了非常高階產品一般都不會使用。

手工對片則常會用棕片，因為它呈現半透明且較耐刮適合手工操作，另外它製作成本便宜也是使用的重要因素。由於自動光學對位設備逐漸普及，黑片使用普及性大幅提昇，這種一次片(直接由繪圖機產生的底片)的用法，對尺寸控制精度較有利，當然它的製作成本高於棕片一點。這類底片因為材質採用厚度約為 7mil 的膠片為基材，膠片本身的物理變異大小就成為曝光底片尺寸穩定度決定者。

兩者間的關係

不論底片或電路板，只要其中一邊尺寸比另外一邊大，就會發生配位不良問題。這種不搭配的問題，又可分為作業前與作業中發生兩種，若是在作業前就已經發現搭配性不良，這種不搭配應該歸類為第一種尺寸搭配不良，就是底片與電路板尺寸不搭配狀態。當然就算板邊與底片邊緣參考座標完全搭配，也不代表整體內部線路或孔位一定就搭配良好，因為電路板可能會有不均勻變異及鑽孔位置變異問題存在。但是電路板邊工具座標與底片設計的定位點搭配良好，是整體位置搭配的基本條件。

電路板尺寸變異粗探

電路板尺寸變異量會有累加性，底片與電路板不搭配的問題，在外層線路與止焊漆製程特別容易發生。傳統內層線路製作，因為採用底片對底片作法，因此除非底片本身有差異，否則沒有與電路板間對位問題。但是目前有相當比例電路板產品，採用高密度電路板 HDI 設計，若這類產品在內層製程製作，則電路板與底片對位問題，在內層製程依然存在。

電路板材質是複合材料，它的尺寸變化量未必是均勻的，這是電路板尺寸主要變化不均勻的重要因素。另外在外層線路製作時，因為要對位的標的物是鑽孔孔位，它的偏差量也會產生座標系統差異，這些都可能使底片對位產生偏差。另外電路板尺寸漲縮若有固定趨勢，則業者會進行製作尺寸補償，但如果尺寸分佈偏大就無從補償，這樣配合度必定會有偏差問題，並不容易解決。不過一般狀況下，只要允許公差不是太小，電路板邊緣的對位基準如果能落入作業設定配合範圍內，多數不應該會有對位破出的問題。

以上這些討論，主要是針對底片與電路板的尺寸變異作討論，如果在作業前能夠先確認搭配性是否良好，之後再進行後續作業探討才有意義。

10-3 作業中的變異探討

如果電路板與底片兩者尺寸搭配性在作業前是搭配良好的，但在作業中卻發生對位不良現象。在手動作業方面，可能是人員對位作業問題，或是曝光抽真空、操作移動中等程序，相對位置固定後發生的再度移動問題。在自動對位系統，則可能有設定參數過鬆、確認對位精度後再度移動等問題 (對位後曝光前再度進行對位確認，是目前多數自動曝光機的標準功能)。

10-3-1　典型對位偏差模式的探討

如果事前已經確認底片與電路板對位落在接受範圍內，但作業中卻發生對位偏移問題，這時候就必須探討人員與設備的問題。常見的自動曝光機典型對位偏差模式，如圖 10-2 所示。

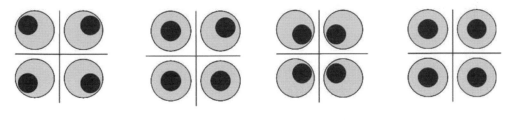

(1)底片比板面小　　　(2)板面或底片扭曲　　　(3)底片比板面大　　　(4)對準度良好

▲ 圖 10-2　幾種典型的曝光機對位偏差模式 (黑點與黃點各代表底片與電路板記號)

當底片與電路板的整體尺寸，是大致處於均勻漲縮狀況下，理論上如果機械或人員作業正常，較會發生的狀態如圖 10-2 所示的四種狀況。最佳狀態是圖中 (4) 所呈現的完全對正狀態，這個狀態所有板內線路或孔位都應該獲得最佳配位度。如果電路板本身已經產生較大漲縮，或者底片因為溫濕度關係產生較大漲縮，則會產生如圖 10-2 中 (1)(3) 的現象，當然這種狀況是假設對位均勻分配偏差的狀況。至於圖 10-2 中 (2) 所呈現的情況，則表示電路板或底片有不均勻外型變化，因而使得單邊對位產生偏差，這種現象也有人稱為「吊角」現象。

這些對位的假設狀況，都是在理想模式下呈現出來的，記號型式隨各家電路板商的設計而不同。實際作業狀況，其實對位的狀況都是呈現不一致關係，因為所有曝光設備對位規則，都是採取配位度進入允許公差就曝光的作法，而不是採取最佳化對位作法。因此不論是人工對位或設備對位，只要公差已經落在允許範圍內，自動設備就會進行曝光作業。至於與人員操作或是設備作動有關的對位偏差，典型現象如圖 10-3 所示。

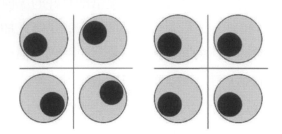

(1)對位旋轉　　　　(2)對位偏單邊

▲ 圖 10-3　典型與人員操作或設備作動有關的對位偏差

　　當曝光成果出現旋轉或方向偏移性對位偏差，就代表作業程序的位置配合度可能產生變異。這類現象一般在手動作業較不容易發生，但在自動對位設備上卻可能會發生。因為機械作業是利用固態攝影機做配位度影像擷取，取得的影像經過程式比對計算，就會利用移動平台做微量位移對位度調整，一直執行到對位度進入允許公差範圍內。或者在設定對位次數下，沒有進入公差範圍就會做剔退動作。不論發生何種對位模式偏差，如果是依賴自動對位設備，設備就應該負擔兩種主要責任：

　　其一是應該維持曝光框環境穩定，這可以讓底片維持在穩定尺寸狀態，不至於產生底片變異問題。其二是在底片尺寸穩定下，如果電路板尺寸變異也在期待範圍內，則曝光機應該能夠順利將兩者配套進行曝光。至於電路板尺寸變化過大，或鑽孔位置偏移量過大這類問題，電路板製作商應該要做自我電路板尺寸穩定度管控，與曝光機商爭議並無益於問題解決。

10-4　自動曝光對位偏差的解析與應對

　　曝光作業配位度問題，在實際作業中會有相當多不同變化，我們可在後續的案例探討中做討論。一般狀況下，筆者會先假設自動曝光對位設備是在正常狀態，當發現對位不良時建議做參考機械試車作業處理程序，概略程序邏輯如圖 10-4 所示。

　　電路板曝光機操作，首先應該要做底片安裝正確性確認。如果底片伏貼性不足，容易產生漏光、線路偏移、對位不佳等問題。其中尤其會在吸真空的過程，產生位移而影響曝光準度。因此應該在作業前確認底片安裝狀況，同時也要確實做底片清潔，以免產生重覆性缺點問題。

　　如果安裝沒有問題，就可做配對確認。如果在手動對片作業模式下發生無法搭配問題，當然可直接判斷是底片與電路板不搭配。如果是發生在自動或半自動曝光機，則可以將底片拆下來與電路板用人工比對，如果還是發生配對不良問題，則可判定為兩者不搭配。底片與電路板不搭配的問題，與曝光機不產生關係，而是底片與電路板間尺寸本身問題。較小心的作業人員或公司，多數根本就會將對片當作基本工作，在安裝底片前先直接完成確認，而不是在安裝後發生問題才做瞭解。

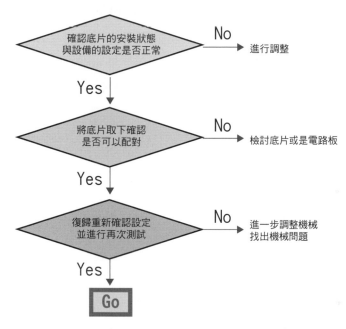

▲ 圖 10-4　當發現對位不良時可以遵循的參考處理程序

　　對位不搭配現象，必須分析是電路板還是底片帶來的問題，瞭解後再做實際改進才會有效。一般較容易發生的不均勻 (扭曲) 變形或尺寸分佈變異過大問題，多數都出現在電路板自己。但如果在作業過程中，底片受到溫濕度變化影響或者作業人員操作拉扯，則所產生的變異也是需要考慮的部分。這兩者在不同廠商與曝光機種，都會有不同貢獻，解決問題時必須仔細切割肇因，才能有機會確切改善。

　　底片尺寸變異問題，在手動機作業，較會來自貯存與操作產生的變化。至於自動機，因為底片一直都架在曝光機上，因此手工操作產生的尺寸變異機會較少，但在溫濕度變化的影響反而較容易累積。如果環境控制不好，底片尺寸變異常是對位不良重要關鍵。某些電路板廠商，為了底片尺寸變異問題與曝光設備商多所爭執，但這些問題不是單方可獨立解決的。其中尤其是在設備的環控方面，如果希望達成穩定的水準，就必須雙方合作搭配。

生產大環境狀態是由電路板廠提供，而小區域環控則可在完成大環境控制良好後，才有機會保持穩定。常聽到設備商受外在環境困擾，被要求設備必須做到很嚴苛的環境控制。但大環境如果給予過度惡劣狀態，設備商很難有機會做好小環境穩定控制，整體環境的問題設備商較難著力，需要電路板商支援搭配才有機會。

底片漲縮行為及電路板尺寸變化，都不會與金屬、無機物等材質相同。曝光用底片有機材料會在漲、縮行為循環中，產生一些永久性尺寸變異，不會隨溫濕度復歸完全還原。因此如何讓作業中的底片，所產生的漲縮變異能保持最低，是維持底片品質的重要管制關鍵。至於電路板尺寸穩定度，就需要電路板商做個別製程控制改善。其中多數製造商較可共同努力的，是改善基材尺寸穩定度及壓板製程穩定度。這方面多數電路板商都知道，但卻沒有落實在實際常態作業中。或者會因為成本因素考量，造成物料供應管控放鬆，產生尺寸不穩定後遺症。

10-5 曝光製程案例的探討

10-5-1　內層製程曝光作業

以目前多數公司做的硬式電路板程序而言，內層板製作是以內層基材，利用影像轉移技術製作。因為這個製程，電路板材料還沒有相關座標出現，因此不需要做底片對電路板對位工作。手動作業，傳統製作方法會採用所謂「三明治」作業，將上下兩面底片做人工對位，並用雙面膠帶黏貼固定相關位置。兩張底片間會夾入一條長基材，厚度與要生產電路板厚度相當。這種作法是假設每次開合底片都能復歸為原有的相關位置，讓兩面的相關位置保持在應有的對位水準上。曝光操作的作業結構，如圖 10-5 所示。

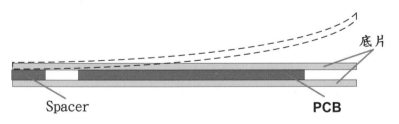

▲ 圖 10-5　典型的三明治曝光法結構

這個製程位置偏移有兩種可能性，且與電路板基材本身狀態沒有太大關係。底片對位不良當然是其中最先被考慮到的可能問題，另一個問題會出現在底片漲縮不一致或作業中偏滑問題上。這個製程的底片製作，一般公司都會採取大型底片製作法。他們將對位點製作在電路板基材範圍外。因為內層板本身沒有線路，因此當進行對位時，只需要做底片間對位控制即可。目前業界所用的自動曝光設備，因為採用固態攝影機監控，在曝光前都會有影像對位狀況監控，如果對位偏離設定允許公差範圍，設備就不會進行曝光。另外因為機械重覆性好，基本上對位準度都可保持在一定水準內。

但是自動化設備也有一定風險，因為曝光機內部受到持續作業影響，會有累積餘熱問題，這些餘熱會使底片產生尺寸變異。如果漲縮均勻，尺寸變化又小，理論上對位準度應該可保持在期待值內，但這些大大小小的變化，會成為後續壓板對位的問題。如果上下底片不幸產生的是不均勻漲縮，則整體對位就會偏離無法作業了。一般自動電路板內層曝光設備，只要環境控制得當，多數都可保持在應有對位水準。但如果有環境控制差異或曝光框機構強度與復歸性不良，則容易產生對位偏移缺陷。這類問題在業者間時有所聞，但除非影像系統作用發生問題，否則都會在曝光前就攔截下來，這只會影響產能而不會發生層間曝偏問題。圖 10-6 所示，為典型的內層板曝光層偏的問題範例。

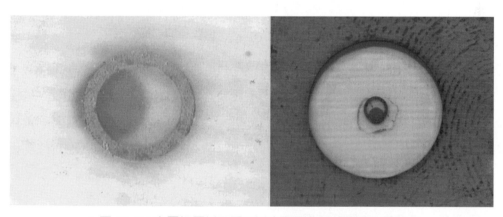

▲ 圖 10-6　內層板層偏問題可以由兩面的銅墊搭配性看出來

在設備功能性的爭議，如果有對位時間過長或有無法進入理想對位範圍的現象，就應該進行底片及設備狀態確認，程序如前文所建議的方法進行。除了設備機構性外，較容易發生的問題，會出現在曝光框強度與平整性。由於曝光框結構設計十分多樣化，不同設計出現的問題狀況都不盡相同。

一般自動機曝光框，不會採用膠膜封閉製作型式。較常見的自動機曝光框結構，會採用壓克力框或玻璃框結構。尤其是壓克力框設計，用久了會產生永久變形與耗損現象，因此使用類機構就必須要有頻繁保養與換框準備。目前玻璃框設計已經相當普遍，因為結構強度等優勢，確實可讓曝光品質保持一定水準。但曝光玻璃相對會較脆，抽真空及操作產生的破裂損傷風險，卻是作業者必須相當注意的。

10-5-2　外層製程曝光作業

外層與內層製程間最大不同，是外層線路製作時內部已經有既有線路座標位置必須遵循。一般外層線路對位基準，會以鑽孔製程所製作的基準孔為基礎做對位。問題是傳統機械鑽孔，實務上不是單片製作，且有多軸與多台作業特性。這些變異因子，加上機械本身就具有的固有誤差，位置精度本來就會呈現常態分佈狀態。鑽孔後電鍍前的處理，又有除毛頭對電路板面做清理，這會再次對電路板尺寸分佈產生影響。對多數商用電路板，目前設計厚度多數不會超過 1.0 mm。較厚的電路板因機械強度優勢，可保持較低刷磨尺寸影響。但對於較薄的電路板，經過這種刷磨處理就較容易產生偏大尺寸變異。

這些尺寸變異，多數都不會是線性的，且還可能具有特定方向性，這種現象對後續外層線路的曝光對位當然會產生影響。有部分電路板產品，在電鍍完成後會進行通孔塞孔作業。這些作業又會涉及烘烤及刷磨處理，對電路板尺寸變異也有貢獻。這種種變異累加起來，如果沒有良好電路板尺寸管控，根本就無法在外層線路曝光時順利做靶標對位。

曝光對位不良的遠因與對策

某些廠商只將對位問題單純化為曝光對位不良問題，這種看法是有待商榷的。如果產品尺寸在作業中變異很大，卻要另外個固定工具完全與該產品在製作中搭配，這種想法無異於緣木求魚。對於外層線路曝光對位能力解析，必須針對各個不同貢獻因子做檢討，並利用統計分析手法做計算，這才能夠保持外層線路曝光良好對位度。一般對位解析數學關係式如後：

$$\sigma_t{}^2 = \sigma_{Drill}{}^2 + \sigma_{Laser}{}^2 + \sigma_{Film}{}^2 + \sigma_{Alignment}{}^2$$

公式所列的是整體偏差量與個別因子關係，外層線路的整體曝光配位度變異量，為鑽孔、底片、曝光機對位變異的總和，這種分析並不包括次要的干擾因子在內。要改善外層線路對位度，必須對個別因子做掌控並予改善。如果只是要求曝光改善，而忽略其它因子貢獻，問題會一直存在無法排除。而這種分析也並不包括電路板漲縮、底片漲縮、刷磨尺寸變異等因子，或者可解釋為這些因子已經包括在對位這個變異數中了。

每個個別尺寸變異因素，還可再進行更精細分析與個別改進。因子分析得愈清楚，改善可能性就愈大。如果只是專注於曝光作業本身，卻不去檢討或面對其它因子，則要進入較高階產品領域會有困難。圖 10-7 所示，為外層線路曝光偏移與正常的比對狀況。

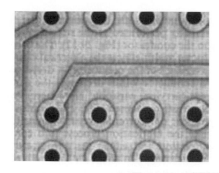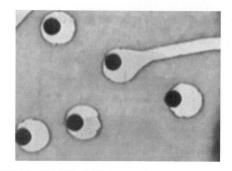

▲ 圖 10-7　外層線路曝光偏移與正常的比對狀況

10-5-3　綠漆製程曝光作業

電路板產品綠漆的製作目的，是為了保護線路同時將必須組裝的區域與非組裝區域區隔開，覆蓋區域可防止焊錫污染沾黏並保護線路。一般傳統電路板因為允許公差大，部分甚至直接採用印刷法生產，但較精密的產品就必須做影像轉移處理。由於成本及填充性考量，目前業界除了特殊用途外，幾乎都完全採用液態止焊漆製作法加工。製作程序會採用塗裝法將油墨覆蓋到整面電路板，之後做預烘、除溶劑程序，冷卻後就可做曝光影像轉移處理。

由於預烘過程其實油墨已經有初步收縮作用，加上電路板受熱會有局部釋放應力作用，這些現象產生的影響，對綠漆曝光對位作業當然有直接衝擊。尤其綠漆作業已經是電路板接近完成階段，所有前段製程尺寸變異的累積會全部在此出現，此時要想精密的做對位，困難度當然相當高。一般對位工具系統，仕綠漆作業的參考座標，會銜接外層線路保留的座標參考點，但因為外層線路製作後又經歷了多個不同製程，在顏色與位置上都會有明顯變化，而這些也都會影響實際綠漆曝光精準度。

某些廠商為了節省材料，發揮較高的材料利用率，會將邊料保留尺寸縮小到最低程度。這種處理法，有時候會有靶標缺損風險，或是保護不全顏色變異等影響，這些現象先天上就會讓曝光作業產生問題。如果是用人工作業，有時候可以靠經驗做調整。但如果要大量生產高精度產品使用自動化設備，就沒有這麼單純。許多廠商會要求曝光機製作商改善光學系統，解決靶標色差問題，理論上設備商當然要努力做這類能力成長。但電路板商如果能在電路板設計與處理上改善，應該更有助於製程順利進行。

目前一般電路板綠漆允許對位偏差量，都設定在約小於 2 mil 內。但對於較高精密度構裝載板，需要對位精度已經有低到 15μm 的水準。這種訴求，對一般曝光系統是非常吃力的工作。多數廠商在如此狀況下，已經開始用玻璃底片做曝光，這樣可以增加底片尺寸穩定性，並增加透光率，也可讓曝光效果更佳。但玻璃底片不是良好對位度的萬靈丹，如果電路板的尺寸變化過大，還是沒辦法達成高對位度。

目前對於這類應用，廠商有各種不同應對方案。部分廠商採用局部曝光法，用分區做曝光。有些廠商嘗試先做電路板尺寸分析與分組，分組後的電路板以不同補償係數底片做個別曝光。較先進的作法，則是採用所謂步進式投射曝光。由於對位精度需求高，同時綠漆處理時的電路板，其本身平整性就比一般內外層線路差。加上曝光需求能量比較高等因素，如果能使用投射式分區曝光法，不但能克服平整度問題，且對位精度也較不受電路板尺寸變異限制。這種作法還有另一個好處，就是投射式曝光較不會受到曝光異物影響，因此相對曝光瑕疵會較少。

由於綠漆曝光需要的能量較高，因此相對累積內部能量較多。在這種狀態下，如果採用塑膠底片作業，尺寸變化會相對較大。這方面如果是製作精度較高的產品，曝光機可能必須要考慮強化曝光區域的散熱功能設計，同時必要的時候必須在固定曝光次數後更換底片，以降低底片尺寸變異影響。

較高價規格嚴謹的電路板，目前業者已經採用 DI 類曝光機應對。這類設備，過去因為高曝光能量問題，燈管壽命受到極大考驗。經過多年的改善，目前在散熱與效率方面都大幅提昇。因為屬於數碼曝光設備，可以隨機針對偏差做補償。目前業界可用的 DI 設備，已經可以對單片電路板做 16-64 區塊分割的曝光。因為分割作業的軟體能力提升，機械對位最佳能力，宣稱已經可以達到 5μm 以內。不過 DI 本身的能量密度偏低，設備單價又高成本還是居高不下，因此普及率還待提升。想要全面用這類設備免除底片困擾，恐怕還有得等。

10-6 小結

　　良好的曝光對位是電路板影像技術中必要條件，如何讓外在變異因素縮小，是達成良好對位的第一步。穩定底片尺寸、電路板尺寸，精確鑽孔位置與座標搭配性，都是達成曝光進入規格的先決條件。如果曝光製程能先做這方面的確認，實務作業就可以針對實際問題做檢討改進，而不會受到 "基本條件是否已經具備？" 這種簡單的問題牽絆。解決問題，必須有直接面對實際問題的認知。一時之間的爭論勝負，未必就能真的把問題解決，唯有將問題核心真的檢討出來，才能將問題確實釐清並從製程排除。

　　曝光對位問題，一直是影像轉移技術頗具爭論的議題，但執行者應該將問題簡單化，對不同段落發生的問題作個別釐清。混合所有現象，只看結論就判定問題出在材料、設備、操作上，這些都不是正確的工程態度。筆者的經驗是，一個完整穩定的製程都是對材料、設備、工具、製程、控制方法等工作有良好掌控下，才有機會達成的境界，這些問題其實沒有表面這樣單純。除了本章所羅列的簡單曝光對位模型，曝光議題應該還要包括尺寸穩定度、作業寬容度、缺點解析、材料選用、參數調整、前後製程搭配等，要對曝光製程有較深入的瞭解，這些都是值得涉獵的領域。

CHAPTER 11

顯影

11-1 原理

　　未曝光區域的光阻會利用噴流碳酸鹽溶液，以化學及機械法選擇性移除，處理後會留下光阻影像在板面，製程中有時需要用消泡劑。未曝光區的反應清除時間或稱為 " 反應完成點 "，是重要顯影特性值。顯影後會有水洗，將未曝光殘膜及顯影液清除。之後會有一道乾燥程序將表面殘水去除，並產生表面硬化作用，這可使光阻在蝕刻及電鍍中有較佳表現。圖 11-1 所示，為內層基板經過顯影後將要進入蝕刻製程的狀態。

▲ 圖 11-1　內層基板顯影後將要進入蝕刻

11-2 重要變數

　　顯影液的化學反應會依據溶液化學組成及操作溫度決定，顯影液的化學成分受到新鮮藥液配製及溶液內光阻負荷量直接影響。新鮮的藥液可依據需要濃度做調配並用定量泵浦補充，至於作業的藥液一般都用酸度計 (pH meter) 做偵測，並啓動補充與溢流機制。如果光阻資料建議使用消泡劑，可用定量泵浦或直接人工添加法進行，一般典型補充濃度爲 1 ～ 3 ml/l，可依據使用消泡劑的不同適度調整。以酸鹼滴定法做有效碳酸濃度偵測，可獲知有效化學作用濃度，並可作爲啓動補充信號指標。光阻總負荷量，也可作爲藥液控制重要因素。

　　反應完成點 (Break Point) 偵測，是一個有效確認作業動態的方法，部分設備還會爲了容易觀測這個參數做特殊設計。兩種典型偵測法包括手接觸確認反應完成與否的方式，及利用水溶性筆製作記號觀測是否反應完成的方式。關鍵的變數方面，機械性行爲中以噴嘴對光阻表面噴流產生的衝力最重要。這個變數包括板面水滯效應影響、噴壓、噴嘴與板面距離、噴嘴設計、噴嘴排列方式、搖擺、噴流角度、光阻厚度、線路設計等都會影響顯影效果。顯影一般不會控制前述所有變數，主要控制方向會以反應完成點、噴嘴清潔度、噴壓及光阻顯影後外型作爲控制指標，當然後製程光阻的表現，也會回饋作爲控制調節的參考。圖 11-2 所示，爲顯影後的電路板狀況。

▲ 圖 11-2　顯影後的電路板狀況。

11-3 ∷ 曝光後的停滯時間與停滯狀態

　　顯影製程主要是依賴物理與化學力，進行未曝光區域的光阻去除，顯影完成後希望能產生平直完整的側壁狀態。去除細微光阻溝道中的殘膜，對顯影製程是個挑戰性工作，這必須靠選用恰當光阻配方及作業條件來提昇能力。如前述理論解析，乾膜停滯時間過短，有可能結合穩定度尚未達成，對於乾膜的站立能力不利。但是停滯時間過久，有可能產生銅鹽類導致顯影或剝膜問題。一般的建議，希望在曝光 4-8 小時內完成顯影處理較為安全。

　　曝光完成的板子，有些廠商會堆疊放置，這種作法理論上沒有太大的問題。但是比較建議採用 L 型擺放架做暫存，避免大量電路板重量壓制產生不良影響。

11-4 ∷ 提昇藥液對曝光區與非曝光區的選別性

　　曝光製程是用來提昇光阻對抗化學性的對比，負型光阻曝光區可承受顯影及蝕刻或電鍍製程化學品處理，仍然能在製程中完成選別功能。曝光後可利用不同方式強化或減低對比性，如果將曝完光的光阻曝露在高溫下，會使非曝光區產生聚合，有可能會無法顯影甚至無法剝膜。換言之如果適度延長曝光後停滯時間或短時間烘烤，有可能可以強化光阻的對比性。

　　這種作業可經由熱滾輪適度加溫，或用約 90℃ 熱水浸泡一分鐘就可達成。圖 11-3 的機構解釋，可說明光阻膜改善對比性的理由。

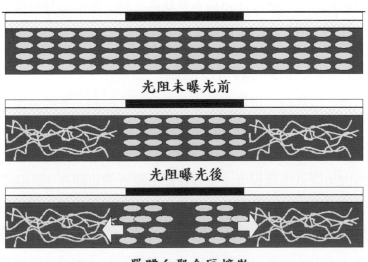

光阻未曝光前

光阻曝光後

單體向聚合區擴散

▲ 圖 11-3　單體在聚合過程的擴散行為

　　光阻膜在曝光過程產生了交鏈作用，聚合塑化劑產生網狀結構並消耗曝光區單體。在提供足夠時間與溫度狀況下，鄰接未曝光區的單體會擴散到曝光區。單體相較於塑化劑都是較不具極性的物質（具有斥水性），因此當單體受熱產生擴散作用的過程，會使曝光區聚積更多的斥水性物質，相對的非曝光區因為失去部分單體而使親水性提高更易於顯影。

　　並非所有的光阻都有這種性質，對於塑化劑與單體具有相對不同極性的配方，如果單體本身又具有較佳擴散性，這種配方光阻就較適合用這種加熱法處理，而處理後也可獲得較佳解析度。加熱法同樣可用於加速雷射直接曝光的速度，如果在較熱狀況下雷射曝光能量可降低。

11-5　負型水溶性光阻的基礎

11-5-1　過度顯影的危險性

　　即使經過曝光對比提昇處理，水溶性光阻膜仍然會有過度顯影危險。如果在顯影液中作過度處理，曝光區光阻仍會因為化學品攻擊產生局部傷害，因此顯影時間就有一定限制。間接的顯影時間指標，以顯影反應完成點（恰好清除未曝光區光阻膜的處理線長度百分比）為準。顯影反應完成點的位置愈後面，顯影液會攻擊曝光光阻的時間愈短，水溶性光阻膜顯影反應完成點會設在 50% 或更後面。一般光阻曝光區頂部，會比底部有較高聚合度，因此底部對於顯影液抵抗力會較弱。不僅是顯影反應完成點必須注意，整體光阻浸泡在顯影液中的總時間長度也應該認定為重要變數，為了搭配這種時間控制需求，顯影效率必須靠藥液濃度控制、噴壓、噴流位置配置等因素控制。

11-5-2　因光阻膨潤所導致的解析度限制

　　曝光區域受到顯影液膨潤，這種現象會導致解析度限制。光阻會因為側向膨潤而造成影像線路變窄，一般可能會產生單邊 10 ～ 15μm 寬度影響，因此會減損大約 1mil 解析度能力。細緻與獨立的線路，也可能因為膨潤影響，使底部不該脫落的光阻因為應力而脫落。較短顯影液時間可降低膨潤程度，至於在顯影後水洗可能產生的膨潤也應避免。如果使用去離子水作第一道水洗，水會因為滲透壓關係快速滲入光阻，同時對載有高濃度顯影液的光阻產生稀釋作用。為了避免這種事情發生，第一道水洗最好有一點離子含量在內。

　　明顯可看出離子濃度不可來自鹼性物質，因為那等於是繼續顯影處理，當然離子也不可以來自酸，因為會使殘膜產生不溶性而造成殘膠問題。因此中性鹽類會是較期待用的來源，如：200～350 ppm 的碳酸鈣硬水就是不錯的選擇。過高硬度容易產生噴嘴的堵塞，當硬度降低時可以用鹽類補充之。

曝光過的光阻應該在水洗及乾燥時定型，這是一個重要步驟，但卻是許多人認知不清的步驟。這個步驟是將顯影物理化學反應停止，使光阻表面降低溶解度，將膨潤狀況降低同時利用乾燥強化光阻機械強度及後續抗化蝕刻或電鍍能力。要停止緩慢顯影在第一道水洗繼續作用，必須避免鹼度在水洗中累積。經由離子交換可形成不溶性塑化劑 (Binder)，因而停止繼續溶解，水洗水硬度就可幫助這種作用產生。可溶解的碳酸鈉與塑化劑混合鹽類，會轉化為不溶性鈣鎂鹽類。如果第一道水洗硬度不足，則第二道水洗可考慮加入微量酸，酸會讓碳酸鈉與塑化劑鹽類變得較具斥水性，可以停止顯影反應繼續發生。最後的乾燥讓光阻水分降低，並讓強度提昇提供較佳物理強度，能承受蝕刻與電鍍。

11-6 ░ 水溶性顯影液的化學特性

水溶性光阻是以稀釋碳酸鹽溶液做顯影，不論使用碳酸鈉或碳酸鉀都可以。我們可用碳酸鈉做反應說明，而碳酸鉀會有類似反應。碳酸鈉一般是粉末狀材料，而碳酸鉀則多數是以高濃度液體供應，這是因為碳酸鉀在水中的溶解度較高所致。不論使用何種鹽類作業，用稀釋溶液顯影是相同的。當碳酸鹽溶解到水中，會產生氫氧化鈉與碳酸氫鈉的平衡狀態，其反應如圖 11-4 所示，因此產生弱鹼性溶液。反應不會過度向右邊進行，因為氧根比碳酸根具有更高抓氫能力。藥液 pH 值會隨溶液內總碳酸根含量而變，愈高的碳酸根濃度就會有愈高的 pH 值。

$$Na_2CO_3 + H_2O \rightleftharpoons NaOH + NaHCO_3 \qquad (1)$$

$$\begin{array}{c} -(CH_2CH)- \\ | \\ O=C-O-H \end{array} + NaOH \rightleftharpoons \begin{array}{c} -(CH_2CH)- \\ | \\ O=C-O-Na+ \end{array} H_2O \qquad (2)$$

光阻內的　　　　　　　　　可溶性的
羧酸根　　　　　　　　　　羧酸鹽

▲ 圖 11-4　碳酸鹽溶解顯影的反應狀況

水溶性光阻配方中，時常會在塑化劑或單體加入羧酸根 (R-COO-)，這些酸根會在顯影液中產生溶解性鹽類，使得未曝光區產生溶解度。曝光區因為含有較高平均分子量及鏈結度，顯影液不容易如未曝光區一樣產生快速溶解。當曝光過的光阻進入顯影液與碳酸液接觸，鹼與羧酸作用產生羧酸鈉鹽。圍繞在鈉周邊的水分子會將此鹽溶解，這個行為膨潤了塑化劑並讓它產生溶解性。傳動設備的噴流系統產生清洗作用，輔助了顯影作用將表面溶解的光阻從板面清除，且可帶入新鮮碳酸液讓底層材料開始作用。

非曝光區的光阻顯影，氫氧化鈉會因為形成羧酸鹽類而消耗，使得反應式向右推移，因而碳酸鈉會持續消耗，碳酸氫鈉則會增加。因為氫氧根的濃度降低使溶液 pH 值降低，pH 值可作為溶液平衡狀態變化指標。儘管鹼度降低後仍然可有顯影作用，但顯影的速率大幅減低使得用老溶液繼續顯影不切實際。

曝光區的光阻也會被顯影液攻擊，只是因為曝光使這些區域光阻溶解度相當低。一般顯影會在短時間內完成，電路板顯影時間會在一分鐘以內，這種時間長度對曝過光的光阻影響不大。但如果曝過光的光阻在顯影液停滯時間較長，仍然有膨潤與被攻擊的問題，過度顯影就是用來描述這種現象。

11-7　顯影槽中噴流的功能

顯影槽中噴流機構主要提供幾個功能，機械功能主要是希望能將剛溶解的光阻移除，也希望提供新鮮藥液到要溶解的光阻表面，經過這種過程線路的邊緣外型會逐漸呈現。顯影較細線路，細緻線路容易滯留液體，特別是當間隙深度較高時更明顯。良好噴流系統可幫助細小不易清洗的殘膜去除，也可將新鮮藥水帶入間隙中。最佳化的噴流設計在不同設備出現，各個設計都有其優劣性。較典型的噴流設計，採用固定噴嘴陣列配置設計，作業中會做平行式搖擺或轉角式搖擺，目的都是為了要獲得均勻噴流分布，並能強化藥水的置換率。圖 11-5 所示，為典型搖擺噴流模組作業情況。

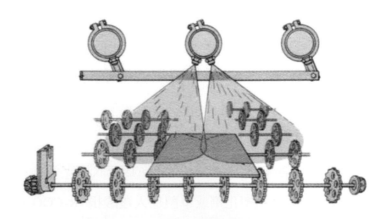

▲ 圖 11-5　典型的搖擺噴流模組作業

一般作業模式會提高噴流表面速度，藉以降低板面水滯效應層厚度，噴壓及噴嘴選擇會直接影響噴流表面衝擊力。扇型噴嘴設計會獲得較高衝擊力，錐形噴嘴衝擊力會低一點，反射式噴嘴衝擊力更低。圖 11-6 所示，為三種典型噴嘴噴壓表現示意

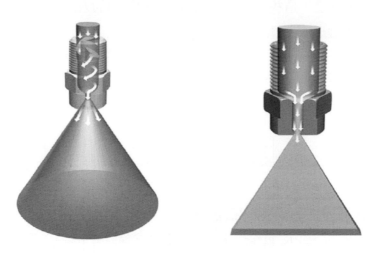

▲ 圖 11-6　不同的噴嘴所呈現的噴壓表現

然而噴嘴選擇仍然有不同考慮，直接式扇型噴嘴噴流覆蓋面積較窄，因此必須用大量噴嘴達到良好覆蓋率，一般錐形噴嘴多數都有較大覆蓋面積。圖 11-7 所示，為典型扇形噴嘴配置狀況。

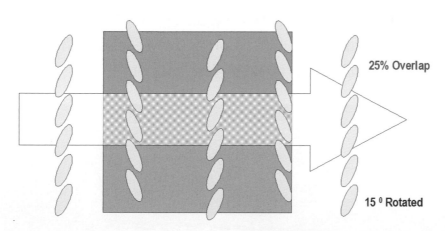

25% Overlap

15 ⁰ Rotated

▲ 圖 11-7　典型的扇形噴嘴配置狀況

噴嘴配置一般都希望達到最大覆蓋面積，但不希望產生交錯問題，因為交錯會使作用抵銷。顯影液的典型噴流壓力約為 20 ～ 30 psig (1.4 ～ 2.1 bar)，可以用壓力表獲知實際運作狀況。在水平顯影設備中噴流上壓力，一般會用 2 ～ 4 psig (0.14 ～ 0.27 bar)，比下壓力略高一些，以防止電路板向上飄移造成傳動問題，同時較高壓力也可降低上方水滯效應

影響。作業時必須注意過濾器壓力變化，如果壓力差大於 5 psig 就應該換濾心。高衝擊力扇型噴嘴應該在水洗槽中適當使用，建議噴壓維持在約 25 ～ 30 psig (1.7 to 2.4 bar)。噴流相互干擾及傳動造成的噴流遮蔽，在機械設計及操作中都應該避免，部分薄板製程會採用安裝式支撐掛架輔助傳送，這些增加的零件都會採用交錯的方式安裝以降低遮蔽影響。圖 11-8 所示，為典型的錐形噴嘴噴流配置示意。

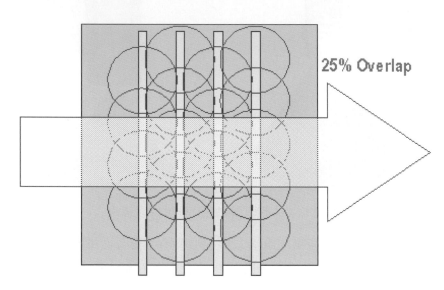

▲ 圖 11-8　典型的錐形噴嘴噴流配置示意

　　滾輪設計方面，不但有交錯設計同時厚度也會較薄，如果配置或設計不良都可能產生顯影問題。也因此部分設備設計乾脆將噴流區域空出空間不放傳動機構，使噴流干擾完全去除。圖 11-9 所示，為顯影液噴灑對於殘膜的影響狀況示意。

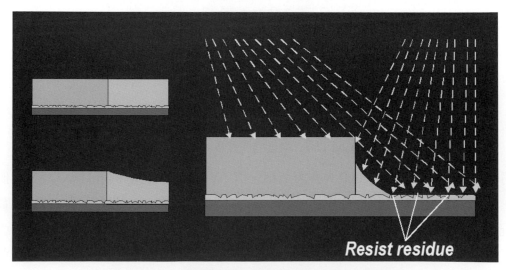

▲ 圖 11-9　噴灑角的變換可以改善顯影的均勻度

11-8 水洗的功能與影響

　　顯影後的水洗功能，主要是快速將板面析出的小量顯影液稀釋。一般顯影液水洗槽有多段設計，新鮮水進入最後一水洗槽，之後順著排列順序逐次進入愈接近顯影槽的方向。第一槽水洗水的狀態十分重要，因為從顯影槽中出來的電路板表面變化最大之處就在此。這道水洗硬度對光阻側壁外型及底部接腳處狀況會產生影響，若用硬度較高的水洗水，會對光阻顯影品質產生正面影響。當然有部分光阻對水洗水硬度，並非都如此敏感容易變化。硬度較高的水相對軟水水洗表現，具有以下的一些優勢：

1. 可以降低線路細碎外型
2. 可以產生較精確影像外型再現性
3. 可以降低蝕刻液的污泥含量

　　理想的顯影後水洗水硬度應該維持在 200 ～ 350 ppm 碳酸鈣平衡濃度，測試驗證較低水硬度做水洗會發生邊緣不平整現象，也容易產生較大光阻底部足部突出現象。硬度低於 200ppm 但只是略低時，未必會產生明顯問題，但是如果硬度繼續下降則會產生明顯影響。硬度高於 350ppm 也是不必要的，因為高硬度容易在處理槽產生水垢，造成噴嘴堵塞或需要較高頻率清潔。實驗顯示用軟水配置顯影液，並不會對光阻顯影品質產生重大影響，但如果用軟水做顯影後清洗會有明顯影響，如果使用軟水最好加入一點鈣鎂鹽類會有幫助。

　　如果硬水含有兩價陽離子如：鈣、鎂等，這些離子會成為水中緩衝劑穩定住水的 pH 值，並抑制進一步顯影作用。因為顯影後段會讓電路板帶入微量的顯影液 (pH 10.5 ～ 11.0) 到第一槽水洗水，這槽水洗會因此提高 pH 值。當使用軟水清洗，pH 值提昇會非常快速，而高鹼度會讓顯影作用在水洗槽延續，硬水相對可提供緩衝 pH 值功能。

　　這意味著顯影液帶入硬度較高的清洗水，兩價陽離子可延緩 pH 值的提昇速度，顯影作用也因較低 pH 值而變慢。使用硬水的另一個好處是，兩價離子進入光阻會形成溶解度較低的鎂鈣塑化劑鹽類，可以提昇曝光區光阻交鏈程度 (因為鎂鈣可與兩個羧酸基形成鍵結)，這些反應都會讓光阻側邊建立起較強固保護牆。

11-9 顯影後的光阻乾燥

　　經過清洗的光阻，其側壁還是濕潤柔軟的，且可能殘留一點顯影液的化學品，乾燥可使膨潤表面穩定下來，並讓光阻抗化學性變好。乾燥同時可將電路板孔內及表面水去除，可以防止氧化及不必要污染發生。有時候對特殊應用的光阻，還會採取後烘烤或再度曝光處理，強化其抗化學性及操作性。

11-10 ⋮⋮⋮ 液態光阻顯影的實際操作

為了方便，對一些常用詞彙必須先做定義：

清潔所需時間 (Time-to-Clean)

未曝光聚合光阻從板面去除的時間，一般是以秒爲計算單位。是否清除的判斷標準是以目視或依些輔助方法做。這個時間長短對生產工作十分重要，因爲與產出速度相關。對一定光阻這個時間不是固定數值，它只是用來定義穩定控制下的製程與設備狀態。

反應完成點 (顯影、蝕刻或是剝膜)

也是一個物質從板面去除的時間定義，當電路板送入反應槽，在反應槽中的某個位置會達成物質去除完全 (如：顯影處理將未曝光區光阻去除)。反應完成點這個詞彙，就是用來描述該位置在反應槽的所在。量測距離是以反應槽作用點開始計算，並以全反應長度百分比描述。如：如果電路板送入顯影槽，在顯影槽一半處非曝光區就完成了光阻去除，則顯影反應完成點位置就是 50%。

反應有效長度

一般人都會認定設備外型前後就是設備作業長度，但眞實的設備前段與出口都會有緩衝或擋水機構，因此實際有效作業長度應該以噴流或藥液實際可作用的長度爲準。

解析度 (Resolution)

這個名詞主要是描述製程可做出的最小線寬間距，不論顯影或蝕刻都一樣，有些標準測試板線路設計可供測試用。

11-10-1 進一步了解顯影的化學機構

顯影劑化學成分十分簡單，同種配方可以做多種光阻顯影。然而當兩種以上光阻混在一起顯影，就必須對其間相容性做確認。當不同光阻混合顯影，有可能會有幾種不預期交互作用發生。某些交互作用可能使氣泡產生量加大、攻擊光阻、顯影速度變化或光阻結塊，這些現象會影響解析度、線路再現性、光阻側壁品質及設備維護問題。多數光阻在作業時必須適度加入消泡劑，以防止過度產生氣泡對作業產生的困擾。消泡劑也必須確認其與光阻相容性，相容的指標包括：

- 不易清洗導致蝕刻困難或光阻在電鍍剝離
- 消泡劑在該光阻顯影液中的消泡效率

- 殘膜產生與回沾導致的銅渣問題

典型消泡劑是以多醇類為主，當然也有不同化學品有相同功能。這些消泡劑多數以定量泵浦直接打入反應槽，不會與濃顯影液混合進入，因為會產生不同的相而發生沉澱，這種做法使顯影液與消泡劑補充不易搭配。至於顯影劑是使用碳酸鈉或碳酸鉀的選擇問題，主要還是看對於顯影品質影響統計值而定，包括線寬間距穩定度及缺點率，兩者間是有一點差異。

如果使用碳酸鉀溶液做顯影，必須有較高藥液濃度才能達到同樣時間完成清潔的工作。幾乎所有目前市面上販售的專有顯影配方，都是以碳酸鈉為基礎配方，也常見配方會添加化學品延長藥液壽命，這種配方尤其對藥液光阻負荷、降低設備長垢等會有幫助。某些時候碳酸鈉結構會產生一點困擾，因為市面上可以買到兩種不同形式產品：

- 蘇打粉 (碳酸鈉 -Na_2CO_3)
- 含一個水的碳酸鈉 ($Na_2CO_3 \cdot H_2O$)

因為含水碳酸鈉比乾碳酸鈉重 15%，這就是困擾混淆來源，藥液濃度控制必須以純碳酸鈉量作為濃度標準，兩者間的差距必須作適當確認。乾碳酸鈉也會因為吸收空氣中的濕氣而變成含水物，為了保障作業正確性，新配藥液最好做滴定確認濃度準確性。

依據廠商建議值做藥液配製，最好在槽中加入溫熱水後加入碳酸鈉粉末攪拌溶解。若只加入冷水則最好不要直接將粉末加入，因為碳酸鈉在冷水中溶解度不佳，容易沉澱或造成堵塞，此時最好用另一個容器以熱水溶解後，再倒入反應槽混合，接著以足量水填充槽體到必要液位。完成後啟動加熱器並進行數分鐘循環，之後取樣做滴定確認。

11-10-2 化學品的控制

碳酸根 ($CO_3^=$) 離子濃度，被認定為有效碳酸離子濃度，當濃度降低時顯影速度會降低。總碳酸測試法是要偵測碳酸根及碳酸氫根總量，可使用酸鹼度計做滴定，也可用酚鈦及甲基橙作為指示劑滴定。由滴定終點酸耗用量，決定溶液內的化學成分濃度含量。

典型作法如下：

從槽液中取出 10 ml 樣本注入燒杯中，加入 100 ml DI 水並充分攪拌後放入酸鹼度計，以 0.1(N) 的鹽酸滴定到 pH 值為 8.2 後記錄耗用體積，接近滴定終點時必須減緩滴定速度，因為酸鹼值變化快。之後繼續滴定到 pH 值為 3.2 並記錄耗用酸量。有效碳酸濃度可用第一段耗用量計算，至於碳酸氫鈉濃度則可用總耗酸量減去到達 pH 值 8.3 所用的酸量計算。使用指示劑的方法，可遵循同樣原理進行。

光阻的負荷量

光阻負荷量是追蹤單位顯影液能處理的光阻體積量指標，一般人當然可以用立方英吋或立方厘米表示光阻體積，然而以電路板生產作業來說，用 "mil- 平方英吋" 作單位或許更實際，如果光阻厚度為已知，則可作業面積就可以知道了。如：新鮮藥液處理了 600 平方英吋光阻表面積，約有 50% 光阻在顯影中被去除，光阻厚度為 2.0 mil 的電鍍用光阻，則光阻負荷量為 600 mil- 平方英吋，當然同樣概念也可用公制單位呈現。

當光阻負荷增加，有效碳酸根量就會降低，會使顯影液活性降低並減緩處理速度，也會降低溶液 pH 值。經驗顯示光阻負荷量增加，對顯影完成時間會產生直接影響，新鮮藥液顯影完成時間相對較短。當負荷量到達約 2 mil- 平方英吋每加侖時，顯影作用趨於穩定狀態，一直到 12mil- 平方英吋每加侖前，速度都維持在相當穩定的狀態。當負荷量再增加，顯影需要時間明顯快速加長。pH 值在最初的 2 mil- 平方英吋每加侖負荷時會快速降低，之後與負荷量是線性同步降低模式。顯影作用在負荷量很高時仍會繼續作用，但在實際作業並不建議如此使用。

顯影藥液的 pH 值與有效碳酸鹽含量有相對關係，可明顯呈現藥液活性狀況，因此 pH 值是有效碳酸鹽含量良好指標，可進行有效碳酸根與總碳酸比例的追蹤。對於非連續式補充作業，顯影液組成並不會直接監控。顯影槽速度會在開始時作適度調整，讓顯影反應完成點出現在期待位置，之後監控顯影完成點變異，在適當時機更換槽液。由經驗得知作業的時間長短，可以用作業電路板量決定，這可以轉換成每單位體積光阻負荷量，在負荷量達到時就換槽。

如果是新配製的碳酸鹽溶液，在空轉循環兩天後並不會產生明顯活性碳酸根濃度變異。但如果經過顯影處理的溶液，則實際狀況就有不同，因為溶入顯影液的光阻會繼續消耗有效活性碳酸鹽類，即便是總碳酸鹽量仍然相同，但反應力依然會下降。

顯影液的補充與排放

典型顯影液濃度會維持在約 0.8 ～ 1% 的碳酸鹽重量百分比，在連續性補充溢流系統，作業者必須決定採用何種濃度碳酸鹽液 (一般為 25 ～ 45% 濃度) 及水補充量來維持顯影液強度。常態作業希望用作業濃度藥液打入操作槽，因此會在打入前製作適當混合機構控制其濃度，再打入作業槽中，補充水可以有部分是顯影的水洗水，以節約用水及用藥量。

　　顯影液操作主要依靠補充與溢流來控制，主要控制因素則是以控制多高的酸鹼值來維持顯影液強度為指標。例如：顯影系統可設定 pH 值為 10.5 時啟動補充液，至 pH 值為 10.7 時停止補充。顯影槽的傳動速度則依據這種狀態，設定出反應完成點出現區域。光阻供應商會提供光阻負荷量建議範圍，也會提供不同負荷量產生的 pH 值反應曲線。一般依據這種方式操作，大致可以符合實際作業需要，如果要更放心操作則定期手動滴定檢查也是個好輔助方法。

用氫氧根再生碳酸鹽

　　連續式進出藥液操作模式非常浪費，因為新鮮藥液會隨廢液排出，光阻的負荷量一直維持在低點 (如：6 ～ 12 mil-sf/gal)，同時會產生大量顯影廢液。因此部份廠商採用所謂再生處理，用以延長顯影槽壽命。添加了氫氧根，顯影液 pH 值會升高，同時活性碳酸鹽也會增加，此時顯影液整體表現會變回非常接近新鮮藥液。比較顯影後的線路側壁外型，新鮮顯影液與再生顯影液並沒有太大差異出現。有些實驗證明，每加侖顯影液負荷約 42 mil- 平方英呎時，以添加鹼液法做再生，可增加約 6 mil- 平方英呎處理量，但對於線路側壁品質並沒有明顯影響。這樣高負荷的作業法可能會同時帶來以下影響：

- 需要增加消泡劑用量
- 會增加顯影液污泥量
- 現存清洗系統可能無法有效清洗高負荷攜出物
- 有可能會有殘膜回沾風險

　　一般並不建議配製新液時採用碳酸鹽加上氫氧化物，因為 pH 值會提昇，且會讓先處理的電路板產生過度顯影問題。但如果真的要使用這種系統作業，則必須注意混流時不要直接讓電路板接觸高濃度溶液，否則顯影容易產生問題。比較適當的方法，是在添加前段作預混合作業，或在混流前段進行 pH 值監控，防止過高濃度藥液出現在顯影反應中。

11-10-3　顯影反應完成點的決定與控制

顯影反應完成點的重要性

　　顯影反應控制方面比較重要的事項之一，是反應完成點 (膜完全清除的點) 的控制。如果正在顯影的電路板在反應完成點後，仍然在顯影液中停滯過久時間，則過度顯影現象就會發生，其中尤其是藥液較強的作業。顯影反應完成的時間與延續在反應槽的時間配比，其實並不容易十分明確，但卻十分重要。因為反應完成點表達，是以顯影槽長度百分比為基礎，因此顯影反應程度似乎可以想像成與反應槽呈線性關係。但實際情況卻並非如此，更重要的因子是顯影反應完成點後電路板在藥液中的停滯時間。當顯影點到達時，光阻底部及線路側壁會曝露在藥水中，此時噴流藥水才能實際接觸這些殘留光阻，這對實際顯影品質而言，才是重要項目。

用實際範例可能較容易說明作業狀況，例如：假設反應完成點設定在 50% 處，反應點後的反應時間為 20 秒，若將反應完成點設定在 65%，代表的是必須將傳動速度增快同時後續反應距離也縮短，大約整體反應完成點後的反應時間會變成一半。相反的如果反應完成點向前推 15%，與 65% 相比就有可能產生大約 3.5 倍反應完成點後作用時間差距。因此反應完成點的位置控制，對於光阻殘留或過度顯影的影響十分大，幸好現在的光阻多數都有較寬的作業範圍，多數不會有太大作業問題。表 11-1 所示，為顯影反應時間的試算範例。

▼ 表 11-1　顯影反應時間的試算

設備原始設計狀態	有效槽長 2 米反應時間約 40 秒，反應完成點約 20 秒在 50% 處出現，傳動速度為 3 米 / 分鐘，反應完成點後電路板仍浸泡在顯影液中 20 秒			
	反應完成位置	需要行進的速度	反應完成點後泡顯影液的時間百分比	
反應完成點 65% 時	1.3 米處	3.91 米 / 分鐘	10.74 秒	53.7%
反應完成點 35% 時	0.7 米處	2.1 米 / 分鐘	37.14 秒	185.7%

反應完成點的測試

對於顯影完成點位置控制，是非常重要的顯影技術知識，顯影不足或過度都可能產生後續製程問題，因此建議兩種有效顯影點測試法。較常用的方式有水溶性筆法或直接接觸法兩種，要嘗試在生產板上觀察顯影反應完成點是困難的事情，較簡單的是採用全面銅板 (18 in. x 24 in.) 進行。這可以讓測試觀察較為簡單，如果有噴嘴堵塞問題也較容易在板面現象呈現。

筆測試法

使用水溶性筆測試法是不錯的方式，但並不適用於濕式壓膜法。先依據生產條件清潔一片基板，用水性筆作出記號並確定乾燥後進行壓膜，但是並不做曝光。在顯影前考慮是否將底部噴嘴關掉，這樣可使得觀察容易些。去除保護膜並將電路板置入顯影槽，可開始做顯影完成點觀察。觀察電路板通過處理線狀況,以黃色光做觀察有利於觀察,要直接在槽內觀察反應狀態是有困難的,因此必須停止傳動與噴流來確認實際反應完成位置。當光阻開始清洗溶解,光阻會開始變薄脫離,當光阻脫離銅面時就會產生明顯溶解線在電路板前端,確認處理線入口到溶解線位置,就是反應需要的作用距離。

反應完成點的計算:

(D / L)X(100%)

D = 反應槽入口與反應完成點的距離

L = 反應槽的實際有效距離

以下列的公式推估可以將反應完成點移到何處,就可以決定出新的傳動速度:

新的傳動速度 = 舊的傳動速度 X (期待的反應完成點 / 舊的反應完成點)

手觸摸法

至於手觸摸測試法,可先清潔處理電路板並壓膜,之後去除表面聚酯保護膜送入顯影線,開始顯影直到前端出現顯影完成狀態,此時停止傳動系統及噴流進行位置的確認。此時前端銅面不可有濕滑現象,以手套向更前面的位置移動直到出現濕滑現象出現,此點就是所謂顯影完成點。將處理線前端至反應完成位置長度除以顯影線全長度,所得的百分比數字就是所謂顯影反應完成點。圖 11-10 所示,為顯影測試示意圖。當前端銅面出現時,可概略判斷顯影點已經到達。因為電路板的上下兩面同時做反應,因此顯影狀態應該是要上下同時到達完成點。在均勻性方面,應該在前端大致產生平直的顯影帶,如果有落後或差距大的現象,可能是噴嘴堵塞或噴流不均問題存在

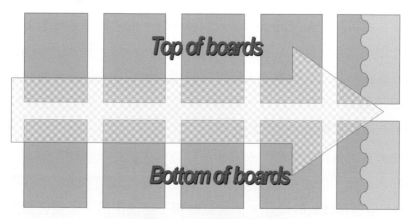

▲ 圖 11-10 顯影測試示意

11-10-4　溫度

顯影液作業溫度對達成清潔的時間有重大影響，對於同樣的光阻配方、化學品、濃度及溫度等因子可用設計模型模擬分析，分析結果顯示操作溫度對反應有正面影響。當顯影液溫度增高，達成顯影完成的時間會加快，至於顯影液化學品類型與濃度則呈現較低相關性，但不是所有光阻都呈現相同反應現象。

11-10-5　水洗的變數及控制

由經驗得知要獲得適當水洗效果，水洗槽體長度至少要有顯影槽一半長度，三至四槽的連貫循環，同時保持約每分鐘四公升進流水，是一般建議做法。圖 11-11 所示，為典型水洗循環設計。

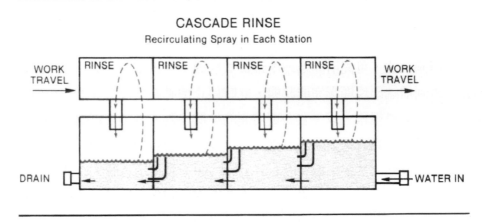

▲ 圖 11-11　典型的水洗循環設計

第一槽水洗水酸鹼度不應該超過 pH 值 9.5，第一槽會有高鹼度的原因當然是顯影槽帶出的液體造成。水洗如果溫度過低清洗效果就不好，溫水清洗是較有效率的。不建議使用折射式噴嘴，因為噴壓過低，高壓噴嘴是建議的機械設計。對水洗水的硬度控制，採用簡單硫酸鎂補充溢流系統可有效處理，監控系統可以槽式補充溢流系統為標的，其中含有定量泵浦、電磁閥及液位控制系統等。當液位降低到低液位，事先配製的定濃度硫酸鎂液體會打入槽中，一直到目標液位達到為止。

定量泵浦的流量可依據水硬度、水洗水流量及啟始濃度狀態需求訂定。當然也有其他鹽類可用於調節水硬度，但是並不建議使用。例如：氯化鎂溶解度約為 1670 g/l 而氯化鈣則約為 2790 g/l，這些都比硫酸鎂好，但含氯鹽類不建議使用，因為會腐蝕不銹鋼同時不容易操作控制。如果鈣鹽用於調節水硬度，可能會造成不必要的問題，它會比鎂鹽產生更多量水垢，也對水質處理設備造成負荷，如：逆滲透機等產生影響，鎂鹽在此處的應用較沒有問題

11-10-6 各項設備的特性

顯影液的過濾

顯影液過濾是非常有效去除顯影問題的方法，光阻顆粒常來自壓膜切割時效果不佳、乾膜跨越板邊後感光、蓋孔乾膜破裂等。保護膜的殘膜及硬水產生的水垢，也可能成為顯影負擔，顯影設備所設置的遮蔽式過濾系統，理論上無法有效消除這類問題。異常顆粒會將噴嘴堵塞必須停機清理，也可能局部影響噴灑均勻性。殘膜回沾有可能導致短斷路問題，缺點型式要看應用而定。

顆粒有效去除，可以靠安裝多濾心過濾系統，系統設計必須降低壓損，建議採用 25 ～ 50μm 的濾心規格，因為使用壽命較長。用硬式 PVC 管避免 90 度彎曲，直徑與現有管徑一致或較大都可以，這樣可以保持噴壓在較高水準。安裝壓力表在過濾器兩側，如果發現兩側壓力損失超過 5 psi 就該更換濾心。

藥液自動補充系統

補充溢流式的控制系統，是大量生產標準作業模式。系統供應新鮮顯影液到顯影槽，補充新鮮藥液入槽後的液位會提高溢流，溢流廢液就會進入廢水系統。補充溢流式控制系統經過驗證，比其他做法都實際有效且可信賴。一般建議的補充法，是以操作濃度添加，不建議用高濃度藥液在槽前與水混合添加。事前混合會在線外大槽體進行，或離線邊的小槽混合後直接補充。

一般控制系統會以酸度 pH 值作為添加控制機制，建議的 pH 值操作範圍為 10.6+/−0.1。因為殘渣會沾黏在酸度計端面，必須要定時清理以免偏差。定期校驗是保持控制穩定的重點，這可以讓控制功能正常持續。部分補充溢流系統，是以量測導電度控制顯影，這是簡單的控制方法，但是與用酸度控制系統相比會有缺點。當顯影液停滯一段時間後，導電度無法呈現活性的碳酸降低狀況，因為導電度只對總碳酸量敏感。

補充溢流系統也成功的用在計算板數控制的製程，因為新鮮藥液會比舊藥液能承受更多負荷，在多槽顯影系統第一槽添加新鮮槽液，對顯影效果應該有幫助。從這種設計看，第一槽顯影作用，是最有效率的顯影槽。

顯影液的清潔系統

顯影液會逐漸累積有機與無機殘留物，這些殘留物都會沾黏在顯影槽內，如果累積過多就會回沾到板面。連續式補充溢流操作，會讓這種問題更加嚴重，因為槽液排除頻率會降低。因此清潔顯影槽的頻率對品質保持十分重要，傳統清潔模式採用液鹼、水洗、酸洗、水洗的模式操作，目前有些特別清潔藥劑在市面上販售，可將殘留物較有效去除。

CHAPTER 12

電鍍

12-1 電路板電鍍的應用

相對於傳統通孔金屬化使用化學銅處理,將孔內銅建構到足夠厚度則是使用電鍍銅製程。這些技術還是有些變化,部分金屬化技術使用直接電鍍,但全加成製程則線路完全是用化學銅製作。傳統上使用電鍍進行銅厚度成長,主要還是著眼於低成本、高成長速率及良好鍍層性質。有許多不同鍍銅配方用於銅電鍍,但其中最普遍的仍然以硫酸銅槽為主流。目前在電鍍技術方面,如何改善電鍍均佈性 (Throwing Power) 及電鍍層均勻度是主要技術課題,而高酸、低銅及恰當光澤劑系統,可有不小的幫助。另外有些不同金屬電鍍用於電路板製作,如:純錫電鍍就是典型生產用電鍍技術,主要用途是作為蝕刻阻劑,其他電鍍技術尚有鎳金電鍍等不同金屬表面處理技術。

12-2 重要的製程變數

酸性銅電鍍製程,會將電路板做先期清潔、微蝕及浸酸作業,酸性清潔劑的重要作業參數有化學品濃度、組成、作業溫度及時間等。至於微蝕,蝕刻量控制是主要考量,這與清潔劑參數考慮相同。對於酸預浸,主要採用與電鍍槽中的酸一致配方,可以減低不必要的異物攜入或影響電鍍液濃度,因此預浸槽濃度狀況及污染程度必須注意。

電鍍槽的重要參數條件,主要以電力、機械、物理、化學方面的參數為主。先以電力參數考慮,電流密度分布會直接影響電鍍速度、厚度分布及電鍍層性質。電流密度計算單位是以 ASF (amps/square feet) 或 ASD(amps/square decimeter) 為單位，其實際分布狀況則與整流器容量、陰陽極面積比、兩極間間距、遮板設計、電鍍效率及水溶液導電度有關。

電路板的電流密度分布，主要是和這些參數直接相關。如果討論到線路電鍍，則板面線路分布也會對電流密度產生影響。至於通孔內電流密度分布，又與孔徑大小及深度有關。另外電鍍液補充效率、液體攪拌、光澤系統、藥液氯含量、機械搖擺等，也都對他發生影響。至於槽體設計對金屬的結構及析出表面狀態有影響，氯含量會影響光澤劑 (Brighteners) 及平整劑 (Levellers) 功能。

在物理性作業參數部分，影響電鍍效果的有槽液溫度、過濾狀況、攪拌狀況 (搖擺擺幅及頻率、空氣攪拌大小及與陽極距離位置等)。鍍液飽和度問題，可能會導致電路板表面形成氣泡，造成針孔凹陷。至於陽極還有一個變數，就是陽極銅球含磷 (% phosphorus) 量，在銅球表面黑膜厚度會影響陽極溶出速度及有機物消耗速度，使用陽劑袋會影響藥液雜物顆粒量及添加劑消耗量。電鍍液有機添加劑含量會影響鍍層抗張強度及延伸率，適當電流密度可讓鍍層不會有燒焦 (Burning)、長銅瘤 (Noduling)、鍍層不均 (Poor Levelling)、晶粒尺寸 (Grain Size) 過粗現象。有機污染物累積主要受到藥液攜入 (Drag-in) 與攜出 (Drag-out) 速度影響，選用預鍍、水洗、熱水洗及適當乾膜都可改善。

這些電鍍參數控制原則，對於其他電鍍製程也有一樣功效。在差異方面，主要還是看該種電鍍槽特性而定。多數金屬鍍槽具有的電鍍效率都比鍍銅槽差，因此共生反應如：氫氣產生等都會是電鍍的問題。如：鍍金槽電鍍效率就相當的低，此時利用較高金含量及較低電流密度，就可改善部分問題。至於錫電鍍或其他合金電鍍，如何能保持電鍍金屬穩定比例是一個重要課題。電鍍時有機物釋出常會影響電鍍均佈能力 (Throwing Power)，對不同金屬有不同的影響。這種影響還會隨時間累積擴大影響，如果這種問題發生在合金電鍍如：錫鉛電鍍，則電鍍液組成會逐漸偏離，其後又可能影響後續重融 (Re-flow) 溫度特性。電鍍後的停滯時間，又是另一個重要變數，如：金屬鎳電鍍就是明顯案例，鎳析出層會快速鈍化，這種現象會影響後續製程操作效果。

12-3　電鍍製程的結構

有許多電鍍技術與影像轉移表現並不相關，然而不少電鍍參數與光阻相關性卻會影響電鍍效果。而有些缺點問題與光阻表現也不相關，但卻會被誤認為是光阻問題。因此在後續段落，嘗試做一些電路板基礎電鍍製造技術解釋，之後進行較細節的如：電鍍槽有機添加物、有機污染、藥液飽和度方面的闡述，了解這些有助於解釋與光阻有關的電鍍問題。因為這些解釋，關於光阻的電鍍問題就會被直接或間接釐清，這些包括了光阻浸潤析出 (Resist Leaching)、鋸齒狀電鍍 (Ragged Plating) 及凹陷問題等。

12-4 酸性鍍銅製程

如前所述，一層極薄化學銅或直接電鍍的導電層析出於孔壁，緊接著以全板電鍍或線路電鍍法做銅層加厚作。兩者的不同，在於全板電鍍是在光阻製作前形的電鍍，而線路電鍍則是在光阻製作後的電鍍。乾膜或光阻選用，主要基於幾個不同考慮，光阻膜必須要夠厚，以防止電鍍超出膜厚 (Overplating) 產生草菇頭 (Mushroom) 現象。這種現象會讓電鍍金屬層超越光阻邊界，使光阻去除產生困難。如果電鍍銅厚度為 1.0 mil 而電鍍錫厚度為 0.5 mil 則基本膜厚至少就要有 1.5 mils 以上。如果一種光阻同時要用在幾種不同用途，如：電鍍、鹼性蝕刻或與其他光阻膜共用一個顯影去膜設備，則技術資料研討與相容性確認不可少。

12-4-1 電鍍的前處理製程

在做實際電鍍處理前，電路板會經歷前處理脫脂清潔、微蝕處理及酸浸處理，這些步驟間會有適當水洗配合，有時候微蝕處理會被忽略。脫脂清潔處理的功能主要是去除油脂、污物、氧化物及殘留光阻，脫脂劑的選擇是依據功能表現、潤濕性及與光阻相容性而定。至於微蝕劑選用及電鍍槽選擇，主要思考方向著重在廢棄處理問題及槽液壽命、成本等方面。

有時候鹼性溶液或反電解可適用於某些光阻，但是這種處理模式並不建議用在水溶性光阻電鍍前處理。酸性脫脂劑與多數光阻相容，清潔劑效率可用水破實驗驗證。至於評估光阻相容性，可觀察光阻側壁狀態在浸泡前後的變化，只要沒有被過度攻擊、沒有浮離現象、沒有浸潤問題，就可說是相容性完好。清潔劑潤濕性是降低污染度的保證，它代表溶液清洗不至於產生殘留帶入後續槽液的問題。潤濕性問題可用多槽清洗做測試，檢查各槽有機總量變化 (TOC- Total Organic Carbon)，就可分析出清潔劑是否容易清洗。

檢驗微蝕液的相容性，清潔劑帶入對微蝕速率的影響是必須量測的項目。至於廢棄物處理，比較希望採用不含螯合物的化學品。清潔製程控制主要是以監控有效強度為準，這些可根據供應商的建議數據作參考，可控制的參數則有浸泡時間及處理槽溫度。微蝕是為了保證產生新鮮銅面，讓銅與銅間的鍵結信賴度能完好，對水溶性光阻應用，微蝕最低建議量要高於 5 micro inches (0.125μm) 以上。某些光阻可能要更深的微蝕量,因為可能有線路光阻殘留危險性,這類光阻技術資料應該要提供參考數據。微蝕後做酸浸泡的目的,是為了去除微蝕殘留,並可浸泡出會析出的光阻物質,這可以降低帶入電鍍槽的異物,並可改變板面狀態讓酸度接近電鍍槽水準,也可降低電鍍槽酸度稀釋問題。

12-4-2　電鍍銅槽

酸性銅電鍍槽及製程設計是為了符合特定規格特性,如:美國電路板軍規 55110 的應用規格:

- 伸張強度 > 36,000 psi
- 伸長率 > 6%
- 熱衝擊可承受 550°F 漂錫測試十秒
- 鍍層均勻 (含表面以及通孔)
- 光澤性表面

焦磷酸銅浴是首先被用於此類應用的電鍍系統,現在最普遍的電鍍銅槽採用硫酸銅浴系統,典型硫酸系統配方如下:

項目	參數
$CuSO_4$ (5H$_2$O)	75g/l ～ 205 g/l
有機添加物	20-100 ppm
操作溫度	70-80 F (27℃)
過濾模式	連續式
電流密度	10 –50 ASF (1.5 - 5.0 A/dm)
陽極	磷銅球
電鍍效率	> 98%
槽液控制狀態	依供應商的建議執行

電鍍作業透過提供電路板負電,將銅金屬析出到電路板面,電路板浸泡在含有溶解銅鹽的槽液。基本電鍍槽結構是一個浴缸狀大型容器,內含電鍍液並且有電路板與銅陽極浸泡其中。銅陽極與電路板都連接到整流器上,整流器將交流電轉換為直流電做導電。圖 12-1 所示,為一般直流電鍍陰陽極配置示意。

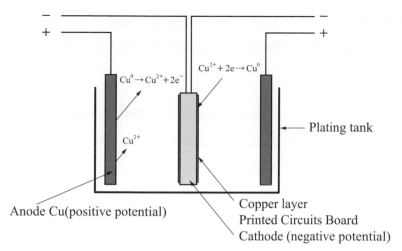

▲ 圖 12-1　一般直流電鍍的陰陽極配置

　　銅析出是由銅離子還原反應產生，雖然實際反應機構十分複雜，但反應過程可用下列方程式表達：

電鍍陰極反應

$$Cu^{++} \quad + \quad 2e^- \quad \rightarrow \quad Cu$$

溶液中的兩價金屬離子　電源供應的電子　板面析出的銅

　　不同於一些金屬電鍍模式，酸性銅電鍍的銅陽極會氧化溶解到電鍍液中，補充電鍍液的銅濃度，這就可以完成電流循環。

電鍍陽極反應

$$Cu \quad \rightarrow \quad Cu^{++} \quad + \quad 2e^-$$

金屬銅陽極　溶液中的銅鹽　電子

　　需要強調的是有些傳動式銅電鍍製程，使用不溶性陽極生產，銅金屬溶解是在不同槽體進行，此槽再以循環方式與主槽連結，此副槽的反應又是另外一個金屬氧化反應。在硫酸銅槽電鍍液，不同部分負擔不同功能。銅鹽在配製新槽時加入電鍍槽成為硫酸銅溶液，從此開始槽內銅離子濃度靠電鍍銅陽極溶解來維持，起始銅離子是提供銅電鍍的金屬來源。銅濃度應該維持在建議水準內，以免發生在高電流密度操作時濃度過低的燒焦現象，或者因為濃度過高造成的均佈能力 (Throwing Power) 降低。硫酸功能是為了提高藥液導電度，同時可輔助銅陽極溶解。如果硫酸濃度過低，藥液導電度會降低，而整體均佈能力也會下降，影響類似於高濃度銅離子狀態，高酸影響則可能產生在高電流密度區有燒焦析出現象。氯離子功能，是與專有添加劑產生互動，也有輔助陽極溶解的功能在內，最佳範圍必須依據有機添加物特性而定。多數添加劑如果氯離子濃度過低，容易發生燒焦或霧狀析出。如果濃度過高，銅析出層的物理特性會受到影響，且表面粗度也會增加。

專用添加劑的功能

在酸性鍍銅液添加劑中，一般都是由兩種至三種藥劑混合而成，被稱為光澤劑、抑制劑與平整劑。這些添加劑會改變晶粒結構並提供光澤性、均勻度及良好伸張性析出層，且添加劑可改善電鍍均佈能力。最佳的添加狀態，一般都會依據供應商建議做，而維持適當添加劑濃度最普遍作法，就是依據電鍍安培小時數估算添加劑消耗量。如果添加劑濃度過低，以下現象就可能會發生：

- 高電流區有燒焦現象
- 低電流區會有銅瘤產生
- 析出層平整性變差
- 金屬結晶結構變差

如果添加劑濃度過高，以下現象可能會發生：

- 鍍層應力增加，使孔銅在焊錫或漂錫測試時容易碎裂
- 孔邊銅析出厚度降低

製程控制

電鍍液無機物的部分 (硫酸銅、硫酸、氯離子) 一般都可用滴定法確認，但一些專用藥水不容易量測與控制。賀氏槽 (Hull Cell) 是用來模擬寬廣電流密度電鍍條件的工具，至於 CVS (Cyclic Voltammetric Stripping) 是另一種電化學驗證法，可用來對遮蔽電鍍藥液 (如：抑制劑 -Carriers) 及其他加速電鍍 (如：光澤劑) 添加劑做定量控制。離子層析儀及高效率液體層析儀 (HPLC-High Performance Liquid Chromatography) 是一種分離藥液中化學物質的儀器，藉以分析其成分，但無法對藥液中的化學作用性做定量分析。每種方法都有其優劣勢，而其中以賀氏槽與 CVS 分析法最常採用。

活性碳處理

一般酸性電鍍銅槽，最常發生的問題是有機副產物污染問題，這些污染會使電鍍析出銅偏脆或有鈍化等電鍍異常現象。電鍍槽有許多污染源會產生有機污染，一般污染來源如後：

- 清潔劑帶入
- 微蝕液帶入

- 光阻釋出
- 電鍍添加劑分解

　　為了避免藥液產生過度污染，槽液必須定期以活性碳處理，它可吸取有機污染物。在批次處理過程，槽液會以泵浦轉移到處理槽，活性碳直接加到槽中。處理後槽液會過濾，再利用泵浦打回電鍍槽。至於連續處理，藥液會持續迴流經過離線活性碳處理填充塔，填充塔大小會搭配電鍍槽設計。

電鍍機械作業參數

　　有不少機械操作參數及結構設計會影響電鍍效果，較重要的項目如後：

- 機械攪拌
- 氣體攪拌
- 電路板擺動
- 陽極鈦籃配置
- 過濾
- 陽極遮蔽

攪拌

　　氣體攪拌與電路板機械搖擺，可讓電鍍液充分混合，並補充電鍍析出損失的銅離子到電路板表面及孔內。圖 12-2 所示，為典型電鍍槽氣體攪拌狀況。

▲ 圖 12-2　典型的電鍍槽氣體攪拌

為了槽體清潔度及設備特殊設計，最近有些噴流機構已經有效取代氣體攪拌，讓電鍍效果表現得更好。垂直電鍍陰極機械攪拌必須保持定向運動，一般與電路板面垂直及與孔方向相同的往復運動，強化表面及孔內藥液置換速度。

過濾

為了去除電鍍液中顆粒異物，降低電鍍層粗度及可能產生的銅瘤，持續過濾對電鍍液維護是必要的。一般常使用的濾材以 PP (Poly- propylene) 發泡濾心或濾袋為主，為了獲得良好效果，濾材過濾能力必須優於 10μm。電鍍槽理想循環率，必須保持每小時 2 ～ 6 個整槽循環量。

陽極的配置

為了獲得全板鍍層均勻鍍，必須注意以下事項：

- 陽極至少要保持與電路板面七英吋以上距離
- 陽 / 陰極表面積比例一般應保持在 1.2：1 到 2.0：1
- 陰極電鍍區邊緣應保持比陽極邊緣寬與長 2 ～ 6 英吋範圍

圖 12-3 所示，為大型垂直電鍍系統陽極配置範例，配置密度與陰極面積及槽體設計有直接關係。

▲ 圖 12-3　大型的垂直電鍍系統的陽極配置

陽極遮板

為了避免在電路板上下邊緣鍍出過厚的銅，電鍍陽極多數必須用不導電材料如：PP 製作遮板，以遮蔽過大邊緣電流密度。最後可得到較均勻的電流密度，當然也就可獲得較均勻銅鍍層。圖 12-4 所示，為懸浮式陰極遮板。

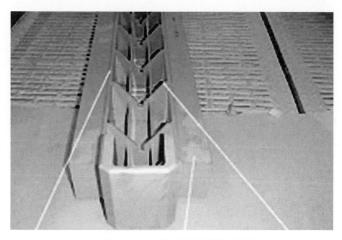

▲ 圖 12-4　懸浮式的陰極遮板

12-5 錫鉛電鍍

酸預浸

　　早期電路板廠採用錫鉛電鍍做抗蝕刻層處理，無鉛製程推廣後都已改成純錫電鍍。電鍍前電路板會先預浸約一分鐘的氟硼酸或其他酸液，主要是看純錫電鍍的酸類型而定，其主要目的是為了去除板面可能殘留的過硫酸化合物，避免純錫槽液污染。過硫酸鹽溶解度較差，有可能會攜入造成槽液組成變異，且預浸也有保持鍍槽酸度的作用。預浸槽會配製成 10 ～ 20% 體積濃度藥液，且操作在室溫下。如果槽液變藍就代表已經溶入不少硫酸銅鹽應該做更換。

典型純錫電鍍槽配方

　　傳統錫鉛合金電鍍，一般電鍍組成是 60% 錫與 40% 鉛。電鍍焊錫可作為蝕刻阻劑，也可作為焊接金屬層。在此類合金以 63% 錫與 37% 鉛可獲得最低共融點，溫度約183℃。典型錫鉛電鍍配方會含氟硼酸、氟硼鉛、氟硼錫及有機添加物，並含有下表特徵：

項目及參數	參數狀況
錫 (Sn)	15 g/l
鉛 (Pb)	10 g/l
氟硼酸	400 g/l
硼酸 Boric Acid	25 g/l

項目及參數	參數狀況
添加劑	供應商建議
電流密度	15ASF
陽極	60/40 tin/lead
作業溫度	20-25℃
過濾模式	連續式
電鍍效率	> 98%

內含物功能

錫、鉛氟化鹽是金屬離子主要來源，濃度含量直接影響析出金屬組成。氟硼酸主要功能是增加槽液導電度及提高電鍍均佈能力，硼酸則是關鍵元素，它可以抑制氟硼酸分解成氫氟酸 (HF) 及硼酸 (H_3BO_3)。氫氟酸會滲入乾膜造成光阻剝離，蛋白質或特有添加劑可抑制樹枝型電鍍析出狀態，且可以產生較細緻電鍍層。為特殊應用仍要採用錫鉛電鍍，其比例很容易因為電流密度變化而變異，電流密度變大時電鍍層中的錫會增加，電流密度降低鍍層會含較多鉛。這種影響會產生兩種不希望發生的結果：

- 電鍍層理想組成偏離
- 電鍍液金屬比例也會變化，要用於焊接性應用就複雜多了

合金電鍍最好知道確實電鍍面積，才能較精確控制恰當電流密度，因此建議最好能夠直接從底片資料量測。特定乾膜光阻內含物會釋出到藥液中，這些污染物可能會影響電鍍均佈能力，且影響度不相同，在選用時要做相容性評估。

攪拌

錫鉛電鍍槽不可用氣體攪拌，因為氣體攪拌會快速引起錫離子再度氧化產生不溶性四價錫。這種反應發生，將影響整體藥液錫含量，這類槽體都是以緩和陰極攪拌為主。

光阻剝離

乾膜剝離造成的滲鍍，是一般純錫或錫鉛電鍍十分常見的缺點，這有可能來自壓膜前處理不良或過高氟硼酸預浸或因為鍍槽硼酸過低造成。目前錫鉛電鍍使用已經較少，環保因素已如前述。但在軟板有端子要用 Hot Bar 做焊接，因此合金電鍍仍是電路板類製作的重要製程。

12-6 純錫電鍍

為了環境要求漸趨嚴格，又有光澤錫 (Bright Tin) 與暗面錫 (Matte Tin) 槽配方發展出來，純錫電鍍逐漸普遍用於電路板製造作為蝕刻阻劑。典型光澤錫槽配方有以下特徵：

項目及參數	參數狀況
硫酸錫 (SnSO$_4$)	30 g/l
硫酸 (H$_2$SO$_4$)	185 g/l
光澤劑 / 平整劑	供應商提供建議
電流密度	20ASF
陽極	純錫棒
作業溫度	20℃
電鍍效率	> 98%
過濾模式	連續作業

硫酸錫是主要金屬離子來源，硫酸則用於提高電鍍液導電度並幫助錫金屬溶解，特殊添加劑用於產生光澤性錫鍍層，且可強化電鍍均佈能力。

面對這類電鍍最容易發生的問題如後：

較差的均佈力，有可能是因為低酸或低添加劑。酸濃度可用簡單滴定法檢驗，在低電流密度區會發生暗色或粗糙現象，在大銅面及低電流區特別容易發生這類現象。產生原因可能因為低光澤劑、高操作溫度、氯污染等，硫酸在電鍍前的預浸，可降低槽液攜入異物污染可能性。偶爾會有鍍層凹陷針孔現象，有可能是因為不當攪拌產生的問題，也有可能因為過高電流密度產生。

12-7 鎳電鍍

鎳金屬電鍍常用於鍍金前阻隔層電鍍，主要目的是為了防止銅滲入金面的處理層，主要應用領域以硬式搭接與端子電鍍為主。低應力鎳金屬析出層，可用瓦茲鎳槽或磺酸鎳槽配方製作，磺酸鎳槽較與水溶性光阻相容，這源自於其高電鍍效率可縮短光阻在槽液中的停滯時間，典型鍍槽特性如后：

瓦茲鎳槽		磺酸鎳槽	
項目及參數	參數狀況	項目及參數	參數狀況
硫酸鎳	225-375 g/L	磺酸鎳	300-525 g/L
鎳金屬離子	50-85 g/L	鎳金屬離子	60-120 g/L
氯化鎳	30-60 g/L	溴化鎳	11-19 g/L
硼酸	30-40 g/L	硼酸	30-45 g/L
陽極	純鎳	陽極	純鎳
添加劑	供應商提供建議	添加劑	供應商提供建議
作業溫度	45-55℃	作業溫度	50-60℃
過濾模式	連續式作業	過濾模式	連續式作業
電流密度	15ASF	電流密度	15-25 ASF
電鍍效率	95%	電鍍效率	95%

　　鎳金屬電鍍有兩個最大問題，第一個問題是電鍍針孔 (Pitting)。當電鍍針孔現象出現在乾膜線路邊緣，代表氫氣分子被吸附在電路板表面。這種現象發生，是因為只有部分電能用於鎳金屬析出，部分電能已被用於分解水，同時在陰極產生氫氣吸附，而這也是鎳電鍍效率低的原因。要防止電鍍針孔問題，可以做以下處理：

- 較好的攪拌 (如：強烈氣體攪拌)
- 使用潤濕劑 (介面活性劑) 讓氫氣從電路板表面釋放更容易

　　第二個重要鎳金屬電鍍問題，是電鍍後水洗時鎳面產生的鈍化現象。一般的鎳電鍍後都會做金電鍍，而金電鍍不會與鈍化鎳產生結合力。鎳面鈍化是來自氧化反應，因此快速將鍍過鎳的板子經過水洗移轉到鍍金槽，以防止氧化十分重要。較佳作業方式，是讓作業時間縮短，使鈍化沒有時間發生，因為鈍化鎳面很難產生反應。

12-8　金電鍍

　　雖然金可作為蝕刻阻抗層，但是其重要目的仍然是用於硬式搭接或端子電鍍。這種功能需求，必須具有低電阻、高抗氧化能力及耐磨特性。金之所以適合這些應用，主要因為它有良好導電性及抗氧化性。端子鍍金用於電鍍金手指製程，少部分鍍金則利用浸鍍法做薄金。目前使用最廣的鍍金系統是酸金電鍍槽，使用氰金化鉀及有機弱酸配方生產，特性方面如後所示：

酸性鍍金槽

項目及參數	參數狀況
金鹽 (氰金化鉀)	4 ～ 15 g/l
pH	3.5-5.0
導電鹽	依據供應商的建議添加
緩衝鹽	以穩定必要的 pH 為目標值
陽極	不溶性白金鈦網
添加劑	依據供應商的建議配置
作業溫度	20-50℃
攪拌	藥液循環及陰極攪拌
過濾模式	連續式作業模式
電流密度	10ASF
電鍍效率	30-70%

　　電鍍金槽的電鍍效率，比鍍銅及鎳都低許多，如同鍍鎳會在線路邊緣產生氣泡，鍍金也會產生這種現象，且還會對光阻結合力產生挑戰，有可能發生串入光阻底部的問題。進一步說，氫氣形成來自兩個氫離子結合，其反應如下：

$$2H_3O^+ + 2e^- \rightarrow H_2 + 2H_2O$$

　　這種現象就是將區域性氫離子消耗，會增加局部的 pH 值，如果藥液再缺乏攪拌則局部鹼性會更高。這種現象會發生剝膜效應，直接影響水溶性光阻的功能，產生的原因當然是由於氫氣產生所致。

金濃度的分析

　　不同於銅、鎳或錫鉛電鍍，金屬補充是來自於直接陽極金屬，由於金不容易氧化而不能用金陽極直接電鍍，這樣鍍金槽的金濃度只會一直持續下降。為了要適當補充消耗，必須用可溶性金鹽補充耗損，而適當分析則是補充金鹽的重要依據。

鍍槽效率的監控

　　電鍍槽效率必須在槽內不同位置監控，可用電鍍獲得的金屬重量為基準，多數做法是以不銹鋼板在一定電流密度下做電鍍，來測量前後重量差距。所得重量差與理論 100% 效率應得重量相除，就可得到電鍍槽實際效率，這些測試數據可作為調整電鍍槽狀況的依據。金電鍍槽的電鍍效率較低，主要依賴金含量、電流密度及液體攪拌改善。當金含量變低，其電鍍效率會跟著降低，因為槽液中金補充不是靠金屬陽極，因此效率調升要靠每次金鹽補充拉高，因此如何維持金電鍍效率，必須靠穩定分析添加。

當電鍍電流密度提高時，電鍍效率就相對降低，若鍍金厚度低於期待，當然加長電鍍時間也可獲得期待沉積厚度。然而增長時間就會降低生產速度，因此多數電鍍者會增加電流密度。這種作為會降低電鍍效率，因此一樣會獲得低於期待的電鍍厚度。鍍金槽的電鍍效率，也與其酸度 pH 值與溫度有關。至於液體攪拌也會影響電鍍金品質，充足的攪拌才能降低區域性過鹼現象，避免過量氫氣吸附造成光阻浮離。藥液流動最好是向上，這樣可以幫助去除氣泡，陰極搖擺也可以提高攪拌，改善氣體排除。

12-9 ⣿ 如何改善電鍍的均勻性

多層電路板厚度均勻度，常會因為壓板問題直接影響整體厚度均勻度，這樣當然也會影響壓膜作業時厚度均勻度。如果接著的曝光作業，也因而產生密接性不良，則線路品質就會受影響。如果竟然還直接影響到電路板平整度，則零件安裝焊接也會產生問題。不均勻的銅厚度，會產生表面共平面性不佳的問題，如果線路電鍍均勻度不佳，不但有可能影響光阻剝除 (如果電鍍超過乾膜)，全板電鍍不均也會影響線路蝕刻均勻度及線路寬度控制，因此電鍍均勻性變異必須做適度控制。

全成長式化學銅

要獲得良好孔內及表面銅厚度均勻度，某些電路板製作者採用全化學銅成長模式製作電路板，或者是最佳化其製作電鍍條件。在日本有大約 10% 的高階電路板，結構是層數高於 20 或 30 層的高層電路板，採用這類電鍍技術進行生產。然而因為成本高控制難等因素，這種技術並沒有大的用於市場。

全板電鍍

相對於化學銅析出與線路電鍍法，全板電鍍具有優於這些處理的地方。全板電鍍有銅厚度均勻的好處，因為板面沒有電流密度分布不佳的問題。但這種好處並沒有促使多數電路板製作者，完全採用全板電鍍再直接蝕刻的做法，因為必須注意到對整體良率的影響。而且他們也不希望，電鍍後又必須將大部分銅再度蝕刻下來。因此混用法是亞洲及歐洲地區主要製程，做法是先在通孔內進行局部電鍍銅，當得到部分厚度之後，再進行後續線路電鍍。一些電鍍製程參數經過最佳化後，可改善電鍍銅均勻度並降低變異，典型做法如：降低電流密度、單邊獨立控制電流、添加有機物增加均佈能力、高酸低銅配方、遮板應用、掛架改善設計、液體攪拌設計提昇等。

傳動式的電鍍

垂直傳動式電鍍及脈沖電鍍，都有機會改善電鍍均勻度，因此也賦予電路板業者不同的期待。早期水平電鍍系統，在西門子電子公司開始發展概念，之後由阿脫科技德國公司商品化。其有機添加系統，必須要能夠承受較高電流密度，同時也要能在高流量循環下存活一定時間。經過多年發展，目前的市場有不同型式水平電鍍設備供應，垂直式傳動型電鍍設備也有不少商品化產品問市。圖 12-5 所示，爲典型垂直傳動式電鍍設備。依據實際的驗數據證明，確實在電鍍表現，其均勻度有長足進步。這類電鍍系統，多數採用不溶性陽極設計，同時加入添加輔助系統，因此在稼動率及作業保養的表現都較優異，只是初期投資成本比傳統電鍍高。

▲ 圖 12-5　典型的垂直傳動式電鍍設備

脈沖式電鍍

脈沖式電鍍是一種可改善大面積電鍍均勻度的電鍍技術，首先在歐洲商品化運轉，它改變了傳統直流電鍍運作方式，目前有多種不同理論做法在業界使用。有多種不同波形被實驗應用，但其中以脈沖反脈沖循環運作最爲普遍。一般反脈沖時間非常短，但其脈沖強度卻比正向脈沖高了許多。至於電鍍時間，則脈沖電鍍比傳統直流電鍍要短了許多，約只需要傳統直流電鍍的 50-70% 時間長度，這大幅減低了生產時間並增加產能。

脈沖電鍍的設備

多數脈沖電鍍設備早期是以修改傳統垂直電鍍設備為主，較新的設備則多是水平或傳動式電鍍設備，最佳電鍍效果都是做特殊掛架改進設計，以負荷較高電流密度作業。系統中最重要的設備，當然是脈沖整流器，這是其中最貴的配備，也是此類系統昂貴的重要原因。因為波形控制是影響電鍍品質的重要因素，較知名的品牌如：Chemring 及 DRPP，它們有類似的控制模式且波形較為固定。另一家供應商是 Baker- Holtzman，機種可提供程式調節。脈沖波形會因為掛架設計產生變異，也可能因為接線問題產生變異，因此作業狀態必須在安裝時就做驗證並予以維持，否則很容易在使用後再度產生變化。

以往電路板廠常會自行依據成本及操作狀態做系統更換或藥液更換，但是使用脈沖電鍍系統就必須要系統化修正，搭配性問題會比以前複雜，而其選用彈性反而較小。

12-10 對電鍍槽有機添加物的進一步了解

12-10-1　光澤劑、平整劑與抑制劑

近幾年來電鍍添加劑主要發展趨勢，還是以針對盲孔處理及脈沖電鍍的需求為主。傳統電鍍添加劑配方所具有的特質，並未對新電路板結構有最佳化的處理能力，更重要的問題是通孔與盲孔電鍍必須有平衡性處理，因為兩種電鍍需求在添加劑配製上並不相同。有機添加劑不是唯一影響電鍍的因子，電鍍製程中還有很多參數會影響電鍍均勻度、金屬特性等，其影響如表 12-1 所示。

▼ 表 12-1　電鍍參數對銅析出厚度及金屬特性的影響

電鍍槽的幾何結構	通孔的縱橫比
陰陽極的表面積比	電路板線路的分佈
陰陽極的距離	銅與酸的比例
陽極型式 (條狀、塊狀、不溶性)	氯含量百分比
陰陽極的遮板設計	有機添加物的濃度與特性
掛架與吊掛狀況	有機物的總量
電流密度	液體的攪拌
暴露於空氣的狀況	整流器的波形

　　當光澤劑不存在的時候，銅成長會從高能量表面缺陷區先成長，同時會順著銅結晶平面繼續延伸。供應商提供的銅皮有粗面不平整外型，電鍍外圍表層有些粗糙電鍍層，這些銅表面具有灰暗粗糙外型，其機構有點類似無光澤劑的電鍍效果。基本上只要沒有添加劑，電鍍液所產生出來的銅，析出層是脆性不具伸張強度，即使經過迴火處理仍然具有脆性，結晶結構是柱狀且容易在漂錫測試時斷裂。

　　銅的成長會在突出區域較快，因為一次分布電流密度在這些區域較高。同時從流體動力現象看，銅離子也較容易到達。以水溶液電鍍擴散層 (Diffusion Layer) 特性看，其實並不傾向於產生均勻電鍍層，因為擴散層分佈不但薄，而且本身就厚度不一。在銅突出區，流體流動呈現紊流狀態且流速也快，這裡的擴散層十分薄，不會對快速電鍍有阻礙。

　　光澤劑的添加會讓結晶結構細緻化，這會讓電鍍銅表面呈現光澤，較小的結晶也會較容易順著結晶結構邊緣滑動，因此會呈現較好伸張性。這種析出結構仍然相對具有脆性，但如果迴火是可以獲得較好的伸張性。其作用機構是依靠庫侖引力產生，光澤劑會在銅面形成薄膜，這是銅析出的路徑。當銅析出時，會與氯離子共同產生電子移轉，如：$Cu^{++} \rightarrow Cu^+ \rightarrow Cu^0$。光澤劑遮蔽了好於成長的成長點 "+" 平面，因此銅的成長呈現出非定向性，表現出微小結晶狀態，因此這種金屬表面呈現光亮鏡面外觀。

　　多數光澤劑都含有硫成分，而會以 X-R 符號描述其狀態，這些物質會吸附在銅面上產生一層重新分配的擴散層。另外一種較普遍存在於光澤劑系統中的化學品添加劑，是以特異型式的低分子量高極性或是離子型藥劑為主體。最普遍的光澤添加劑為硫醇丙烷硫酸 (Mercaptopropane sulphonic acid) 或是它的雙硫化合物。這種光澤劑會因為庫侖引力，累積在陰極表面，因此減緩許多種不同反應路徑。

　　研究發現硫化銅溶解性非常差，因此很容易在銅面上形成，改變了正常結晶析出過程，銅析出就走向微細結晶，這是因為有硫化銅參與結晶過程的結果。但需要注意的是較突出區域，仍然會產生較多銅析出量。此時假設我們在電鍍槽加入抑制劑，它同時具有潤濕劑 (Wetting Agents) 功能，許多是聚醚類 (Polyethers)，典型如：聚多醇類 (Polyglycols) 或隨機的乙烯氧化物與丙烯氧化共聚物，分子量約為 5,000 到 15,000 範圍。抑制劑與水構成了較厚擴散外圍層，這比純粹是水擴散層要均勻得多。

　　抑制劑加入，將原來為水的不均勻包圍層，轉換成水與抑制劑形成的均勻厚度擴散層。這種作用讓原來擴散層，因為差異造成的擴散距離差異縮小，因此金屬析出厚度變異被拉近。此時所析出的銅層會比只加入光澤劑時更亮一點，而其外觀也會表現得更平整。

醚類 (Ether) 結構在擴散層中的位置，其所發揮的功能較合理解釋是，因為擴散層中較高分子量的聚醚 (Polyethers) 與銅面經由錯合作用產生較強的結合力，因此可在突出點產生較能承受紊流藥液衝擊剪力。另外聚醚類的擴散係數比水低，在受到擴散現象影響的電鍍反應，經過一層厚而低擴散係數的物質重新平整均勻化，銅的電鍍自然就會更均勻 (指的是：銅電鍍均勻化及擴散層均勻化)。

經過抑制劑添加，電鍍被抑制到某種範圍，以電化學測試如：CVS (Cyclic Voltammetric Stripping) 法，可偵測添加劑對電鍍加速與抑制狀態。抑制劑的添加在穩定電流下，明顯將過電壓 (Over-Potential) 拉高。這種影響尤其在氯離子加入電鍍液時較為明顯，但細節研究尤其是分子級的行為就不是十分清楚。有些專案針對 PEGs(Polyethylene Glycols) 分子量變化，對銅析出的電壓變化做研究，發現電鍍析出高峰值落在約分子量 50,000 左右。另外在特定研究對 PEGs 分子量 200 到 20,000 範圍做研究也發現，過電壓表現受到分子量影響頗大。

有一份研究報告提到 PEG 分子量從 400 提升到 4,000 時，對過電壓會有明顯影響，但從 4,000 到 14,000 間影響十分小。這似乎表達出如果 PEG 的分子量過小，則對擴散層功能形成幫助有限，因為分子量愈小就代表其特性愈接近水。但分子量如果非常高，也可能因為溶解度問題而限制了應有擴散層形成表現，因此維持應有分子量是抑制劑功能的重要指標。

至於平整劑 (Leveller) 添加對電鍍液的影響，比較缺乏有系統又公開的資料論述。有一類化學品為多銨類 (Polyamines)，在電鍍的過程中呈現平整性作用。在酸性鍍銅液中的多銨類，會呈現提供電子的傾向，因此會有帶正電的特性。基於這種特性，它們會擴散到陰極面負電性最高且電流密度最大的區域。這些區域主要都是板面突出區或通孔轉角，一旦平整劑吸附到這些區域，就會將電鍍析出速度降低，因此這些區域析出速度反而會選擇性降低。

這種行為，就可以解釋為何當平整劑加入，電鍍反應需求能量會提高。或者從另一角度看，平整劑會與抑制劑交互作用，產生一層更密更厚的擴散層，這些都是可描述平整劑行為的看法。平整劑比抑制劑有更高的極性，傾向於提供電子並容易吸附在陰極最偏向負電性高電流密度的區域 (一般是最突出或轉角區域)。因為這種特性使得擴散層增厚，同時由於對銅離子吸附性較強，也減緩了銅在這些區域的析出速度，因此平整化銅的析出面。這使得銅金屬析出外觀光亮，且讓凹陷及不平銅面平整化。目前部分專用電鍍藥液，可利用這種特性做填孔電鍍就是應用實例。

12-10-2　有機添加物的控制

　　光澤劑的機構，抑制劑 (Carrier- 濕潤劑) 及平整劑 (Leveller) 在酸性電鍍銅槽，一樣可以依據擴散層模式來解釋其電鍍析出行為。有機添加物，可能對於擴散層厚度、均勻度、擴散係數或是其間交互作用產生影響。以此為基礎，就可以做有機添加劑分解機構分析、添加考慮、添加劑檢驗控制、功能性影響等探討。可惜的是少有對平整劑分解的公開研究資料，因此添加劑主要關注點會放在光澤劑及抑制劑。

光澤劑的分解

　　有一個光澤劑家族，具有的能力來自具有二價硫 (Divalent Sulphur) 化合物。會變成硫醚 (Thioethers) 類或硫醇 (Mercaptanes)、硫代氨基甲酸鹽 (thiocarbamates)、雙硫醚 (Dithioethers) 或雙硫化物 (Disulphides) 形式，有時候還會含有第二個不明確的硫，存在比較高的氧化狀態，如：氧化硫 (Sulphoxide) 或磺酸基 (Sulphone)，都帶有一個磺酸 (Sulphonic Acid) 官能基溶在電鍍銅槽添加劑中。這類研究有報告顯示，當 MPSA (Mercaptopropyl Sulphonic Acid) 添加到電鍍槽時只有溫和的效果，經過單次的起始添加後光澤劑行為逐漸產生並增加，在延續將近兩小時後又再度下降。

　　幾個發現提供了一些有關 MPSA 反應的線索：

- 空氣攪拌對 MPSA 在槽體的濃度沒有太大影響。
- 當槽中出現金屬銅時 MPSA 開始消耗，一個新而強的光澤劑行為開始產生。如果槽液是用空氣攪拌，這個行為會因為氮氣攪拌而微幅加速。
- 如果銅陽極是新加入的，這個反應會比銅球產生一層黑膜後反應要快一點

　　這些的觀察主要來自於以下反應機構：

　　MPSA 首先在銅面氧化聚集，並在陽極銅面產生更為活性的物質，之後會繼續氧化成為其他化合物，這種結果使光澤劑能力消失，因為這些最後的氧化物沒有任何雙價硫結構。更進一步的觀察顯示，MPSA 在電鍍時會加速消耗，主要應該是因為陽極電化學反應造成的 MPSA 消耗或轉換。這應該就是某些研究所說，因為電鍍行為中硫化銅 (CuS) 反應導致的結晶細緻化現象。進一步看也如同預期，較高溫度會加速 MPSA 消耗。某些研究也對銅以外的金屬，對光澤劑消耗的影響有追蹤，鐵離子的存在消耗量影響有限。這也就是為何有些銅電鍍系統，會以鐵離子做槽外蝕銅與槽內銅電鍍循環，來做不溶性陽極電鍍流程，因為這種光澤系統是相容的，然而鋅的存在卻會加速光澤劑消耗。

由以上現象我們可以描繪出一些簡單結論：

- 如果 MPSA 是光澤劑的部分元素，最好在每次電鍍開始前先做劑量補充，這樣可以保持電鍍穩定活性狀態

- 為了減少光澤劑損失，每個電鍍循環完成最好將空氣攪拌停止

- 陽極遮蔽可降低光澤劑消耗

- 沒有空氣攪拌的電鍍槽設計，如：噴流管 (Eductor) 攪拌設計，就會產生不同於傳統電鍍槽消耗量現象，此時添加模式必須調整

- 由於光澤劑添加十分重要，因此以安培小時數為依據做添加，就是因為光澤劑消耗與此相關。MPSA 在銅面的氧化速率，以電化學眼光看是穩定的，當然這是基於陽極表面積及氣體攪拌都保持穩定的假設下。

潛在的光澤劑功能影響

有無數的光澤劑功能都可能受到影響，主要是看哪種化學品進入電鍍槽。外來金屬污染、前槽清潔劑、微蝕劑、光阻釋出物質等都是範例。研究光阻釋出物在電鍍槽的影響，這是研究潛在有害物質從前製程攜入影響中最有意義的事。光起始劑及黏著性促進劑有特定結構，使得它們有潛在嫌疑。必須要注意的是在週期性脈沖電鍍，反向電流是發生在陰極區，因此新物質可能會產生，且並不等同於傳統直流電鍍槽表現。任何會影響電解的銅錯合物，都會影響脈沖電鍍表現。

抑制劑的消耗

多醇醚在酸性溶液中非常穩定，因此說這些化合物會在酸電鍍銅槽中損耗是令人訝異的事，多醇類鍵結會被拆解產生短鏈的多醇類片段，推定反應如圖 12-6 所示。

$$HO\text{-}(\text{-}C_2H_4\text{-}O)_n\text{-}H + H_2O$$

$$\downarrow (Cu)$$

$$HO\text{-}(\text{-}C_2H_4\text{-}O)_m\text{-}H + HO\text{-}(\text{-}C_2H_4\text{-}O)_{m'}\text{-}H$$

▲ 圖 12-6　抑制劑的消耗反應推定

以溶劑粹取新鮮的電鍍槽液做 HPLC 窄範圍掃描分析，可顯示出多醇類物質分子量分布十分集中。經過一段時間使用後再做此項分析，原始波峰縮小且分子量分布變寬，呈現

出來的意義就是分解反應產生。必須強調的是分子量分布，會因爲使用粹取法而稍微被扭曲。因爲電鍍液中低分子量物質，會比高分子量物質粹取速度慢。在電腦模擬抑制劑分解的過程，消耗量是假設多醇醚類隨機在醚官能基區產生分裂。如果在藥液中補充新鮮高分子量聚多醇類添加物，形成添加型分解模式，這個模擬結果非常類似於 HPLC 掃描的實際結果。由實驗結果顯示：

聚乙烯乙二醇在硫酸電鍍槽液中十分穩定，即使到達 40℃ 依然如此

- 分解幾乎都發生在銅表面
- 分解原因是因爲質量傳送驅動力，如：攪拌、氣體攪動都會加速分解
- 分解會因爲陽極袋包覆或遮蔽而降低

由一些報告顯示，氯離子會明顯強化聚乙烯乙二醇 (Polyethylene Glycol) 功能，成爲抑制電鍍的製劑。這就可以想像以 "聚乙烯乙二醇" 產生一個類似冠狀醚類結構，長在與氯離子結合的銅離子上，產生一層強而有力的擴散層。因爲抑制劑不會直接參與電化學反應，它的功能性干擾就較小。與抑制劑型式類似的物質，可從前處理中的潤濕劑、消泡劑或光阻的添加劑進入電鍍槽，然而對抑制劑的干擾是有限的。對於抑制劑添加，安培小時數並不與它的消耗相關。然而如果在非電鍍時間，內抑制劑接觸到陽極銅表面機會降低，如：關閉氣體攪拌、機械攪拌、液體循環，抑制劑添加可依據電鍍時間加上與抑制劑、陽極接觸的機會大小，作爲添加依據。對於安培小時與抑制劑消耗量的關係，並不容易與消耗量直接扯上關係，因爲電鍍表面積與每次電鍍電流密度都會有變異。因此非常容易見到光澤劑系統，有兩種不同而分開的添加補充劑，一種消耗與安培小時直接相關，另一種則與安培小時無關。

當然也有些所謂單劑型添加系統，這些系統可使用較少種添加劑，而因爲抑制劑濃度關係可獲致操作範圍較寬的優勢。也有某些抑制劑在配置藥液時，就添加足夠的高濃度，因此直到下次活性碳處理前都不需要再添加抑制劑。

12-11 電鍍問題的發生與處理

12-11-1　電鍍的凹陷缺點

兩種基本凹陷現象，是因爲表面污染及氣泡所導致，因爲表面污染的凹陷一般是不規則形狀，位置也都是隨機分布在全板面上。常見來源都是因爲光阻回沾、顯影不良、前處理不佳所致。圖 12-7 所示，爲來自有機殘留的電鍍凹陷缺點。

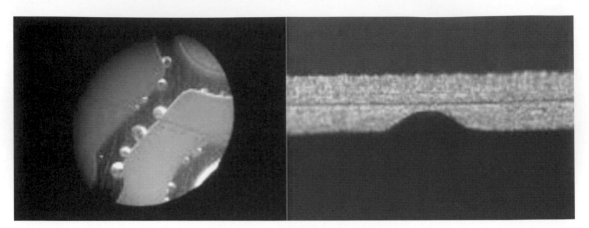

▲ 圖 12-7　有機殘留的電鍍凹陷

　　氣泡所導致的凹陷，一般會是銅面上小圓孔或半圓孔。圖 12-8 所示，爲氣泡產生的凹陷缺點。

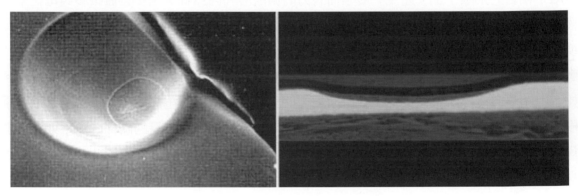

▲ 圖 12-8　氣泡所導致的凹陷缺點

　　這類缺點有些共同特徵：

- 緩降凹陷形狀
- 圓形
- 如電鍍厚度一樣深
- 在線路間及邊緣

　　這種凹陷一般都會呈現緩降現象，或是直接達到底銅位置，凹陷多數出現在線路或銅墊上緣區域。銅電鍍中重要的球狀凹陷原因，還是因爲空氣氣泡導致，他們在銅線路或光阻基部形成，阻止了電鍍反應產生。電鍍液氣體過度飽和被認爲是這種缺點的重要原因，有數種因素導致電鍍液過飽和現象發生，有些可避免有些沒辦法。氣體攪拌可能是其中原因之一，但卻也未必就一定是眞來源。氣體攪拌可促進槽液混合，利用壓力差使通孔內氣體便於排出，但它也可能是氣泡來源。如果氣體經過循環泵浦時會產生壓縮，因此會產生富含氣體的電鍍藥液。氣泡會因此在各個不同位置產生，包括光阻的側壁及通孔的凹陷處，這些氣泡就成為電鍍缺陷的來源。

　　氣體攪拌管路設計，對於達成期待攪拌型式，同時避免氣體進入循環系統十分重要。對於氣體攪拌，某些系統會以大氣泡大流量的方式設計，而有些則會以燒結細緻濾心產生非常細緻小氣泡為設計概念。以小氣泡設計的槽體，因為沒有較高垂直浮升速度，無法混合藥液也沒有引出孔內氣泡能力，這樣很快就在電路板各處均勻產生電鍍凹陷。小氣泡因為不定向在藥液中飄移，循環泵浦會將他們吸入而產生富含氣體環境，容易產生前述電鍍凹陷問題。

　　電鍍凹陷是電路板製作的良率殺手，特別是細線路板。電鍍凹陷並不是只有氣泡導致產生，也可能因為各種其他區域性有機或無機物殘留產生。當然重要的圓形或半月型凹陷，多數來自於氣泡影響，因為氣體會成長在光阻線路邊緣，產生無法電鍍現象。某些光阻會比其他光阻具有較高電鍍凹陷傾向，所有光阻都有或多或少的電鍍凹陷可能性。只要環境因素恰當都有可能發生，所不同的是發生情況是大是小及數量是多是少而已。光阻濕潤特性差異、表面缺陷情況、斥水性情況等，都會對氣泡成長產生影響，當然也會影響凹陷產生，不過電鍍液本身的表面張力或潤濕性能力也會是影響因素。

　　凹陷或空洞當然也可能會發生在孔內，空洞有可能因為空氣吸附在孔內而產生。從切片現象可發現，這類空洞多數會發生在孔中間段並呈現對稱狀，如：這類缺點會呈現無銅區段同時寬度大致相同。這種缺點與表面氣泡凹陷缺點有類同處，電鍍銅在此處有傾斜緩降面。這不同於一般污染產生的凹陷，因為由油脂、有機殘膜或其他污染物產生的缺點，多數會是不規則型式。

　　如何避免孔內殘留氣泡的方法有廣泛研究，相關作業方式如：機械搖擺擺幅加大、震盪敲擊或升降搖擺等都有效果，其中最有效的方法，就是敲擊震盪混合使用。較寬的電路板間距及較大的搖擺擺幅，也是重要而有效做法。當然，電鍍液表面力會與氣泡形成的尺寸大小有關，如果能降低電鍍液表面張力，同時在氣泡還未長大時就將它去除，對於減低這類缺點一定有幫助。

　　氣泡未必是因為外在因素產生 (如：從氣體攪拌或通孔氣體吸附所致)，他們也有可能因為槽體內自行產生所致 (如：電鍍時平行反應產生的氫氣或陽極產生的氧氣等)。酸性銅電鍍效率頗高，電鍍產生的氫氣一般都不會是主要問題。較需要避免的問題，應該是高電流密度產生的大量氫氣。純錫、錫鉛電鍍效率較差，氫氣產生的問題較嚴重必須注意。鍍金的問題會更加嚴重，特別是在低濃度高電流密度下，這方面要更加小心。如果氫氣產生，主要顧慮之一是光阻會失去應有結合力。當氫離子被還原成為氫氣原子並形成分子態氫氣，就會貼附在陰極板面，局部區域就會有氫氧離子濃度提高問題。

好的攪拌可將氫氧離子分散到整個藥液中，這就可以降低過鹼的問題影響。常見到滲鍍問題發生在金及錫電鍍，也會形成環狀滲鍍狀態，好像氣體被吸附在浮離環狀或是半月狀光阻處阻礙電鍍。一些提高電鍍效率的作法，用於改善這種問題，成功減輕了光阻浮離問題，這呈現了確實氫氣產生造成光阻浮離問題。

12-11-2　有機物對電鍍添加系統的影響

電鍍槽內會做有機物添加，用以改善金屬析出狀態，如：厚度均勻度、通孔均佈力、破裂強度、伸張強度、結晶尺寸及合金電鍍均佈能力等。聚多醇類添加劑用於酸銅及錫鉛電鍍槽，藉以形成均勻擴散介面層，對苯二酚 (Hydro-quinones) 用來防止二價錫 ($Sn+2$) 氧化，含有硫元素的有機分子作為光澤劑 (用於改善結晶結構)，氨基化合物可添加作為平整劑 (Levellers)。

部分添加劑宣稱在低濃度下會發生影響，也可能經過複雜電化學反應產生有電化學活性的成分。多重消耗機制如：受空氣氧化、陽極氧化或與金屬共析，使得藥液添加與分析十分複雜。微量有機物產生的干擾，如：潤濕劑、消泡劑及光阻釋出的物質等，都有一些文獻記載，但部分問題似乎無法避免。干擾狀況大致有以下幾種：

- 電鍍孔均佈能力降低
- 電鍍層表面呈現深色或燒焦表面狀態
- 析出金屬變脆
- 干擾槽液控制分析工作

槽液控制技術可使用電化學指標性設備如：CVS (Cyclic Voltammetric Stripping)、高效率色層分析法 (HPLC)、TOC (Total Organic Carbon)，或模擬實際電鍍槽狀況的賀氏槽 (Hull Cell)，用賀氏槽的方法是利用比較同樣電流密度範圍中，金屬析出狀況是否正常的分析法進行判斷。HPLC 有分析特定成分的能力，可以利用已知化學成分與槽液做比對，來評估槽液電化學行為。

但 HPLC 的掃描，常表達出表象數值，並沒有相關電化學活性的波峰涵蓋面積及波峰數量等資訊。TOC 可追蹤槽液的碳化合物含量累積，但沒辦法指出這些含碳物質是好、壞還是不良。賀氏槽測試無法指出示何種成分產生的電鍍結果影響，但可以靠經驗法輔助觀察電鍍槽成分表現或分解污染狀況。同時它也是好的指標，可作為是否進行活性碳處理的參考。

　　所有電鍍光阻都有在電鍍液中浸潤釋出有機物的現象，基於電鍍槽液會有污染物帶出、帶入及添加劑本身自然分解等影響，當槽液有機物累積到一定含量時，活性碳處理變成不可少的步驟。此時問題就變成，每單位面積光阻會產生怎樣的釋出量及成分才是可接受的，以及在電鍍品質允許狀況下，怎樣的處理頻率才是使用者的期待。另外一個需要注意的事項，就是生產者要用什麼測試方法，才能得到有意義的光阻評估資訊，這也是在評估前必須注意的事項。

　　光阻膜的浸潤釋出量測試在業界並沒有標準方法，但有些一般性測試方式被採用。典型方法是採用模擬生產過程中，可能的電鍍液單位體積光阻負荷量，以一定時間做浸泡。光阻膜浸潤測試，可用整個體積一次加入，並保持在測試過程中一直接觸藥液。或者也可採用分次浸泡達到電鍍時間範圍，進行新光阻膜更換繼續測試，這樣可累積總浸泡面積來觀察產生的影響。

　　測試方法一般都會經過所有電鍍可能步驟，這包括顯影、電鍍前清潔脫脂、微蝕、電鍍銅、電鍍錫或錫鉛等過程。為了要與實際狀況儘量接近，採用的光阻膜最好是經過線路製作的光阻膜 (因為線路邊緣可能有較弱聚合)，同時在電鍍時最好能有完整電流供應及空氣攪拌等實際操作狀態。如果採用脈沖式電鍍，則模擬模式也最好是相同狀態。

　　檢測釋出物質的影響，會用賀氏槽做測試，偶爾也會用 HPLC 做成分鑑定。評估項目會包含測試片電鍍，在不銹鋼板上電鍍出銅薄膜，之後做一些內部應力、伸長率、伸張強度的測試。有機污染在錫或錫鉛槽都會產生均佈能力變化影響，其中尤其是錫鉛電鍍還可能會影響合金組成。對於合金電鍍，可使用 X-ray 分析，可概略知道金屬組成變化。這些相關數據，可繪製成微電流密度與金屬組成關係，也可做出釋出物對組成影響關係圖。典型錫鉛電鍍比例為 60/40，較低電流密度會讓錫比例提高，但電鍍液的目標一定是能保持低敏感度控制能力，因此釋出物影響為何，必須特別注意。

12-11-3　不平整的電鍍線路

　　線路電鍍應該是平整的，但有時候會看到邊緣產生破碎現象 。一條破碎不平整的電鍍線路，可被描述為寬度不平整的線路電鍍缺點。破碎線路外觀現象，如圖 12-9 所示。

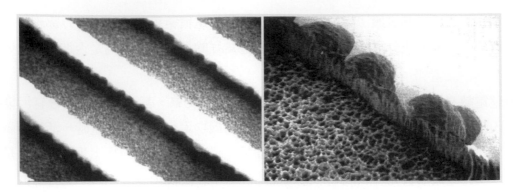

▲ 圖 12-9　破碎的線路外觀

　　線路寬與窄的區域交互出現在線路上，現象並不類似因為光阻產生的單一突出，或因為錫滲鍍產生的突出現象。同種現象在單一線路出現一個凹陷的小點，有可能是因為光阻回沾造成的錫或錫鉛電鍍不良，不會形成破碎不平整現象。這種破碎線路，有可能被認定為外觀缺損或直接被退貨，因為線寬間距可能超出既定規格，也可能是因為阻抗控制因素或怕高頻訊號干擾問題。

　　破碎線路外觀，以 SEM 從上方觀察，多數在將錫或錫鉛剝除後會呈現破碎現象，這種現象在 100 倍顯微鏡下也可看得出來。一般是線路頂部有破碎不整的現象，但線路底部卻沒有這種現象。不整齊現象的位置，可提供產生問題的線索，最容易造成這種問題的原因是不均勻的蝕刻。一般蝕刻底部切割不容易產生這種問題，因為線路蝕刻是隨機性的，不會因為干擾而產生不均蝕刻。即使是在全板電鍍或銅皮，也不會在線路附近產生這種問題。有跡象顯示這種破碎不整線路，會出現在線路電鍍板面，且是局部性現象。

破碎電鍍線路的產生原因

　　受到阻礙隨機蝕刻的因素影響，線路側向蝕刻會受到干擾，有時候連垂直方向蝕刻也會受到影響。這種現象有兩種不同原因看法：(1) 錫或錫鉛在銅的邊緣形成 (2) 光阻剝除不全。

錫或錫鉛在銅邊緣形成

　　銅並沒有順利的順著光阻邊緣向上電鍍，留下了一個間隙讓錫或錫鉛電鍍進去，不均勻金屬電鍍成為不均勻蝕刻阻劑貼附在銅的邊緣。如果這種現象伴隨著錫或錫鉛剝落，則有可能會產生阻劑延伸到線路電鍍區。一般在錫或錫鉛電鍍前不會有可偵測的間隙，但有可能在錫或錫鉛電鍍時局部光阻收縮或浸潤造成這種問題。圖 12-10 所示，為線路側面鍍上錫現象。

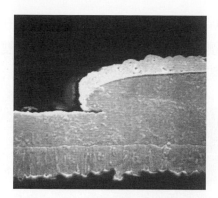

▲ 圖 12-10　線路側面鍍上錫的現象

如果確實有間隙產生，則金屬蝕刻阻劑就有可能產生遮蔽。這個間隙的產生，可能會在鍍銅後做烘乾光阻收縮造成，也可能因為鍍錫或錫鉛前浸泡造成，當然電鍍錫或錫鉛時也有可能。最普遍間隙電鍍產生原因，是因為光阻足部位置產生突出，而有所謂的 " 正向光阻足部 "(Positive Resist Foot) 問題。在另外一種狀況下鍍銅有所謂 " 冠狀電鍍 "(Crown Plating) 現象，也就是電鍍線路有突出形狀，因此使錫或錫鉛電鍍會鍍到銅線路邊緣。

但必須注意的是，這種電鍍狀況或許會有線路破碎不整現象，但卻未必一定會發生。因為有時候冠狀線路電鍍，會同時有間隙及密合兩種狀態存在，如果只是冠狀電鍍形狀但是沒有間隙，這種問題就不一定會出現。

光阻剝除不全的問題

線路破損不整的問題，也有可能發生在以線路電鍍製程製作，但線路邊緣光阻剝除不全狀況下，它有可能存在於線路電鍍銅與底銅或全板電鍍銅間。圖 12-11 所示，為光阻在線路邊無法清除乾淨的狀況。如果這種現象出現，殘留光阻就會是抗蝕刻劑，因此而阻礙了側向蝕刻，這就會產生寬度不均線路不平整的外型。

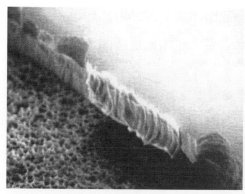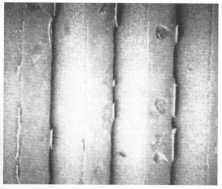

▲ 圖 12-11　光阻殘留線路邊無法清除

"正向光阻足部"會被線路電鍍挾持住，這會讓它無法在剝膜時順利去除，其實這也可能會產生冠狀電鍍外型，讓錫或錫鉛鍍到線路邊緣，這樣雙重側蝕干擾影響就出現了。圖 12-12 所示，為光阻夾在線路電鍍銅底部的現象。

▲ 圖 12-12　光阻夾在線路電鍍銅的底部

由這些缺點現象較可明確看出，破碎不平整線路型可能會是因為錫或錫鉛電鍍或光阻剝除不全所致。但兩者間的不同，在於其機構並不相同，如果將錫或錫鉛去除，有可能因為光阻同時去除而無法分辨兩者間的差異。因此在分辨問題時必須小心其間不同，最好的檢查時間是在剝錫前進行分析。一般上視方式不容易觀察到線路側面現象，如果用 SEM 則不容易分辨光阻與金屬間的差異，因此使用立體顯微鏡進行線路觀測會是不錯的選擇。

防止線路邊緣破碎外型的建議

當然要防止這類問題，最佳選擇就是確認光阻實際表現。當檢查製程內容時最值得注意的是，檢討什麼狀況會讓光阻產生 " 正向光阻足部"(Positive Resist Foot) 現象。

減低因光阻殘留產生不平整線路的製程建議

- 製程狀況要儘量減少半聚合問題，這種光阻不容易在顯影順利去除。當底片與乾膜光阻產生較大間隙，容易產生局部半聚合帶，也因此這種問題應該適度修正真空操作，讓底片在曝光前下壓狀況改善。
- 最佳化剝膜液狀況，使剝膜效果確實獲得清潔完整的剝膜結果。
- 改善顯影狀況並不能去除不平整線路問題，除非 " 正向光阻足部"問題可以去除，此時如果注意到顯影最佳化，會對這個問題改善加分。

如果電鍍產生跨乾膜電鍍現象 (Overplating)，也會造成剝膜不全問題，此時電鍍問題必須做研究：過低的均佈能力使電鍍必須提高平均電鍍厚度，以獲得必要孔銅厚度就是可能原因。在這種狀況下，採用較高均佈能力電鍍系統是必要工作。如果因為電流密度分布問題，遮板、電鍍掛架設計、陽極擺放位置或設計等都必須留意，當然脈沖式電鍍也是可做研究的方向。

對乾膜去除不全的問題，有人提出乾脆將乾膜完全破碎成小碎片，這樣就可避免它產生的問題。確實有些配方加入剝膜液後，可以幫助乾膜去除，但採用的過濾系統就必須加強，以免發生碎片過小無法分離的問題。另外在設備功能方面，適度加強噴壓、提高剝膜液溫度、降低槽液乾膜負荷量，都會對剝膜效果有幫助。

減低因電鍍產生的不平整線路製程建議

找出錫或錫鉛電鍍到線路邊緣的原因，乾膜選用應該注意要能夠承受電鍍藥液攻擊。避免在鍍銅後產生乾膜收縮，並達成乾膜與電鍍銅能密接狀態。過強的脫脂清潔處理，容易造成乾膜剝離使錫或錫鉛滲鍍。選擇較緩和的脫脂劑及適當操作條件，可降低這種問題產生。

一般光阻較容易在低金屬高酸的錫或錫鉛電鍍槽被攻擊，氟硼酸比甲基磺酸活性強。在低酸系統，也較容易避免錫或錫鉛電鍍到線路邊緣問題。這是另一個反應機構現象，因為此時電鍍具有較低均佈性，錫或錫鉛不易鍍到間隙中。

12-11-4　電鍍的銅瘤

這種缺點都來自槽液污染，其來源如：陽極袋破孔、化學銅脫落或粉塵進入等，而不當過濾也是常見原因。使用一個較大的泵浦、較佳的過濾系統或是更換進出口的位置都可能改善問題。圖 12-13 所示，為通孔內銅瘤的範例。

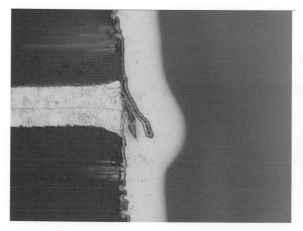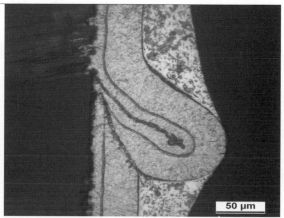

▲ 圖 12-13　通孔內的銅瘤

12-11-5　層次性電鍍

層次性電鍍如：凹陷，可能發生在銅電鍍過程。層次性電鍍包括局部未電鍍區域，這些區域會比一般平均高度要低。一般肇因是顯影後有殘膜留在板面，殘膜產生原因有可能是壓膜前銅面不潔或顯影不當。有時候這種問題來自於曝光貼合不良，造成線路邊緣擴散無法顯影乾淨，當然殘膜也可能因為電鍍前處理或微蝕處理水洗不良所致。這些殘膜會遮蔽電鍍，直到被電鍍液洗掉才產生電鍍作用，這就會產生該區厚度比週邊區域薄的現象。

12-11-6　環狀或轉角的斷裂

應力斷裂一般發生在電鍍通孔轉角，這些斷裂會發生在後續製程，當銅快速受熱並膨漲 (如：組裝波焊) 最容易發生，這種問題可用熱衝擊驗證。這是因為電鍍銅析出物脆性問題所致，多數原因是添加過多添加劑或電鍍液產生有機污染，改善法可採用活性碳處理解決。圖 12-14　所示為典型轉角斷裂範例。

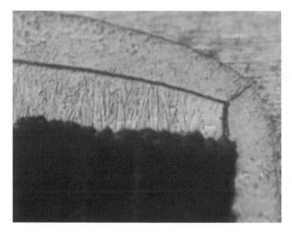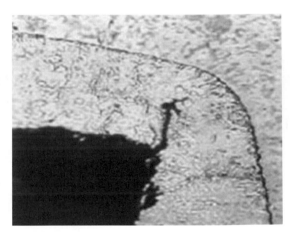

▲ 圖 12-14　通孔轉角的斷裂

12-11-7　電鍍產生了跨乾膜的電鍍問題

選擇適當乾膜是防止電鍍過厚跨膜的好辦法，其他電鍍跨膜問題包括：

不良電鍍槽設計

最有可能產生局部過度電鍍的原因，是因為電鍍槽設計、區域性陽極 / 陰極表面積比例不當及距離，是電鍍均勻度的關鍵因素。

線路分布的密度

　　電鍍過厚跨膜的問題有時候與電路板設計本身有關，如：線路位置與分布密度。如果電路板線路設計有密集線路及獨立線路，線路電鍍時必然會不均勻。一般電鍍厚度會在獨立線路較高，相對的密集線路就會較低，這種獨立線路就容易發生電鍍跨乾膜問題。因為沒有辦法對設計完成的電路板做更動，因此改善答案必然是從調整電路板狀態著手。圖12-15 所示，為典型電鍍過厚草菇頭缺點問題。

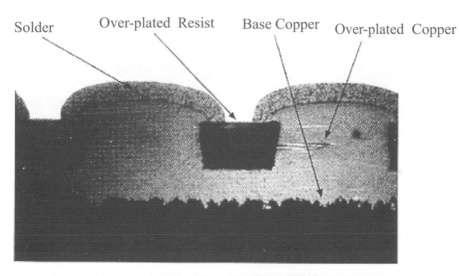

▲ 圖 12-15　過厚的線路電鍍

　　適度調整電路板在電鍍掛架上的位置，可減低跨膜電鍍嚴重性。如果某片電路板有這種不均衡線路設計，可採用交替式排板法可改善電鍍問題，線路鬆與緊的面交替掛在電鍍槽，就可降低密度均衡性差異，也可降低跨膜電鍍的嚴重性。當然有時候，適度在電路板邊加犧牲板分擔電流，使電流密度做適度重分配也是可嘗試辦法。

12-11-8　金屬抗蝕鍍層的問題

　　目前除了構裝載板外，一般的略高密度的電路板，仍然以線路與金屬抗蝕層電鍍製作線路。同一片電路板，線路的分佈必然會有疏密差異。在相同的總電流控制下，會因為這些幾何分佈差異，產生電流密度差。獨立線路區，電流密度會呈現高電流密度，一般匯流排區則會呈現中電流密度，而大銅面則會呈現低電流密度。這是電鍍的自然現象，很難有徹底解決的方法。

也者有時候會面對鹼性蝕刻線路破洞的問題，藥水供應商經過研究發現，其實某些配方的電鍍純錫，會因為這些電流密度差異產生不同的結晶結構，典型的結晶狀態，如圖12-16所示。

低電流密度　　　　　　　　　　　　　　　　　　高電流密度

▲ 圖 12-16　典型純錫電鍍的結晶結構

乍看之下可以看出高電流密度區，呈現的結晶結構較細密，表面比較粗糙起伏，好像沒有其它太大差異。但是經過切片超聲波清洗，就發現兩者的強度與脆性有差異，圖12-7所示，為經過測試後的表面狀況切片。

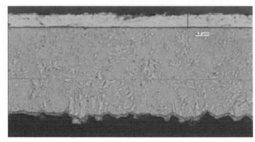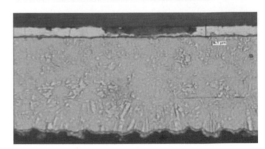

低電流密度　　　　　　　　　　　　　　　　　　高電流密度

▲ 圖 12-17　切片純錫電鍍面經過超聲波清洗後的狀態，高電流密度表面脫落

進一步研究檢查，並沒有發現細部的晶像結構有任何異常。再做表面分析，發現剝落錫的表面似乎有污染狀況存在。圖12-18所示，為剝落樣本的 SEM 分析，可以看到高電流密度區乾膜也都呈現變色狀態。

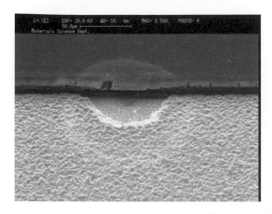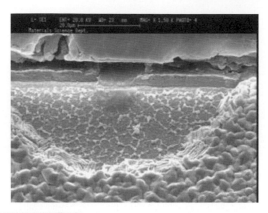

▲ 圖 12-18　錫面剝落細部觀察

　　標準流程，純錫電鍍後會做剝膜、蝕刻、剝錫作業。這種剝落，必然會導致接著的蝕刻產生線路坑洞，必須確認其實際肇因。經過 EDX 掃瞄分析，可以發現應該有乾膜浸潤污染的現象。圖 12-19 所示，為 EDX 偵測結果

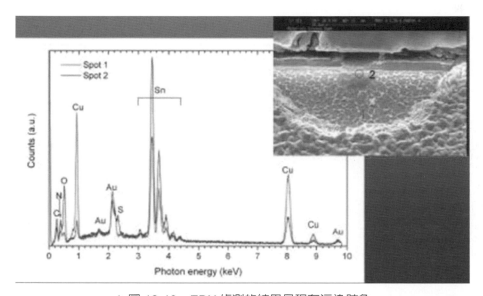

▲ 圖 12-19　EDX 偵測的結果呈現有污染跡象

　　基於這些現象，業者認定高電流密度區的銅電鍍多數都會比較平滑，因此如果沒有恰當的粗化面，結合力會偏低。另外鄰近的環境應該有污染的風險，導致乾膜有浸潤滲出的污染風險。這些可能的因素，是採用這類製程者應該要留意避免的。

蝕刻

13-1 :::: 製程現象說明

　　蝕刻製程在電路板製造流程中，是擔任去除銅的角色，蝕刻液本身不是以選擇性反應，而是靠抗蝕刻阻劑幫助選擇性去除。選擇性膜可能是有機光阻，或是金屬抗蝕刻膜，如：錫鉛或是純錫。蝕銅作用是採取化學法：銅是被氧化後變成可溶性鹽類被移除。酸性蝕刻主要用影像轉移 / 蝕刻類製程，氧化介質可能是金屬鹽類存在高氧化態下，如：氯化銅 ($CuCl_2$) 或氯化鐵 ($FeCl_3$)，較低氧化態的金屬離子會利用再生法，如：添加雙氧水等藥劑讓藥液回復活性，設定的氧化還原電位，可以啟動氧化劑添加及關閉。鹼性蝕刻劑如：氨蝕刻劑，用於採用金屬抗蝕刻膜的蝕刻應用，這種配方可減低蝕刻劑對抗蝕膜的攻擊。蝕刻劑仍然是氯化銅，但與氨產生了錯合作用。蝕刻後低氧化態產物形成氯化亞銅錯合物，它會與空氣中的氧氣做氧化再生。

　　電路板暴露在水平傳動蝕刻液噴流槽中作用，槽體上下都有噴流機構。重要的蝕刻表現，要看全板蝕刻速率均勻度，這包括了電路板上下兩面在內。為了要產生良好線路，理想狀態是只有正向蝕刻而沒有側向蝕刻，但無論如何側向蝕刻是必定存在的。正向蝕刻與側向蝕刻比例，稱為蝕刻比 (Etch Factor)，而高蝕刻比是做業者的期待。銅皮結晶結構會影響蝕刻比 (如：一般較期待 111 結晶)。但以結晶結構改善蝕刻表現，到目前都沒有真的實現過。有些特殊蝕刻添加劑宣稱具有 " 護岸劑 " 功能，可減弱側向蝕刻，使正向蝕刻能相對較強，這些藥劑一般都是有機物，傾向於在液體剪力較弱的區域產生保護層。

　　至於其他表現的考慮，包括減低蝕刻劑對抗蝕刻膜的攻擊，能夠滲透薄的殘留物不至被阻擋產生不潔問題。蝕刻劑選擇有時候會考慮生產線上再生能力、成本及安全性和排放或再生可能性，在蝕刻槽之後是清洗、剝膜、乾燥段。

13-2 重要的變數及特性

1. 酸性蝕刻的化學品參數

　　酸性蝕刻化學品變數控制，較重要的是 Cu++/Cu+ 比例及酸當量濃度、總銅含量等，在高 Cu++/Cu+ 比例下會有較高的蝕刻速率，在高酸、高銅含量下 (沒有溶解度問題狀況下)，也會有較高蝕刻速率。比重常是間接化學狀態指標，用以防止超過溶解度的限制，同時啓動添加系統。

2. 鹼性蝕刻化學品參數

　　鹼性蝕刻控制速率化學品變數，主要有銅含量、氯濃度及酸度 pH 值。銅及氯含量，是活性物質氯化銅銨錯合物的間接指標，另外一個間接指標是 pH 值：它用來觀察是否有足夠自由氨基，進行氯化銅錯合作用。在蝕刻槽中的氧含量是不被監控的，而槽液比重則是用來作為間接指標，用以監控槽液落在安全溶解度範圍內。它以金屬鹽累積狀況偵測蝕刻劑消耗狀況，同時作為啓動添加機制。

3. 其他重要參數

　　在蝕刻槽內的總時間長度，是蝕刻非常關鍵的變數 (因為影響蝕刻深度)。槽液溫度、噴流壓力及噴流覆蓋狀況，也都是重要變數之一。有效噴流衝擊是要穿過蝕刻液膜，到達銅與蝕刻液介面，這主要是看噴流壓力、噴嘴形式及液體形成的阻隔層。蝕刻液藥液膜厚度會受水滯效應影響，這種現象可以靠適當噴嘴配置及搖擺降低影響。水滯效應影響上下不同，這個影響降低可以靠中途翻板及壓力調節降低。任何行進中採用的傳動設計，都有可能會遮蔽噴流藥液，因此隨機配置傳動滾輪反而會造成蝕刻的不均。較適當的辦法，是採取交錯式排列讓所有區域可能遮蔽機率大致相同，加上噴流搖擺就可將不均問題降到最低。

　　蝕刻線路的均勻度，尤其是特別細的線路，還是必須依賴均勻顯影及良好蝕刻縱橫比，一個無關於蝕刻劑或機械變數的變數。蝕刻深度縱橫比例，如：蝕刻液填充區域中深度對寬度的比例，這是對電路板設計而言重要的參考值，包括銅厚度及光阻厚度。薄而均勻的光阻及薄銅皮可降低此縱橫比值，有利於線路蝕刻寬度均勻度。

另外一個變數，光阻顯影出來的線路均勻度，這是重要的功能性前製程處理，它的顯影線路能力及獨立線路承受蝕刻劑衝擊能力，都對於機械與化學腐蝕能力產生同樣重大影響。

作業者可以把銅厚均勻度當作蝕刻的變數，這個變數不會直接影響蝕刻本身，但卻會對蝕刻結果產生重大影響，就是線路寬度的均勻度。如果在蝕刻前銅厚度變異已經存在，即使有最佳蝕刻控制，也會產生一定線寬變異量。

13-3 ⠿ 乾膜的選擇

抗蝕刻膜的選擇關鍵因素，主要還是看蝕刻劑選用種類。以抗蝕劑名稱來說，呈現的意義就是可用來阻擋蝕刻物質攻擊。因此在酸性蝕刻液中採用光阻與鹼性蝕刻液中採用抗蝕乾膜，其間差異就在於蝕刻液化學行為有明顯不同。有部分乾膜光阻可用於鹼性蝕刻液作業，同時也可用於酸性環境，至於用在線路電鍍的光阻，則幾乎都可用於酸性蝕刻液環境。一般專為鹼性蝕刻液設計的乾膜光阻，在顯影及剝膜時會比用於酸性蝕刻液的乾膜慢。有時候這種乾膜也呈現較差的解析度，同時可能會在電鍍液中出現問題。

13-4 ⠿ 酸性蝕刻的均勻度 - 關鍵表現考慮

線路蝕刻均勻度的量測，可用顯微鏡讀取法或以電阻法測量。一些蝕刻均勻度研究，採取半蝕刻法實驗，銅厚度變化量測則採用渦電流法，用以比較蝕刻前後變化狀況。至於線路均勻度，也以固定測量儀器如：AOI 或顯微鏡做測量。對於蝕刻速率變化、蝕刻均勻度及蝕刻比，都有區別性分析。蝕刻速率與蝕刻均勻度似乎變數相當不同，多數研究認為蝕刻速率影響因素包括溫度、噴壓、時間、槽液比重及氧化還原電位。影響蝕刻均勻度的因子，則包括電路板尺寸及線路設計 (如：獨立與密集線路)、水滯效應、銅厚度變異、抗氧化處理、局部衝擊力等因子。傳動速度及酸自由基含量是最重要蝕刻速率因子，一般控制水準應該保持在 +/- 0.7 cm/min 及 +/- 0.08 N 能力下。蝕刻均勻度有各種不同改善方式：

- 銅皮厚度變異減低到 +/-10% 以下。
- 板中心與板邊間因為水滯效應產生的差異，必須調節時間與噴流狀況最小化。垂直製程對水滯效應是無解的，因為它在蝕刻液排除時產生了另一個垂直水滯膜。
- 如果可以在蝕刻中做翻版，可降低板面上下差異，但對於機械的實務作業及影響，則必須要列入改善時考慮。

● 區域性噴壓不均與遮蔽問題，可採用較薄滾輪及均勻陣列法解決，噴流機構搖擺對於均勻度也有幫助

蝕刻最討厭的側蝕問題，會以量化蝕刻比來描述，比例關係一般是以垂直蝕銅深度與側蝕寬度比作指標。圖 13-1 所示，為線路蝕刻比定義。

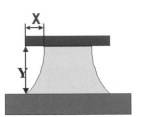

Etching factor = Y/X
(Just etching)

▲ 圖 13-1　線路蝕刻比的定義

一般人都知道如果蝕刻的過蝕 (Overetching) 現象愈多，這個值爬升得就愈多愈高。因此要比較實際結果，必須注意讓蝕刻量恰好達到線路底部與抗蝕刻膜寬度一致，此時做寬度測量才有相同比較標準。曾有研究報告討論對於 1 OZ 銅皮做蝕刻測試，發現製作 3mil 線路單邊側蝕量約為 0.5mil 左右，這對於一般量產已經是非常驚人的數字。因為如果採用普通銅皮做蝕刻，如果評估方法正確，蝕刻比大約都維持在 1.5 ～ 1.8 左右，但這個實驗卻表達出可能達到約 2.9 的水準。

不過因為電路板尺寸、採用的乾膜厚或光阻型式等都沒有交待清楚，因此準確性值得商榷。另外這種實驗也無法保證實際線路均勻度，因為光阻本身的寬度變異、銅厚度變異、銅粗化面深度等因素，都不是一般實驗結果所能涵蓋。

另外有兩個蝕刻均勻度研究也值得注意：

在 1990 年時，有乾膜供應商與設備商進行共同實驗，所得結論認為在製作 4 mil 線路 5 mil 間距狀況下，若能改善蝕刻設備，線路蝕刻有可能將線路寬度變化保持在 10% 以內。改善前有 50% 左右變異來自蝕刻本身，並非來自前製程影響，蝕刻設備改善後有機會將變異縮小近一半。這些研究驗證了維持蝕刻線表現穩定的重要參數，其中最重要的兩個變數就是酸含量及蝕刻時間。

因為研究過程採用一次變動一個變數，因此參數變動量都只能維持在總變動量極限的一半，以保持整體結果能在允許範圍內。線路寬度變異不受限於線路本身，而在產生間距

的操作變數上，因此當製作較細線路時，線路寬度變異百分比隨線路變細而放大。底片設計必須做到 2 mil 才能製作 3 mil 線寬間距的線路，對一般製程，這已經是這類製程線路設計的極限。

13-4-1　光阻的狀態與蝕刻效果的關係

光阻的厚度及邊緣的形狀

獨立線路比密集線路容易產生過度蝕刻是眾所週知的事，因為獨立線路液體交換率高，但密集線路的交換率就不容易維持同樣水準。這種現象尤其出現在線路寬度接近 2-3mils(50-75μm) 以下的時候，對於電路板線路製作會產生極大影響。由於穩定阻隔層包圍了線路區，讓新鮮藥液很難突破障礙擴散到銅面，而藥液噴流速度可降低擴散膜厚度。

至於光阻在蝕刻均勻度的表現，其實也相當重要，就如前述光阻厚度會影響蝕刻縱橫比，因此較薄光阻會是比較期待的模式。雖然有明顯製程優勢，但乾膜受限於必須有一定厚度才有足夠變形量貼附銅面，因此不容易達成期待的狀態。雖然近年來有改善方法將乾膜的保護膜變薄，可以強化乾膜柔軟度，但相對的也容易產生壓膜皺折，這方面需要注意。

另一個影響因子就是光阻線路邊緣形狀，對於影像轉移後直接做蝕刻的光阻，有 " 正向光阻足部”(Positive Resist Foot) 外型有利於細線路製作，當然這必須是殘足狀況十分穩定均勻不會過長的狀況。這種外型能讓光阻足部定義出穩定線寬，同時光阻上緣有較寬開口可方便藥液置換。然而這種光阻邊緣，卻不是電鍍型製程期待的狀態，因為會有電鍍夾膜與冠狀電鍍問題。剝除蝕刻這種光阻，會產生破碎不均的線路，因此光阻在足部殘留量最好接近垂直，但是不要產生底部掏空現象，這會產生滲鍍問題。圖 13-2 所示，為三種顯影後的乾膜外型，對不同製程各有其優劣勢。

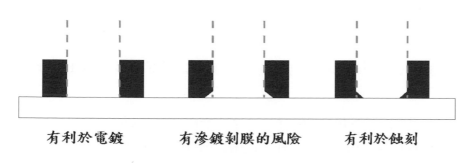

有利於電鍍　　　　有滲鍍剝膜的風險　　　　有利於蝕刻

▲ 圖 13-2　三種顯影後的乾膜外型示意

光阻的黏著性

前文所提側向蝕刻也會因爲光阻沾黏力，對細線路蝕刻產生影響：銅與光阻結合區會因爲線路需求愈變愈窄，可能會導致光阻脫落。假設在相同銅面外型、光阻變形量、相同交鏈及聚合物柔軟度狀況下，兩種不同光阻仍然會有不同蝕刻承受力，因爲光阻與銅化學黏著力其實並不相同。

光阻區與非曝光區與銅的化學鍵結力，並不完全決定於光阻化學結構，同時也受銅面化學結構影響。近年來由於直接電鍍及抗氧化處理較平滑銅面，常出現在光阻貼合中，因此光阻結合力常必須依賴適當光阻配方達成。這些結合力促進劑，常是專有特殊配方，能形成有機物與銅介面結合力。一般建議最好對光阻結合力促進劑做適度測試，確認其相容性以免發生顯影不良問題。

13-5 面對蝕刻比的挑戰

可惜降低側蝕的補救措施，雖然有想法卻可能效果不佳或不可行，一些提出的相對想法如下：

- 銅皮有不均向晶像，使蝕刻能產生垂直速度比側向速度快，但材料不可得
- 經驗得知鹼性或酸性蝕刻沒有太大蝕刻比差異，兩者間切換沒有太大意義
- 蝕刻液所謂專有配方 "護岸劑"，似乎實際作業並沒有發揮應有效用
- 金屬抗蝕膜比有機抗蝕膜表現更糟，因爲有氧化還原電池效應 (Galvanic Cell Effect)，會使側蝕加劇 (由此可知錫作爲抗蝕劑會比金好)

如果氯化銅蝕刻控制系統採用非常低酸，同時補充系統用強氧化劑鹽類，應該可獲得較好蝕刻比。然而因爲蝕刻比不容易測試，測試時應降低需要蝕銅的厚度，就可以降低整體側蝕量，這需要靠使用較薄及更均勻銅皮。

13-5-1 薄銅皮的選擇

如果設計規則允許，採用 0.5 oz (約 18μm) 或 0.25 oz 的銅皮取代 1 oz 銅皮是適當選擇。

- 用於增層板薄銅皮可採用載體作業，作業完畢後將載體去除回收。
- 有些製作者採用較厚銅皮開始製作，後續做削銅蝕刻到期待厚度。
- 降低孔內銅厚度要求到較低水準，這有利於銅均勻度達成。

13-5-2　改善銅厚度均勻度

銅厚度最高值是影響蝕銅線路側蝕量的重要因素，除了銅厚度外，對銅的平均厚度最好接近需要厚度的最低值，這會更有利線路製作。因此可以考慮以下想法：

- 將銅皮轉換為低稜線、細緻晶粒銅皮，可減少需要清除較粗、深牙痕的銅皮所需時間，這些深入樹脂的銅不容易清除
- 傳動型或水平電鍍設備有改善電鍍均勻度的能力
- 脈沖電鍍可改善電鍍均勻度，同時可縮短電鍍時間，降低面銅需要的電鍍厚度。部分設備設計採用不溶性陽極，有助於保養便利性及濃度維持

13-6　蝕刻劑的綜觀

13-6-1　酸性氯化銅

酸性氯化銅蝕刻液並不是專有蝕刻劑，主要成分就是氯化銅與鹽酸，多數用於製作內層板的線路，以有機光阻作為抗蝕刻膜。酸性氯化銅會攻擊金屬抗蝕膜，因此不會用在影像轉移 / 電鍍 / 蝕刻製程。這種系統控制簡單又便宜，但是蝕刻速度比鹼性蝕刻液慢。

13-6-2　鹼性氯化銅

鹼性氯化銅蝕刻液具有不同的專有配方，設計達成高生產率目標及細線生產能力。這種蝕刻液，適合用於鍍錫或錫鉛的抗蝕膜製程，因為這類金屬受到攻擊的程度有限。所有水溶性光阻都或多或少會受到這種蝕刻液攻擊，但部分光阻配方可在適當控制下使用。某些特殊配方，特別為適應這種蝕刻液而設計，主要目的是為了用於外層線路製作，但偶爾也用於單雙面板製造應用。

13-7　蝕刻的製程與設備

一般蝕刻製程會採用傳動式設備，內含噴流蝕刻液的封閉系統。噴流設計可增加生產速度，也可以發揮細線製作能力。一般噴流蝕刻設備會包含一套封閉噴流通道，並在週邊設置集流槽作為蝕刻液緩衝、溫控及過濾空間。必須做槽液冷卻，因為製程屬於放熱反應。蝕刻液會由泵浦傳送到噴流機構，可以產生均勻噴流分布，讓蝕刻液均勻散佈到蝕刻處理通道中。噴流設計是安裝在電路板兩面，可同時處理上下面線路。傳動有可能是垂直或水平，噴嘴可以是錐形或扇形。經過蝕刻處理，電路板會傳送過循環流動的清洗槽，做

藥液清洗將殘液從板面去除。蝕刻後水洗的目的是：(1) 完全去除板面殘留蝕刻液；(2) 降低水中殘銅量達到低水準，這才便於後續廢水處理。

13-7-1　氯化銅蝕刻的化學反應與製程控制

蝕刻液化學組成會隨蝕銅作業而變化，為了要維持蝕銅液期待範圍，必須有添加與移出才能達成，主要相關控制步驟包括蝕刻液再生及補充。再生的定義就是更新、還原或替代性處理，而補充則是添加新物料填充或完成回到原有狀態的程序。用於蝕刻製程，再生被認定為將亞銅離子轉換回銅離子狀態的過程，銅離子是實際的蝕刻劑，至於補充則發生在任何新鮮藥液補充到製程中時。

噴流的壓力與位置配置

強大噴流衝擊力產生的流體，可加速銅面蝕刻速率。這種做法並不只是增加生產速度，同時可增加噴流蝕刻產生的解析度。噴流壓力可維持在 20-35 psig，然而實際噴壓調整必須考慮達成兩面銅的去除速度一致需求。對於水平系統，這種調整必須要平衡上方水滯效應及設備所有可能產生的遮蔽障礙。

對噴流機構間壓力分布及適當噴流位置與角度調整都必須注意，以維持整個蝕刻槽長短方向均勻性。噴嘴形式、調整及搖擺等，也是用來改善蝕刻速度均勻度的方法。電路板上方蝕刻狀態，週邊蝕刻速度較快但中間會較慢，這是因為藥液產生的水滯效應發生在板面，而噴流機構做適度搖擺就是為了減少這種現象。

由這種現象也可看出，不同電路板面積呈現出來的蝕刻線路均勻度會有差異，因為電路板愈大水滯效應影響就愈大。某些電路板製作時，為了要改善這種問題，在板中間加一些排水孔或槽，經驗證也確實能對線路均勻度產生正面效益。目前有些軟板製作者，對超細線路製作有不同看法，尤其是 COF 及 TAB 製作者，會對選擇製程產生猶豫。

其實純從蝕刻技術看，多數窄捲帶式製作者採用油墨塗佈建立光阻，又利用窄幅尺寸製作，這可獲得相當好的細線製作能力。因為曝光可採用投射式作業提昇解析度及良率，同時因為油墨可形成較薄光阻層，有利於蝕刻液交換，另外又因為寬度小使得蝕刻差異及水滯效應不容易發生。由這些觀點看，窄捲帶式生產實在有它的道理。但從量產眼光看，如果規格允許當然最好能夠用更寬材料製作，因為生產效益較高。

傳動速度

傳動速度快慢的控制，主要是為了使電路板達到足夠反應時間，以獲得期待的蝕刻結果，不論是線路寬度、側蝕量或適當阻抗值等。決定蝕刻反應完成點是重要的傳動速度指標，而所謂蝕刻反應完成點指的就是蝕刻程度洽好達到必要最小間距時的位置。一般表達方式是以蝕刻槽長度百分比為指標，常見的位置多數在 80-85% 左右較理想，然而要刻意過蝕刻則可設定在約 75% 的位置。對於取得蝕刻比的數據需要非常小心，因為所得的結果會受到過度蝕刻影響非常大。要比較兩種不同藥液有效蝕刻比，或同樣藥液在兩種不同操作狀態下產生的結果，比較的基準應該固定在線路寬度相同的狀態下。

氧化還原電池反應

側蝕狀態常會因為氧化還原電池 (Galvanic Cell Reaction) 現象而擴大，這種現象都發生在抗蝕膜材質為金屬的時候，因為不同金屬會產生電位差異。金屬抗蝕膜主要用在鹼性蝕刻液應用，這種反應現象也較常發生在鹼性蝕刻。在一般化學反應對銅產生腐蝕時，氧化還原電池反應也同時在做除銅反應。區域性氧化還原電池反應，會受到線路形狀不同而有差異，因此就算是在最佳蝕刻條件下操作，也還是會產生較大線路寬度變異。

氧化還原電池反應的嚴重性，主要還是看使用的金屬為何而定，電池效應強度順序為 Au > Ni > Sn > Sn/Pb，因此在使用這些金屬作為抗蝕膜時應該注意它對於線路蝕刻的影響。如：以鎳金作為抗蝕膜，就會產生較大的電位差異，因此大量側蝕使細線路很難製作，而使用錫鉛可減低這種影響。

蝕刻速率

蝕刻速率對電路板而言，就是對於銅的咬蝕速度，化學反應影響因素包括溫度、噴壓及蝕刻法都可增加蝕刻速率。然而較高蝕刻速度常會產生較差品質表現，尤其是較低蝕刻比及較差解析度。

系統控制及穩定度

酸、鹼性銅蝕刻液都有自動化製程控制系統，酸性氯化銅提供較嚴謹控制以降低結晶沉澱問題，這比起鹼性蝕銅系統偶爾發生過大濃度變異要好得多。兩種蝕刻液都會產生副產品，都是一些銅錯合物或混合體，這些產物一般都不會在線上處理，會由專業處理回收公司代為處理。

氯化銅蝕刻的化學反應

基本的銅蝕刻化學反應，是一種銅被銅離子氧化的過程，亞銅離子不溶於水，但會因為過量氯離子存在使得溶解度提高。過量氯離子一般都是以鹽酸形式補充，當然也可用其他型式提供，如：氯化鈉，氯離子是反應產生的基礎元素。當氧化銅離子在銅面產生，必須即刻移除以保持穩定蝕刻速率。

第二個重要化學反應，是亞銅離子受到氧化變成銅離子的反應。這個反應稱為再生反應。這個氧化反應的完成可以靠氯氣、雙氧水或次氯酸鈉 (Sodium Chlorate)。這種反應也可以靠空氣氧化完成，但因為速度過慢而不切實際。

相關的化學反應式如后：

1. $Cu^0 + Cu^{2+} \rightarrow 2\,Cu^+$

2. Cu^+ 是以錯合物 $CuCl_3^{2-}$ 形式存在，必須快速去除以維持蝕刻速率

3. 用氯氣或雙氧水做蝕刻液的再生：

    氯氣：　　$2\,CuCl_3^{2-} + Cl \rightarrow 2\,Cu^{2+} + 8Cl^-$

    雙氧水：$2\,CuCl_3^{2-} + H_2O_2 + 2\,HCl \rightarrow 2\,Cu^{2+} + 8\,Cl^- + 2\,H_2O$

    副反應：

4. 低 HCl (CuCl 可能沉澱)

5. 空氣氧化 (過慢)

    $2CuCl_3^{2-} + 1/2\,O_2 + 2\,HCl \rightarrow 2\,Cu^{2+} + 8\,Cl^- + H_2O$

氧化還原電位 (ORP)

重要的影響蝕刻速率因子之一，是銅離子與亞銅離子濃度比，控制這個比例的穩定，就可獲得穩定蝕刻速率。較低亞銅離子濃度，會有較高氧化還原值，同時具有較高的蝕刻速度。銅離子濃度同樣重要，但影響程度比不上亞銅濃度，因為亞銅濃度總是佔據整體銅濃度的小比例。

酸的當量濃度

鹽酸可讓亞銅離子產生錯合物存在溶液中，如果鹽酸濃度降低到低於 0.5 N，氯化亞銅就會沉澱。蝕刻速率會隨鹽酸濃度提昇，但如果將鹽酸濃度提升到接近 3.0 N 時，就已經接近鈦金屬腐蝕界線，超越時腐蝕速度會增加得很多。鈦金屬用於製作蝕刻槽冷卻管及部分機械零件的金屬，因此過高濃度會是問題。另外一個高鹽酸濃度的顧慮，就是可能會因此產生傷害光阻的反應。

銅含量

維持穩定銅含量範圍，可保持最佳蝕刻品質，這包括蝕刻比及平整線路外型等。蝕刻速率會因為低於操作建議值而下降，但如果含量範圍高於建議值就容易產生泥狀物質。在

建議操作範圍內採用低酸，銅濃度對蝕刻速率的影響較小。然而當將酸濃度增加想取得較快蝕刻速率，較高銅濃度反而會因為高酸濃度壓制了蝕刻速率。波美計 (Baume) 是量測溶液密度的儀器，可提供間接的銅濃度資料。

　　有兩種所謂的波美計用於蝕刻製程，其中一種是針對比水輕的液體使用，另一種則用於比水重的液體。蝕刻液一定會比水重，波美計與比重關係如下：

　　　　波美計刻度 (Degrees Baume) = 145 – (145/ 比重)

因此波美計刻度呈現 32 相當於比重約 1.28

氯含量

　　較高的氯離子的濃度可以加速蝕刻，因為它可以與銅與亞銅離子產生錯合物。不論鹽酸或是氯化鈉都可以提供較大量的氯離子，因此有些時候會用來補充氯離子，以減少因為單一鹽酸補充所可能產生的濃度超過 3N，因此有可能傷害鈦金屬零件。然而也有一些報告曾提到，在總氯含量濃度高的時候，一些鹽類可能會析出而呈現結晶的狀態，因此而有機會傷害到機械的零件或是齒輪等。

溫度的影響及控制

　　蝕刻液溫度對蝕刻速率的影響，有研究顯示溫度增加約 10oF，可增加蝕刻速率約 15%。酸銅蝕刻速率較低，因此較高溫度可加速作用。一般操作溫度上限會因為設備製造使用材料而定，多數操作都不會超過 50℃，加溫與冷卻系統都可降低溫度變化。

補充與再生

　　再生系統包括氯氣補充系統、雙氧水系統或次氯酸鈉等，這些化學品都能夠快速將亞銅離子轉換為銅離子。氯氣添加只是單純氯氣補充，反應中沒有副產品產生 (鹽酸則仍然要添加，以取代作業中被帶到廢液中的成分)。在強氧化劑系統部分，雙氧水及次氯酸鈉都有人添加，而水則成為反應副產物。氯酸鈉鹽的還原系統需要添加氯酸鹽及鹽酸，而水及氯化鈉則是副產品。

　　再生反應流程是由氧化還原電位計系統或比色機控制，氧化還原電位計是以蝕刻液電位值為控制指標，而比色機則是監控藥液因亞銅離子增加所產生的顏色改變為控制指標。氯化銅是藍色物質，但氯化亞銅是黑色的，如果藥液呈現深黑色就表示再生反應不夠快。表 13-1 所示，為參考酸性蝕刻槽作業參數。

▼ 表 13-1　酸性蝕刻的參數與設定點

氧化還原電位	500-540 mV
銅含量	155 ～ 185 g/l
酸當量濃度	0.5-1.5 N（細線） 2-3 N（高產速）
溫度	52 ～ 54C
比重	28-32 Baume (1.24-1.28 sp.gr.)
蝕刻完成點	依產品而定

氧化還原電位 (ORP) 控制及補充

氧化還原電位 (ORP) 控制，可用來做化學補充及蝕刻速率監控，用電子式控制器可維持穩定蝕刻速率及化學成分組成。圖 13-3 所示，為美國 Chemcut 公司所測試作出的蝕刻速率與氧化還原電位關係。

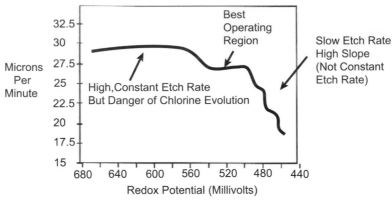

Source: Chemcut (Atotech)

▲ 圖 13-3　蝕刻速率與氧化還原電位的關係

一般人可能會認為最佳操作範圍應該是偏向左邊的 560 ～ 670 ORP 數值，因為這個區域不但蝕刻速率最高且線型也較平坦，可以產生非常穩定均勻的線路寬度。然而這個範圍的亞銅離子濃度非常低，因此很難控制藥液的狀態不發生過度再生問題。過度再生狀況下，有可能會產生氯氣外洩，因此沒有人會在這種操作範圍內生產。

明顯的也不會有人希望在偏右範圍內操作，因為該區蝕刻速率慢同時不容易控制，只要有一點氧化還原值變動，就可能發生很大蝕刻速率變動。因此最佳操作範圍，500 ～ 540 的 ORP 值就成為最普遍蝕刻控制設定範圍。

蝕刻測試

在氧化還原值為 520 時銅蝕刻速率大約為 29μm/min，但在 460 時則約為 19μm/min，大約降低了 35% 蝕刻速率，這是非常大的產能損失。當 ORP 操作在低於設定點非常多的地方，這必須要做研究，一般最常見的原因是因為再生系統處理能力不足。

蝕刻速率曲線是以測量電路板重量在蝕刻中的變化，再以計算法做繪製所得。測試板沒有用光阻製作線路，就是以純銅皮完全暴露做測試。一般人會認定空板蝕刻速率與有線路蝕刻速率，其表現應該有極大不同，尤其對於高解析度細線路板。當銅被蝕刻後藥液銅濃度會增加，當 ORP 讀數低於設定值時控制器就會呼叫補充及再生機能開始運作 (氯、雙氧水或氯酸鹽)，氯的再生包括只添加氯氣的做法在內。包括雙氧水及氯酸鹽再生系統，都同時需要添加鹽酸作為補充。

酸的添加與氧化劑成比例補充，一般都是在氧化劑添加完成後 5-10 秒鐘才開始添加。酸與氧化劑不會同時添加，因為高濃度狀況下兩種化學品會反應產生氯氣，這是一種毒氣。這些添加是在一個再生模組中進行，控制系統是特別設計防止這類危險狀況的發生。ORP 讀數會在化學品補充後提昇，這樣亞銅離子就會被快速氧化。當沒有電路板在蝕刻槽中作業還繼續維持噴流著，則 ORP 會緩慢繼續往高於設定值區域走，並不需要化學品添加，因為空氣繼續把亞銅離子氧化所致。

有時候在製作較關鍵的電路板，可使用報廢板做啟動作業，這可使 ORP 的值略為下降回到期待作業範圍。當蝕刻行為回到原來設計範圍時，整體參數控制才能步入正軌。

比色控制及補充

比色控制是另一種用於控制銅與亞銅離子比例的方式，它是一組對顏色變異敏銳的設備，用來偵測在蝕刻中亞銅離子變動的狀況。控制邏輯與 ORP 的概念是相同的，只是感應設備不同而已。

酸的當量濃度

一般的蝕刻劑當量濃度會維持在 1.0 ～ 3.0 鹽酸當量濃度 (N)，若對良率特別敏感的產品，可嘗試在接近 1.0 N 範圍操作，然而若要產能高的作業則以接近 3.0 N 較容易達成。蝕刻劑都是以自動化添加鹽酸的控制方式作業，藥液應該定期分析並對控制系統進行校正。

氯含量

氯離子含量可以靠添加鹽酸或氯化鈉處理，氯離子用於與銅形成鹽類的量，應該與純鹽酸量大致相當，氯濃度可用滴定法檢驗。使用氯酸鈉鹽類可降低對光阻的攻擊及設備腐蝕問題，但因為氯酸鈉鹽類的低溶解度，可能有結晶析出的問題，這種現象有可能會傷及設備零件或塑膠齒輪。

銅含量及比重

一般銅含量會維持在大約 155 ～ 185g/l 範圍，這可用滴定法驗證。當銅含量升高時溶液比重也會上升，此時比重計就可作為控制銅濃度機制。一般比重的範圍約在 1.24 ～ 1.28 左右，當銅含量超過期待值上限，可以加水降低比重。蝕刻液必要時可用泵浦打出槽外，這可控制槽液的液位並將板面蝕刻下來的銅移出。氯氣再生系統比雙氧水再生系統需要添加更多水，因為氯氣沒有水存在也不會產生水副產品。雙氧水添加系統一般會以 35% 或 50% 液體添加，它本身富含水，也在與亞銅離子反應時也會產生水副產品。至於雙氧水系統反應，會消耗鹽酸同時有水進入系統，因此高濃度鹽酸必須加入系統，一般都會含有 60% 的水。

兩類再生系統都必須添加水，氯氣系統需要添加較多的水，這類系統對於環境有些益處。所有添加水都來自於接著蝕刻液的第一段水洗水，這些水會添加到蝕刻液槽中。而第一槽水，則由最後一槽較清潔水洗水所間接補充，這是一個循序式水洗設計。因為氯氣系統需要添加較多的水，這樣可以增加各段的水洗效率並降低銅含量，同時也降低排入廢水的銅含量。銅可用硫代硫酸鹽的滴定法驗證，比重可用電子設備在製程中控制或以人工作業以比重計測量。

酸性蝕刻的質量平衡

蝕刻在動態平衡下進行，化學作用一直是在接近常數狀況。要保持系統平衡，就必須做藥液洗滌，以去除從板面蝕下來的銅。因為洗下來的蝕刻液含有其他成分，這些成分必須靠添加調節。圖 13-4 所示，就是描述這個平衡狀態。這個平衡狀態是靠自動添加系統達成，系統效率發揮愈高蝕刻品質愈穩定。

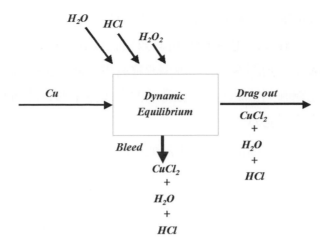

▲ 圖 13-4　酸性蝕刻的質量平衡

酸性蝕刻後的水洗

　　水洗段一般都會有幾個階段，對酸性蝕刻四段是較常見的設計。第一二三段水洗是循環設計，以泵浦噴流作業操作，至於最後一段則是採取一次處理就排出的方式，新鮮水直接噴在板面就排到後槽不再迴流。循環水因為用泵浦大量噴流而可達成良好清除效果，最後的水洗則因為是直接噴入新鮮水，可以獲致良好清潔效果。

　　水必須定時添加以維持穩定蝕刻液組成，在第一槽循環的水洗水是含蝕銅液最高的水。當第一槽液位低於設計液位時，新鮮水就會被打入第三槽，而第三槽的水會溢流到第二槽再溢流到第一槽，這就可以補充液位同時增加水的利用率與清潔效率。這種系統設計可降低水洗水帶入廢水系統的銅含量，因為由電路板帶出的藥液回到蝕刻槽的比例增加，相對減少了排入廢水的量。

氯化銅蝕刻的優劣勢

　　以蝕刻液而言，氯化銅蝕刻是與光阻最相容的蝕刻方式，水溶性、半水溶性、溶劑型光阻都與氯化銅常態操作相容。唯一的潛在問題是，酸當量超過 3.0 N 時會產生其他問題，這種操作狀況一般都不建議。酸性蝕銅也較不會有蝕刻阻礙問題，蝕刻液穿越水產生的氧化物層，會比鹼性蝕刻液快得多。

　　氯化銅的操作成本低廉，主要消耗是以鹽酸及再生系統化學品為主。自動化控制系統十分簡單、準確穩定，ORP 或比色系統都可有效監控亞銅離子變化。鹽酸濃度可用自動滴定系統監控，在一般作業範圍內，鹼性蝕銅液會發生泥狀物析出問題，但酸性蝕銅不會有這種問題。酸性氯化銅蝕刻系統，可在空轉狀況下，持續較長時間而不會有過大化學成分變異，因此有較寬廣控制能力。

　　不同於鹼性蝕刻，多數金屬都不適合用於酸性蝕刻的抗蝕刻膜，因為酸性蝕刻液會攻擊多數金屬。且液體中揮發出來的酸氣對不銹鋼金屬腐蝕性也相當的大，這對設備壽命是傷害。酸性氯化銅蝕刻液的蝕刻速率比鹼性蝕刻液慢，尤其是用於大量生產的配方。用於高解析度酸性蝕刻液配方，大略蝕刻速度為 1.2 mil/ min，高產速配方可提昇到約 1.9 mil/ min，比起鹼性蝕刻液慢些。

13-7-2 鹼性蝕刻液化學反應及製程控制

基本的化學反應

　　基本鹼性氯化銅蝕刻液的化學反應，是以銅離子氧化銅金屬，產生亞銅離子。其基本化學反應機制如后：

氧化／再生的機構

1. $Cu^0 + Cu^{2+} \rightarrow 2\ Cu^+$

2. $2\ Cu^+ + 2\ NH_4^+ + 1/2\ O^2 \rightarrow 2\ Cu^{2+} + H_2O + 2\ NH_3 \uparrow$

　　以四氨與雙氨錯合物的反應過程描述

3. $Cu^0 + Cu\ (NH_3)_4^{2+} \rightarrow 2\ Cu\ (NH_3)_2^+ + 2\ NH_3 \uparrow$

4. $2\ Cu\ (NH_3)_2\ Cl + 2\ NH_3 + 2\ NH_4Cl + 1/2\ O_2 \rightarrow 2\ Cu\ (NH_3)_4Cl_2 + H_2O$

　　鹼性蝕刻的蝕銅反應與酸性銅類似，但不同的地方是在鹼性環境下，銅與亞銅離子都與氨產生錯合物，在鹼性環境中也不會產生氫氧化物沉澱。另外一個最大不同就是亞銅離子，會很快被空氣中的氧所氧化而成為銅離子，因為此系統中沒有氧化劑添加。對酸性蝕刻液而言，氧氣的氧化速度是不足的，但在鹼性蝕銅液中，空氣中的氧氣就產生足夠的再生機能。氯化氨及氨會因為在反應中與銅產生錯合物而消耗，這種反應讓銅離子可在鹼性環境中仍有溶解度，因此在作業過程必須做適度補充。

蝕刻劑的酸度 pH 值

溶液的 pH 值是控制溶解度、蝕刻速率與側蝕程度的指標，pH 值同時具有對光阻特性表現的影響。較低的 pH 值可降低側蝕獲得較高蝕刻比，這意味著低 pH 值可用於製作細線高解析度產品。然而對一個既有鹼性蝕刻系統，pH 值必須保持在最低水準以上的操作狀況（依據銅含量而定），才能保持銅的溶解度。較高 pH 值可產生較高蝕刻速率，相對較低的 pH 值就會減低蝕刻速率。因此鹼性蝕刻液以高 pH 值作業，一般都用於高生產量系統，同時也具有高銅溶解度。這種狀態會產生較大側蝕，也會對部分光阻功能產生考驗，特別是水溶性光阻。高 pH 值鹼性蝕刻作業，會讓部分水溶性光阻軟化或剝落。

氨水可提供大量必要的鹼，來維持鹼性蝕刻液 pH 值（高於 pH 7.0)，但是更多量補充是必要的，可使 pH 值保持在建議範圍內。氨氣或氨水的補充，一般都採取自動 pH 感應控制。因為氨水含有大量的水，水添加與損失都必須注意到是否因此影響氯與銅含量變化偏離建議範圍。這種問題在系統啓動或操作頻繁度低時都要小心，揮發水的損失也產生影響，只是影響度比添加氨水小。氨氣添加對 pH 值控制效果不錯，因為不含水而不會影響系統平衡，但具有一定使用安全顧慮與傷害性。

銅含量

銅含量對蝕刻速率及蝕刻比都有影響，對於細線路用鹼性蝕刻化學品，曾有報告指出在建議範圍內，較高銅濃度會增加蝕刻速率與蝕刻比。銅濃度高於建議範圍，會減低蝕刻速率同時產生泥狀銅鹽。一旦沉澱產生，這些鹽類需要相當長時間重新溶回液體中，此時較明智的辦法是重新配槽。使用高銅含量系統同時操作在上限範圍，是高速生產的人所樂於採用的做法。但低銅含量與建議範圍下限的作業，則是細線路作業者應該採用的選擇。銅含量用比重計控制，因為比重也受到氯含量影響，銅含量可用滴定法確定。

氯含量

銅蝕刻製程必須添加氯，主要用作氯化銅與氯化亞銅反應物，這些抓取反應當然會消耗氯。與酸性蝕刻反應不同，過量氯並不擔任錯合物及溶解度控制角色，而是氨在鹼性蝕銅中擔任了錯合功能。氯含量建議值由各系統供應商提供，必須要小心監控維持。如果氯含量降低而銅含量升高銅鹽泥會出現，如果氯含量升高過多，就會傷害錫或錫鉛抗蝕膜。高生產率需要較高氯濃度，而較低氯濃度則用於細線路製作，氯同時可作為緩衝劑。理論上緩衝劑是氯化銨，而碳酸氫銨也可能出現產生另一種緩衝作用。

氯會包含在添加系統中，多數蝕刻系統技術資料都提出濃度可用硝酸銀滴定法檢驗。添加系統的氯濃度，在不同蝕刻系統中並不相同，鹼性蝕刻系統是非常動態的化學系統，水與氨在主槽、補充槽及蝕刻作業中揮發流失，特別是在以氨水為酸鹼控制的機制時變化更大，而廢氣抽風系統也影響蝕刻液中氯濃度平衡。結果蝕刻液中氯濃度值，會因為這種影響逐漸偏離建議範圍。氯濃度檢驗必須定期做，如果太低則可適度添加氯化銨鹽，如果太高且使用氨水調節 pH 值，則略為加大抽風可降低氯濃度到需要範圍。這會使更多氨氣揮發，而必須提昇添加氨水頻率，因此會有添加水稀釋的效果。有時候如果 pH 值偏高，可直接加水稀釋氯濃度，但這種做法最好與供應商確認是否有後遺症。

溫度

多數溫度對蝕刻反應的影響，在酸性蝕刻液已經解釋過，在鹼性系統中會影響氨的用量及 pH 值控制，因為氨的揮發性，較低溫度可減少氨流失與穩定抽風的影響。

護岸劑

鹼性蝕銅液有時候會含有特殊護岸劑及安定劑，這些都是為了改進蝕刻比而添加的化學品。這些添加劑會出現在配槽藥液，也會出現在補充液中。護岸劑因為會產生線路側壁保護膜，因此宣稱可降低側蝕。這是理論說法，但很難有直接證據公佈證明它是明顯有效的。

氧氣的供應 / 抽風

從空氣中獲得氧氣，是蝕刻液中亞銅離子的氧化劑，設備的抽風同時具有補充空氣及防止氨氣溢出污染操作空間的雙重功能。若沒有足夠空氣流通量，則亞銅離子可能會無法氧化成銅離子，這會影響蝕刻速率降低產能。如果抽風過大氨會快速流失，這會降低蝕刻速率，且可能產生銅溶解度變化造成沉澱。某些鹼性蝕刻設備採用氣體攪拌設計，以確保足夠氧氣供應，適當平衡抽風流量對鹼性蝕刻是關鍵因素，不當設定也可能會嚴重傷害光阻。

傳動速度

傳動速度與酸性蝕刻討論類似，對鹼性蝕刻系統如果採用光阻作為抗蝕膜，傳動速度應該包括光阻被攻擊的考慮。過長浸泡時間，其實對金屬抗蝕膜也有一樣顧慮，因為增加浸泡時間會增加抗蝕膜被攻擊的機會，同時金屬膜也會產生氧化還原電池效應，這對側蝕有不良影響。

藥液補充

　　鹼性蝕刻液不同於酸性系統，亞銅離子氧化是依賴空氣中的氧氣，這不同於酸系統迅速氧化機制。補充反應的消耗，當然是製程必要步驟，補充液一般是由蝕刻液供應商提供。多數藥液會內含氯化銨(多數被認定是鹼性蝕刻最終狀態)及氨水，碳酸氫銨有時候也會加入當作緩衝劑。每種添加化學品對不同系統而言，都是獨立單一重要元素，必須符合系統要求以穩定作業狀況。

　　以氨氣或是氨水控制 pH 值採用自動化控制，對於使用氨水的系統因為有水加入，必須要注意系統的平衡性問題。表 13-2 所示，為典型鹼性蝕刻藥液作業參數。鹼性蝕刻液控制以比重為指標，比重正比於液體銅含量及氯含量。比重會因為板面銅蝕刻進行而增加，也會隨著水與氨揮發而增加，控制器會感應比重，當比重超出設定值時自動添加補充液。體積調整是依靠兩個底部的泵浦，一個進行補充液輸入槽體，另一個則移出相同體積蝕刻液。

▼ 表 13-2　典型的鹼性蝕刻液作業參數

高生產率的配方 (高蝕刻率)	
PH	8.0-8.8
銅含量	150～185g/l
氯含量	5.0-5.8 M
溫度	46～54C
比重	1.20-1.225
細線路製作的配方 (低蝕刻率、低側蝕)	
pH	7.6-8.4
銅含量	90-135g/l
氯含量	4.0-5.0 M
溫度	40-49C
比重	1.14-1.20

　　補充液包含氨水、氯化銨，也可能包含碳酸氫銨及特殊的護岸劑，氨及氯化銨都會在蝕刻反應中消耗，自動補充系統會與 pH 控制系統連線，保持化學狀態在標準作業水準下。然而正常分析工作仍然必須做，以確定作業是在希望作業範圍內。圖 13-5 所示，為一般鹼性蝕刻液控制系統機構。

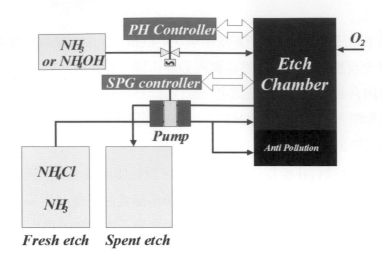

▲ 圖 13-5　鹼性蝕刻的添加系統

　　補充添加系統會受到特別關注，因為氨或氯化銨會與銅產生錯合物，同時氨也會攻擊一般的光阻。第一段清洗鹼性蝕刻液的不是水洗，而是噴灑補充液藥水。對於鹼性蝕刻液，補充液會加入第一段清洗槽體(因為銅含量低沒有蝕刻功能)，經過混合然後循序進入蝕刻槽。這槽的功能主要是輔助省水及降低液體帶出化學品，利用補充液將化學品帶回反應槽，添加無銅的補充液讓此槽銅含量維持在最低水準。

　　特定狀況下如果補充劑只進入此槽，就可能發生補充液進入系統的時間延遲，可能會造成製程不穩定性及蝕刻速率變異。這種現象較常發生在小量生產系統，因為抽風產生的揮發使補充槽液位下降，因此補充液必須先補滿清洗槽液位才會循序流入蝕刻槽，這就會延遲輸送補充液到蝕刻槽增加蝕刻速率的時間。這種情況下，補充液補充可能需要跳過清洗槽，部分直接進入蝕刻槽體。然而這種做法使得減廢功能降低，讓排入廢液系統的銅含量增加，增加銅的錯合物對廢水處理是重大負擔。

　　另外值得注意的是，清洗槽如果保持銅含量在低濃度，不會發生蝕銅作用。但如果停滯時間加長造成銅含量增加，液體就開始具有蝕銅能力，這樣會使問題更形複雜。補充液的清洗槽有時候會產生高 pH 現象，因為從熱的蝕刻槽揮發出來的氨氣會被清洗槽噴流吸收，這會大量增加對光阻的攻擊性，但是這種現象可用強化抽風改善。

鹼性蝕刻的質量平衡

　　鹼性蝕刻液動態平衡，排出的蝕刻劑必須與空氣提供的氧、電路板蝕刻下來的銅、氯化銨、添加劑、氨等化學品平衡，其平衡狀況如圖 13-6 所示。在任何時間在蝕刻槽中的化學品應該要保持一樣的狀態，這是補充與酸度控制系統的責任。

鹼性蝕刻後的水洗

鹼性蝕刻的水洗系統非常類似酸性蝕刻，除了第一道清洗的部分是使用補充液處理外，其它省水清潔等考慮都類似。這道無銅補充液會添加到槽內，利用循環噴洗將板面多餘殘液洗掉，這樣就可以減少水洗銅帶出量。

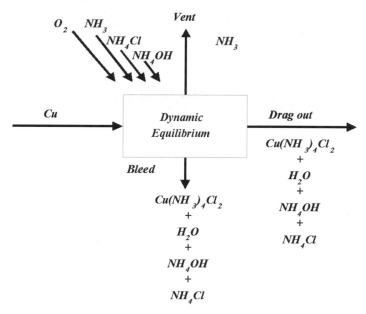

▲ 圖 13-6　鹼性蝕刻的質量平衡

抽風

正確的抽風平衡對鹼性蝕刻絕對重要，如果控制不良則過高的氨水含量有可能傷害原來不會脫落的光阻，這類應用將因為光阻脫落而產生大麻煩，當然這對一般不使用這類蝕刻做光阻作業的人，並不會形成困擾。因為濃度高的氨氣是有毒物質，適當抽風對作業者安全十分重要。靠空氣加入蝕刻劑，廢氣的抽風系統同樣可以提供再生所需氧氣 (用於氧化亞銅離子成為銅離子)。然而因為氨氣也有揮發性，過多抽風會移除過多氨氣，這可能會導致 pH 值控制問題 (同時會影響蝕刻速率)，且會增加氨氣或氨水消耗，某些人會採用塑膠球懸浮在液面的方式減少氨損失量。

鹼性蝕刻液的表現與思考

鹼性蝕刻確實有高速蝕刻優勢，高速率配方可達到蝕刻速率 3 mil/min 水準，高解析度產品會採用的蝕刻速率範圍約為 2 ～ 2.5 mils/min，兩種配方都比酸性蝕刻液速率 1.9 mil/min 還要高。另一個重要優勢是，鹼性蝕刻液可與金屬抗蝕膜相容，這些金屬膜在酸性蝕刻液中都會被攻擊。儘管一些水溶性光阻與鹼性蝕刻液相容，但是比起酸性蝕刻液全面性相容而言還是較差。因此多數鹼性蝕刻液，還是用於影像轉移 / 線路電鍍 / 蝕刻類製程為主。因為這些金屬抗蝕膜特性與銅都不相同，在採用時必須注意氧化還原電池效應的影響。

至於廢棄物處理，鹼性蝕銅液處理比酸性蝕銅液困難。從水洗中排出的氨銅與氯化銨銅，需要更高處理成本做除銅處理。部分鹼性蝕銅液供應商會提供回收廢液服務，但是鹼性蝕銅液作業成本相對較高。

13-8　在影像轉移 / 蝕刻及蓋孔蝕刻的殘銅問題

術語

在蝕刻殘銅描述，有多種名詞稱呼，主要是看殘留尺寸、形狀、缺點產生原因等，這些典型名稱如後：

短路

殘銅聯結了兩個以上不該連結的導體區域都如此稱呼

銅凸

一般指的是殘銅使線路比實際狀況粗，產生間距變異，不利線路均勻度

銅渣

一般指的是銅殘留在離開線路區成為獨立殘銅

殘銅產生的原因，依據製程順序列示於後表中，對於判斷及改善方法也列在表 13-3 內作為參考。

▼ 表 13-3　蝕刻後的殘銅

產生原因	判斷與改善方式
板面不良的缺點	
1. 樹脂的雜點	多數圓形或接近圓形點可能是這類問題所致，但若前處理用刷磨就會改變形狀。有時候殘留樹脂會留在蝕刻後銅面，用 EDX 測試可能發現溴殘留。最簡單的殘樹脂測試，是採用 100g/L 濃度氯化銅或氯化鐵溶液，添加 5 ml/L 醋酸 (Acetic Acid)，浸泡後銅會呈現粉紅偏棕色。樹脂點或有機殘留會保持原色，這個測試特別適合刷磨後銅面。

▼ 表 13-3　蝕刻後的殘銅 (續)

產生原因	判斷與改善方式
2. 基材供應商所產生的樹脂點	檢驗供應商進料狀況，QA 檢驗可用螢光反應測試 (若樹脂有螢光反應)，使用前可刷磨、噴砂清潔處理。樹脂來源可能是飄落的樹脂粉或銅皮針孔造成的熱壓樹脂溢出。
3. 電路板製造產生的樹脂點 (在多層板疊板時)	改善疊板清潔度，如：空氣在疊合檯面流動的方向。檢查室內落塵量及污染狀態。
4. 有機污染 (如：油脂)	可能有各種不同來源，酸性清潔劑可能無法清除，而必須要鹼性清潔劑。水破實驗是有效測試方法 (浸泡電路板在水中，觀察水膜破裂時間，清潔板面一般至少可以維持 30 秒)
5. 過厚的鉻金屬保護膜	過厚的鉻金屬保護膜一般會出現在銅面凹陷處，這種現象會讓該處銅比其他區域蝕刻速度慢，也可能產生乾膜結合力異常問題。
6. 板面電鍍不平整	影像轉移後直接蝕刻，若板邊電鍍厚度較厚，可能在板邊產生殘留。電鍍銅瘤或突起未被刷磨清除，也可能在蝕刻後留下銅渣。
壓膜前處理問題	
1. 尼龍膠渣	機械方向性缺點，無法以一般表面處理去除，主要是由尼龍刷切削銅面產生，因表面過熱沒有足夠水冷卻所致，使用 FTIR 檢查或用水破實驗很容易看出問題
2. 錫或錫鉛渣	機械方向性缺點，主要由錫、錫鉛污染刷輪傳遞而來。用於影像處理前刷磨，不應處理有錫板的刷磨，EDX 可偵測出這類污染
3. 研磨材污染清理	僅刷磨未必能完全去除銅面鉻金屬，它可能會沾在刷磨材上重新沾到板面。必須遵照供應商建議定時更換刷磨材，與良率比刷磨材費用不算高。常見工廠有刷磨材面沾黏類似橡皮或殘渣問題，都是潛在回沾來源，要適時清除或更換才是解決途徑
電路板儲存的問題	
1. 表面污垢 (氧化) 板的使用	氧化銅會導致光阻沾黏，應該確認前處理後到壓膜前停滯時間少於四小時，並確認表面處理後乾燥
2. 暴露在氨氣環境中	氨氣 (從鹼性蝕刻產生) 會與銅面產生作用，使表面在顯影時無法完全清潔，會在顯影後產生顯影不良小點現象。確認電路板儲存狀況，避免受到氨氣環境影響就可避開這種問題

▼ 表 13-3　蝕刻後的殘銅 (續)

產生原因	判斷與改善方式
底片的問題	
1. 底片刮傷與針孔	底片刮傷或針孔會導致點狀或線狀的阻殘留，產生重複性的殘留缺點。若缺點很小無法留在板面，也有可能在顯影中途掉落回沾
2. 細緻的符號	過小或過細線路，有可能因過分細小無法存活，產生部分聚合區脫落現象，使有些區域顯影不出來，有些區域卻脫落回沾
3. 底片上的膠帶	底片沾黏膠帶可能會因膠質流動或破碎，產生較差影像轉移，可能影響聚合或回沾。理想作業法，最好底片避免用膠帶
4. 手寫的符號	任何手繪符號或文字都可能使光阻產生半聚合，半聚合光阻不容易溶解而有可能會回沾到電路板產生問題
5. 不良的線路邊緣	底片製作不良會產生線路邊緣粗糙，會讓光阻產生局部聚合，顯影時會剝落再沾回板面。底片應該檢查，線路外型要平直乾淨
壓膜的問題	
1. 壓膜溫度過高	過高壓膜溫度會產生聚合，顯影中不易去除，這類現象會出現在板面壓膜前段，改善方式可檢查壓膜滾輪與電路板排出時溫度
2. 壓膜厚堆疊保留餘熱	電路板壓膜後直接堆疊，特別是薄基板若預熱或壓膜溫度過高就會有殘熱而產生聚合。壓膜後應該冷卻到室溫才可堆疊，過熱的堆疊也可能讓乾膜樹脂流動，而產生厚膜區不易顯影。至於薄的區域則因為強度不足可能破裂，掉落後回沾也會產生問題
3. 因為皺折而產生過厚的光阻	標準顯影無法去除皺折過厚光阻，殘銅容易出現在傳動橫向區，尤其是板面前段與後段區。改善方式著重在壓膜機調整，乾膜張力不均是主要肇因，針對產生張力不均的部分調整就可改善問題
4. 壓膜後停滯時間過長 (或是停滯時溫濕度過高)	這種狀況可能使銅有機會氧化，氧化的銅會滲入光阻產生結合力過強無法去除的問題，這必須檢討停滯時間及停滯環境
曝光的問題	
1. 非曝光區曝光	過度曝光會產生線路變寬光阻聚合，這就會產生殘銅，此時必須檢查曝光能量。另外 UV 因底片接觸不良散射，也可能產生非曝光區聚合。低照度曝光使曝光時間加長，也可能是問題的原因。

▼ 表 13-3　蝕刻後的殘銅 (續)

產生原因	判斷與改善方式
顯影的問題	
1. 顯影不足	不符合顯影條件，導致殘膜發生，當然就會有殘銅問題
(1) 溫度過低	確認顯影溫度，對照光阻技術資料的操作溫度範圍
(2) 時間過短	光阻負荷增加，顯影速度會降低，但都不應該超出原始時間兩倍。一般經驗 1.5 mil 膜顯影時間 <45 秒，2 mil<60 秒
(3) 顯影完成點過晚	顯影到達清潔水準膜就該去除乾淨，過晚顯影點使板面有殘膜風險，質量傳送不足如：噴壓不足、線路密度高等，都可能發生顯影困難，若顯影點再延後就容易造成殘膜，當然殘銅會出現
(4) 顯影液濃度過低	多數光阻在顯影液弱化後仍能也效顯影，因此除非顯影液濃度降到十分低，否則不容易發生。有跡象時可檢查補充與溢流系統，並以滴定檢查顯影液濃度，一般殘銅都會出現在密集線路區
(5) 噴壓過低	過低噴壓 (< 20psig) 有可能產生顯影不全，確認壓力表顯示值並校正。噴流設計不當及保養不佳，都可能產生低噴流衝擊力問題，要從機械設計與保養改善做起
(6) 噴流覆蓋區域不良	
2. 設備設計問題	噴流覆蓋不良可能是因為噴嘴不足。 第一段測試：用大片壓膜板送入停止噴流設備，送到定位後再開啓噴流，之後觀察顯影或清洗狀況。若區域間有超過數秒的清潔時間差，則設備設計可能有問題。 第二段測試：用大片壓膜板送入停止噴流設備，送到一般操作達成清潔位置後再開啓噴流，等電路板送出處理槽時觀察。若前端清洗乾淨區域，不平整現象超過 4-5 英吋就代表設備設計不佳。
(1) 噴嘴堵塞	光阻殘膜與污泥可能會堵塞噴嘴，以目視檢驗噴流分布可發現問題，記得定期清理顯影槽
(2) 噴嘴磨損	噴嘴磨損會影響噴嘴噴流衝擊力及改變噴流形狀，一般目視檢查不容易看出問題，可用探針或量具檢驗，如果尺寸恰好的量具卻發生鬆弛配合現象，就應該是噴嘴磨損了。
(3) 板面重疊卡板	重疊或卡板會讓顯影或蝕刻在重疊區不足

▼ 表 13-3　蝕刻後的殘銅 (續)

產生原因	判斷與改善方式
3. 水洗不足	
(1) 時間過短	一般顯影後水洗多數都必須有顯影時間的一半，這應該要注意。
(2) 溫度過低	一般期待的溫度範圍：21-30℃
(3) 過低的噴壓	一般期待的範圍：25-35 psig (1.7-2.4 bars) 噴壓，使用較高衝擊力的扇狀噴嘴。
(4) 不良的噴流分布	檢查噴流分布狀態，降低噴嘴相互干擾，轉動噴嘴有必要時更換。
4. 聚脂膜殘渣 / 殘渣在光阻上影響顯影	檢查保護膜在線影前的殘留現象。
(1) 光阻在顯影或是水洗回沾，因為：噴流 / 傳動滾輪 / 進出口實心滾輪	顯影需 50μm 過濾能力，並安裝在泵浦與噴嘴間，需壓力表顯示壓力差，過濾罐要夠大以免壓力過度降低。兩端壓力差不該超過 1-2psi，超過就該更換。顯影清洗系統須正常保養，當殘銅比例升高，以 50℃ /3% NaOH/8%(Butyl Carbitol) 清洗液循環去除殘渣，殘膜就會降低
(2) 曝光光阻受攻擊，因過度顯影或軟水影響，使光阻碎裂或底部殘留	光阻對過度顯影的敏感度高，而呈現線路足部殘留或不平整線路，當半聚合光阻受到衝擊脫落重新沾黏到板面，容易產生殘膜間接導致殘銅。這類問題要從光阻選用、顯影狀況、曝光格數等調整下手改善
(3) 局部的光阻聚合回沾	局部光阻聚合有多種潛在可能，顯影或剝膜時無法完全清潔。半聚合物可用機械衝擊去除，卻沒有溶解在液體內。產出物是黏稠的，有機會回沾。若回沾發生在傳動輪，缺點可能呈現機械方向。
① 非曝光區局部曝光因為：❶ 底片刮傷、接觸不良 UV 散射到非曝光區 ❷ 長時間曝光產生遮蔽劑遷移 ❸ 藥膜面不良	• 以牛頓環確認真空後底片被壓下狀況是否確實 • 檢查底片刮傷狀況及曝光框狀況 • 檢查曝光區 UV 曝光度與照度 • 檢查 UV 燈管能量密度，必要時更換燈管 • 底片產出時做好 QA • 檢查底片藥膜面完整性與平整度
② 手繪記號的原因	手繪記號未必會有完整遮光作用，這會產生局部聚合，若要做記號最好還是直接設計在底片上
③ 因曝光前暴露在過強黃光或白光環境下	檢查黃光照度，並確認白光影響來源，確認在黃光室中有 UV 漏光可能的來源

▼ 表 13-3　蝕刻後的殘銅 (續)

產生原因	判斷與改善方式
④ 曝光區內有半透明物影響 UV 曝光效果 (如：半透光的真空杯、膠帶、裝零件的透明膠)	若可能，修改底片設計搭配避開貼膠帶的區、抽真空區、及其他可能影響 UV 曝光的區域
⑤ 因滾輪或支架刮切產生的殘屑回沾	顯影段傳動片可能會刮下光阻，這些光阻會回沾板面。作業必須注意滾輪及導引用的線或導板是否有銳角，也須注意滾輪是否變形或被溶劑膨潤變大產生刮板現象，這些都必須更換或防止
⑥ 光阻與消泡劑混合物的回沾	光阻與消泡劑混合物會較黏稠，在板面產生殘膠，有可能因為消泡劑與光阻不相容、過度添加、與高濃度顯影液混合、消泡劑添加點不當等。消泡劑應該添加在藥液迴流槽，不是加在補充槽。
⑦ 消泡液位過高	檢查顯影段污垢形成狀況
⑧ 用錯消泡劑	確認技術資料調節消泡劑
⑨ 溶解光阻回沾	溶解光阻可能因為濃縮乾燥漂浮在液面，回沾板面未被完全清除
⑩ 揮發物沾黏在進出滾輪上	檢查光阻污物成長狀況，定期清理
⑪ 潤濕不良	檢查光阻在回流水洗的沉積量，污染過的水洗水可能無法有效去除顯影液，應該增加水洗水補充量以降低殘留
(4) 未溶的光阻回沾	
① 負荷過高	檢察顯影液的 pH 值，對多數光阻應該要 > 10.4
② 曝光過的光阻碎裂	檢查清潔過程板面的前端與後端狀況，避免測試片被取走但還用光阻覆蓋的作法。這些區域多數都是大型蓋孔狀，有機會因為光阻破裂產生碎片。若必要可在底片設計上將這些區域避開曝光，顯影時就會溶解不產生片狀碎片
③ 過濾器破損或安裝錯誤	檢視過濾器的安裝正確性
④ 過濾器太粗	過濾器必須要 < 50 microns
⑤ 蓋孔破裂產生殘膜	選擇恰當的光阻膜及操作參數防止蓋孔破裂
⑥ 烘乾機的殘膜回沾	做預防性的清潔保養

▼ 表 13-3　蝕刻後的殘銅 (續)

產生原因	判斷與改善方式
⑦ 不相容的光阻混用	許多光阻會與顯影液不相容，同一槽中使用兩種光阻就有可能發生沉澱問題，因此產生回沾就會有銅渣問題
⑧ 蝕刻前的光阻停滯時間過長	首先進行測試性曝光的電路板一般都會停滯較長的時間，溶液產生蝕銅殘銅的問題
5. 蝕刻問題	
(1) 光阻或是其副產物在蝕刻中回沾	
① 光阻在酸性蝕刻液無法溶解，又轉移到滾輪或其它區域表面，隨機回沾板面	● 離線以 25μm 濾材過濾後再以活性碳濾心過濾，設備的設計必須表面溢流，體積必須適當並確實依據規定更換濾心 ● 迴流式蝕刻劑較容易發生殘銅問題，此時可能活性碳濾心過濾已不足以去除有機物，此時較大型活性碳過濾系統就可能必須使用 ● 改善顯影後水洗
② 過高酸濃度造成光阻被攻擊導致光阻局部損傷 (浸潤)，導致噴流回沾、滾輪回沾等	檢驗酸度當量同時調整到操作的範圍內 使用與高酸系統相容的光阻
③ 光阻足部蝕刻時過度損傷回沾	光阻足部殘留可能來自過度顯影、底片線路不整齊、底片接觸不良及其他原因。以 SEM 檢查並確認原因，針對原因改善。
(2) 不當蝕刻設定 (過當蝕刻量控制或不均勻的蝕刻狀況)	即使前製程都正常，但如果蝕刻製程不良仍會有殘銅問題。 細線間距比鬆散線路難蝕刻，因蝕刻液交換效率差。細線路必須在較低操作速度下生產，速度設定必須依照經驗及確認沒有殘銅留在線路間。大量殘銅留在板面，代表蝕刻速度或時間不足，蝕刻液也可能因為補充問題未能保持應有活性，過高銅含量會延遲反應完成點位置。 若殘銅發生在運動方向，有可能是因為噴嘴運作不良或堵塞 類似殘銅，也可能是傳動滾輪或導桿遮蔽造成，這些機構設計應該交錯，蝕刻噴流都該有搖擺機能。檢驗最好用大空板試做，以驗證蝕刻表現。
6. 剝膜問題	
(1) 殘膜回沾 (線路電鍍板)	依剝膜液與消泡劑種類的不同，剝除的膜可能會呈黏性同時回沾到板面。針對光阻的特性選擇相容的剝膜液以及消泡劑，使用水溶性的化徐品必須要使用過濾系統去除殘膜，特殊的去膜液可以溶解殘膜就不需要過濾系統了。

CHAPTER 14

水溶性光阻的去膜製程

14-1 簡述

　　完成抗蝕刻膜或抗電鍍膜功能，光阻膜就要剝除，這個程序包括化學與機械作用，進行膨潤、破碎及部分溶解反應。一般水溶性光阻會採用 1-3% 的 NaOH 或 KOH 處理，有時候會加入抗氧化劑與消泡劑在內。有時為了特殊需求，會加一些專利性剝膜添加劑，這些藥液可能含有胺類芳香族化合物，如：Monoethanol Amine (MEA) 等。這些特殊剝膜劑傾向於快速有效去除光阻膜，特別是線路電鍍後容易被挾持住的膜。

　　一般剝膜液會用傳動式噴流設備處理，當然也可能用浸泡處理，之後做水洗乾燥。脫除膜片一般都是連續從液體去除，以降低剝膜液消耗及防止噴嘴堵塞。剝膜表現特性包括了剝膜速度、清潔度、單位體積膜負荷量、對金屬的攻擊性等，另外一個重點是破碎膜尺寸大小必須要適當，以便過濾去除降低處理的成本。

　　剝膜液首先滲透光阻在膜內產生滲透壓，經過噴壓輔助光阻膜開始破碎同時局部溶解，整體反應從碎裂到局部溶解的機構為何，主要還是要看光阻配方特性、剝膜液添加劑、液鹼濃度、光阻負荷、操作溫度及剝膜面積比例等而定。

14-2 ⫶ 重要的製程變數

剝膜的完整性以及清潔度是剝膜的製程關鍵

剝膜清潔度受光阻膜負荷量，剝膜完成點、噴壓與衝擊力、水洗效率、剝膜液攜出量、剝膜溫度、殘膜過濾效率等因素影響。至於線路電鍍製程，剝膜效果則還受到電路板設計、線路分布、電鍍品質等因素影響。剝膜速度是其次重要因子，其影響因素與清潔度影響因素類同。當剝膜速度減慢，可以調節傳動速度來達成剝膜清潔度。一般完成剝膜的位置，與其他水平傳動設備一樣，是採用總長度百分比表達。

剝膜液化學成分，當然是一個重要影響剝膜速率與清潔度因素，藥液成分依照配製時的狀況及殘膜負荷量而變化，一般監控機制主要是以線上的 pH 值為指標。最低 pH 值或計算片數，可以是啟動添加控制參數，部分剝膜液需要添加消泡劑以防止起泡，多數用於顯影液的消泡劑也可用於剝膜液。噴流衝擊力及分布會影響剝膜速度及清潔度，噴嘴型式、位置、角度、搖擺型式、遮蔽狀況都會影響效果。圖 14-1 所示。為連續脫膜蒐集設備的運作狀況。剝膜黏稠度高，要儘快脫離剝膜液，避免進一步的藥水消耗與黏稠度增加。

▲ 圖 14-1　為連續脫膜蒐集設備運作

剝落下來的殘膜片大小，是影響剝膜液壽命、噴嘴維護、殘膜回沾的重要變數。殘膜去除率的重要影響因素，主要是過濾設備的尺寸以及殘膜的黏稠狀況兩個部分。殘膜片的尺寸受到剝膜液濃度影響大，較高濃度會產生較大殘片，較高溫度及特殊添加劑加入後會產生較小殘膜。剝膜液中的重金屬含量會影響廢液處理方式及成本，高鹼濃度會攻擊錫或錫鉛，錯合物會增加液體中的金屬濃度及處理難度。

14-3 剝膜的製程與化學反應

剝膜是不均相 (固 / 液) 複雜反應，包含了擴散、應力破碎、機械腐蝕及分解等過程。而分解本身，又分為鹽類產生、緩慢脂類水解過程。相較於其他乾膜技術，較少論述提及剝膜的化學反應、製程、過濾及排放等。

利用形成鹽類讓光阻膜可以溶出 (酸 / 鹼反應)

對水溶性光阻剝除，是靠剝膜液擴散到光阻內並與光阻塑化劑 (Binder) 內羧酸官能基反應。在剝膜液中的鹼中和了羧酸官能基並產生鹽類，使得光阻有更高的極性，因此水更容易擴散進入光阻。兩個這類反應範例如下：其中 RCOOH 代表塑化劑的羧酸官能基，而氫氧化鈉及 amine (RNH2) 被選為鹼。

$$NaOH + RCOOH \rightarrow Na^+RCOO^- + H_2O$$
$$RNH_2 + RCOOH \rightarrow RCOO^- + RNH_3^+$$

剝膜對光阻與銅介面的攻擊

在剝膜液中鹼也會攻擊銅與光阻介面，這幫助了光阻銅面殘留剝除。如單聚醇胺 (Monothanolamine) 在攻擊介面表現較佳，因為它容易與銅產生錯合物。增加氫氧化鈉或是氫氧化鉀濃度，可增加剝膜液離子強度，較高的離子強度使水擴散到光阻內的能力增加，這就是為何一定濃度剝膜液，剝膜速率會逐步減弱的原因。特殊配方的胺添加物攻擊速度較快，它對高濃度狀況較不敏感，因為胺並不像液鹼類作用增加太多離子強度。

增加離子強度同樣會影響剝膜粒子大小，粒子大小主要影響因素是兩種競爭性反應：膜破裂及對於光阻與銅介面間的攻擊能力。如果破裂發生在介面攻擊前則顆粒會比較小，如果相反則剝膜外型會呈現片狀。在高鹼濃度環境下，較高離子強度減少了水對光阻的擴散使破裂延緩，然而高濃度可增加介面的攻擊，特別是在光阻側壁區域，因此高鹼濃度會產生較大顆粒尺寸。

這種概念可用有效的測試驗證，一般標準乾膜會用色料染色，顏色會因為氫氧根出現而改變。剝膜時間可與光阻完全變色時間比較，對 NaOH 而言膜在剝落前就變色了，在這種鹼濃度下膜脫落是片狀模式，這解釋了在剝落發生前，氫氧根完全是經由光阻膜滲透到銅與光阻介面。

14-3-1　去膜時間與反應完成點及膨鬆軟化時間關係

選擇了剝膜液化學成分及濃度，傳動速度也必須決定。傳動速度、反應完成點及膨潤時間等，在前文顯影部分有些描述，而其間都有交互關係。剝膜的速度會隨膜的型式、膜厚而變，一般反應完成點會設在全段的 50% 或更前面。50% 位置設定非常重要，設定位置愈接近終點就愈增加殘膜機會，這樣也就增加殘膜傳送到水洗段的機會，對線路電鍍類產品應用也有類似概念。

決定了剝膜傳動速度及反應完成點位置，剝膜實際狀況就要看膨潤需要的時間與實際作業時間間的比例而定，只要實際作業狀況一直保持完成在固定範圍，剝膜不完全的風險就會較低。

14-3-2　槽液的負荷

有關槽液負荷問題，在顯影技術部分已經做過陳述。剝膜也有一樣的現象，當剝膜液內殘膜量增加，剝膜速度也就降低。剝膜液內光阻含量，就被稱為剝膜液槽液負荷，一般描述方式會以 (mil-sf / 加侖) 或 (mil-sf/liter) 作為計量的參考。

計算負荷的方式如後：

光阻負荷 = 光阻厚度 (mil) × 光阻面積 (sf) / 剝膜液體積 (gal)

由實際經驗發現，剝膜液壽命似乎用光阻面積 / 剝膜液體積計算，要比用光阻厚度與面積相乘方式更能呈現作業狀況。因為光阻在剝落時並沒有完全溶解，若快速將殘膜去除使消耗量不因停滯時間長而擴大，則用單純面積表達就可能較貼切。光阻負荷對剝膜速率影響最大的，就是液內的光阻溶解量，因此如果能在光阻顆粒未溶解前就能去除，整體光阻負荷能力就可大幅提昇。千萬不要將未曝光的光阻投入剝膜液，這會大幅增加剝膜液負荷，將造成許多問題。

最大的剝膜液負荷量影響因素有很多：

- 化學成分不同 (專利配方可比單純液鹼負荷高)
- 濃度 (較高鹼濃度可有較高負荷能力)
- 殘膜過濾 (有效的在膜溶解前排除光阻有利於剝膜液穩定與壽命)
- 顆粒溶解速度 (光阻特性溶解度較低的膜可負荷較高)

在開始操作所設定的剝膜速度讓反應完成點落在 50%，這種狀態會因為負荷增加而逐漸改變落後，有幾個方法可處理這種狀況：

- 降低傳動速度來維持反應完成點，當完成點速度落後到原來設定的反應完成點一半時，最好直接更換藥液

- 將反應完成點設定在 30% 處，完成點會逐漸因爲作業而落後，當完成點超過 50% 時就更換藥液。這種方式可讓藥液負擔同樣的負荷量再更換，但不需要做速度調整。(過低反應完成點設定，對線路電鍍的電路板，有可能會有錫或錫鉛受到強鹼攻擊的風險)

- 使用補充溢流法操作，維持穩定負荷能力，但要注意定期維護作業

14-3-3　去膜的速度

有多種不同參數會影響剝膜速度，大致可歸類爲以下幾種：

- 設備相關參數
- 化學品相關參數
- 光阻特性
- 板面狀態與線路分布

當然每種因素還可再細分不同細部因子，但作業者還是該針對主要重點因子做解析。

溫度與剝膜速度

遵循一般化學反應原則，剝膜液反應速度會在每增加 10℃ 狀況下倍增。

光阻成分、處理程序及剝膜速率

光阻會用不同速度去除，速度常與乾膜化學特性有關，其中特別是用於鹼性蝕刻或鍍金乾膜去膜較慢，新世代具有較寬顯影範圍的光阻，其剝膜速度也會較慢。較薄膜光阻去除明顯較快，不同膜厚去膜速度有極明顯差別，但卻沒有明確厚度與去膜速度固定關係可供參考，因爲去膜快慢仍然與去膜液配方、操作參數、光阻化學特性相關。與顯影製程不同的是，如果去膜前光阻所經過的製程不同，相同光阻也可能在同一去膜液操作下有不同去膜速度。一些典型減緩去膜速度的製程如后：

1. 顯影後做 UV 再處理 - 高 UV 硬化處理會明顯延緩去膜速度
2. 烘烤 - 顯影後烘烤也會明顯延緩去膜速度 (一般用於處理鍍金用的光阻)
3. 高曝光能量 - 增加曝光量一定會減緩去膜速度
4. 顯影後暴露在光線下 - 於顯影後再次在白光或黃光曝露長時間會延緩剝膜
5. 停滯時間 - 增加壓膜到去膜的時間會延緩去膜時間

讓光阻暴露在高 pH 值的溶液中，會讓去膜速度增快。

14-3-4　剝膜的清潔度

清潔的剝膜水準不容易定義，尤其對一些線路電鍍板如果乾膜挾持產生留下殘膜，這些殘膜更是不容易清除。因此也會有些概念認為，光阻具有一定程度溶解性，對殘膜去除具有一定意義。光阻是複雜混合物，會有部分物質產生銅面污染層，常見的是一些複合鹽類，因此清潔剝膜也應該包含這類污染物去除能力。

剝膜殘膜尺寸

對不同光阻做剝膜，即使在同樣化學組成環境下，也會產生不同殘膜顆粒尺寸。幸運的是，多數狀況下維持顆粒尺寸在一定範圍內，只要採用固定化學品、溫度及濃度，大致上都能夠適當維持。液鹼可產生較大剝膜顆粒，愈高的濃度顆粒尺寸愈大，在固定鹼濃度下，氫氧化鈉會產生比氫氧化鉀大的剝膜顆粒，專利性剝膜液產生比純鹼液小的顆粒。

剝膜不全的肇因

有多種不同剝膜不全原因，以下內容嘗試將它們整理出來，主要因素如下：

1. 過厚的電鍍

   電鍍銅或錫超過光阻高度產生草菇頭現象，這會產生夾乾膜現象，這是一般線路電鍍板殘留乾膜的重要原因。其實過厚電鍍都發生在局部電路板區域，當然偶爾也會因為操作條件偏差而全面發生。使用較厚乾膜、鍍較少金屬、改變線路設計分布等都可改善這種缺點。增高剝膜液濃度與強度可局部改善這個問題，但某些專利性剝膜配方可碎裂乾膜，直接改善這種問題，只是在採用這種處理時要注意過濾系統改善。

2. 光阻的回沾

   有時候光阻殘留是因為殘膜沾黏問題，如：殘膜可能會在水洗或乾燥時回沾。回沾也可能發生在殘膜溶解不全又未被過濾去除時，不過出現的缺點現象會和剝膜不全不同。

剝膜製程的異常

若是剝膜製程控制不良，殘膜可能出現在板面，主要問題可能性如下：

- 光阻膜負荷過高
- 操作溫度過低
- 藥液濃度不當

- 噴嘴堵塞
- 傳動速度過快
- 補充液操作不良
- 聚合過度

　　如果因為製程改變造成聚合度變異，一般剝膜條件可能就無法完全去除光阻。過度聚合的可能原因包括曝光能量提高、顯影後白光下滯留過久、顯影後增加曝光處理、高溫儲存等，這些問題可在問題發現時降低剝膜傳動速度解決。

長的停滯時間

　　在壓膜與剝膜間的停滯時間過長，有可能會產生剝膜不全，如果是使用濕式壓膜這類的問題會更嚴重。一些剝膜殘留偵測技術，可參考顯影技術所採用的方法。

14-3-5　進流與溢流的補充方式

　　進流與溢流補充法，是多數剝膜製程採取的方式，補充速度會與處理板數有關，因為它與槽體負荷連動。這些控制法都是採取自動作業，當處理程序停止補充就自動停止。

　　自動補充的優點：

- 可以穩定剝膜速率
- 作業中可在較低槽體負荷下進行
- 較低負荷可簡化廢液處理

　　自動補充的缺點：

- 剝膜液消耗較多，因為多數剝膜液都是在較低負荷下排出 (這對於純鹼液剝膜而言並不是問題，因為單價較低)
- 廢液處理量較大

　　補充型設計最好有過濾系統，這樣可以在膜溶解前去除，因此可得到以下優點：

- 較低補充量可以期待
- 系統可獲得較好控制，不易發生超負荷問題，並維持良好剝膜效率

　　能有更好控制不發生超負荷問題，因為當設備沒有生產時殘膜還是會繼續溶解，如果沒有過濾系統繼續除掉未溶解膜，槽體負荷可能會變高影響再啟動時剝膜效率。

14-3-6　剝膜重工

剝膜也可能用於電路板重工處理，未曝光的電路板可經過顯影液重工或全面曝光後剝膜重工。直接剝除未曝光光阻會產生即刻槽液負荷，因為膜會直接快速溶解。剝除未曝光膜也可能有殘膜問題，光阻可能會因為剝膜前暴露在白光區而產生聚合作用。在無曝光狀況下光阻膜會溶解，高曝光狀況下則會產生顆粒，如果聚合程度恰為中等則會有介於溶與不溶的黏稠物產生。

電路板靜置在白光區等待重工，會接受到足夠能量使光阻產生局部聚合，會使重工剝膜產生殘膜問題機率大增。多數狀況下，這些殘留可用較強的清潔處理去除，如：機械性清潔法加上化學清潔法或微蝕。但多數重工都容易忽略嚴謹工法，因此重工電路板最好避開長時間白光暴露。

對於後續製程沒有前處理的電路板，不論採用機械或化學處理法做表面處理，對重工電路板都是必要的，因為需要重新將新鮮銅面呈現出來。如果板面有較重氧化狀況，則微蝕處理是必要工作。

14-4 廢棄物處理

一般電路板製造廠產生的典型有機廢棄物，如表 14-1 所示：

▼ 表 14-1　電路板廠有機污染的產出

製程來源	COD 百分比
噴錫與清潔	37
通孔電鍍 (錯合物及清洗等)	25
消泡劑及乾膜光阻等	8
光阻處理液 (油墨及乾膜)	13
酸性清潔劑 (電鍍)	0
光澤劑系統	0
絲網印刷	17
其他 (電鍍廢液排出及其他製程)	0
總量	100%

由表中可看出，與光阻及印刷相關的有機廢棄物將近佔據 40% 左右的比例，因此對於相關廢棄物處理方法必須重視。

顯影劑與剝膜液

如果剝膜液含有較高金屬濃度，一樣會發生沉澱問題。如果顯影劑需要處理內含有機物，則與剝膜液一起處理會較有利，但對特殊剝膜液，這種做法卻不一定是對的。定量添加剝膜液進入廢液處理的最終中和槽是可能處理方式，主要關鍵點是在排放金屬殘存量限制及 COD、BOD 排放上限是否會超出。

剝膜液有時可能需要排放前的前置處理，因為有銅含量濃度問題，銅濃度必須適當監控並保持在排放標準內，濃度標準隨生產地區不同有不同標準。如果銅濃度過高而剝膜液又便宜，則操作模式可能採用補充溢流法，這樣更換剝膜液的頻率反而低，因為溢流會持續將銅金屬移出使濃度一直維持低點不需要處理。高銅金屬濃度一般都可避免，且廢液只會有有機物及單純金屬離子。補充溢流法對特殊剝膜液特別有效，因為它維持了夠低的銅金屬含量。

液體中的有機物及金屬都過高而不適合排放，必須做適當處理。液體可先做批次預處理降低有機物強度，之後將金屬處理變成不溶性物質沉降。或者也可委外處理，或請環保公司提供適當處理機制做適合自己的處理。

環境相容性

有些標準測試可用來驗證光阻廢棄物處理效果，部分公司利用加酸法將液體有機物膠凝取出，之後調節 pH 值並將廢液送入專門培養的生物廢水處理系統。這些經過環境適應的細菌，會做有機物分解以降低廢液需氧量。菌種會被監控超過 20 天驗證其需氧量，控制溶液有機分解物質會同時做比對反應。經過處理後的殘留物，可用於農業有機肥料添加物。偵測金屬殘留物，其濃度並不十分明顯，而有機物會呈現出顆粒狀態，且會繼續受到菌種分解。因為這種原因，若採用生物處理法會比直接掩埋或燃燒更環保。

CHAPTER 15

水質對於電路板製作
的影響

電路板製作包含多種製程，除少數溶劑製程外，許多濕製程都涉及到水的使用，因此水質對產品良率影響就會非常大。電路板典型濕製程包括以下步驟：

- 影像轉移製程
- 壓膜前表面處理
- 濕式壓膜製程
- 顯影製程
- 電鍍
- 剝膜
- 蝕刻
- 黑化處理
- 各種前處理及清洗處理

雖然水質要求在多數濕製程都有共通特性，如：不希望有菌體在水中，但單一製程仍然有水質特殊要求。如：水質硬度對顯影有一定幫助，但對於電鍍用水就不一定適用。典型水質特性包括酸度 pH 值、硬度、重金屬含量、氯含量、有機物總量、離子含量或導電度。對於用在表面清潔的水質，雖然所採用的描述參數都與其他水質類似，如：重金屬含量、有機物含量及酸度等。但對於實際規格需求，會比一般水質嚴格。後續水質考慮，主要以製造所需特性為重點，其中最先被討論到的是有關細菌存在問題。

藻類及細菌

藻類一般不會是水質問題，但微量細菌卻十分平常，它們可生長在陰暗附有養分的槽體。次氯酸鈉 (Sodium hypochlorite) 可用來去除槽中污染，但氯或溴物質建議用於處理影像處理設備供水部分。微量細菌在顯影水洗或電鍍前的槽液中出現，會與銅與銅之間的剝離缺點相關。細菌在前處理中若有殘存，可能會影響到壓膜結合狀況。

有些其他方法可針對細菌問題做有效處理，如：UV 殺菌、過濾、熱處理及腐蝕性藥品等。

影像轉移使用的水質

表 15-1 為影像轉移用水，水質參數及適合範圍的整理。

▼ 表 15-1　影像轉移製程水質的特性

參數	建議的範圍或是最大值
總溶解固含量	顯影液 5-250 ppm、水洗水 250-800 ppm
顏色及懸浮物	無混濁及可見的顏色
PH	6-8.5
碳酸鈣及碳酸鎂	必須依據硬度限制決定
Carbonate	
碳酸鈣的總硬度	顯影液 1-100、水洗水 40-180
導電度	1200 nicro-ohm/cm
鐵	0.2 ppm
銅	0.2 ppm
錳	0.2 ppm
矽	20 ppm 或是無混濁
Chlorine, as Hypochlorous Acid	3 ppm
Chloride	200 ppm
Sulphate	200 ppm
Sulphide	0.1 ppm
Bicarbonate	150 ppm

高濃度鐵銹膜會影響顯影及光阻定型表現，過高硬度會產生以下影響：

- 顯影液稀釋時會變得混濁
- 清洗與乾燥後板面會產生白點或白色膜
- 會有些析出物沾黏在滾輪或零件上
- 排水管路會逐漸因為析出物堵塞而失去功能
- 供應管線特別是熱水管線會堵塞

水質對壓膜前處理的影響

多數壓膜前處理都會經過濕製程清潔過，最後也會經由水洗及乾燥步驟完成。這方面最常被問到的問題，就以究竟應該用怎樣的水質做最後清洗處理為首，其中又以其酸度 pH 值為多少是主要重點。這種問題很難回答，究竟壓膜前的銅面應該保持怎樣的酸度呢？其實以 PH 值來形容銅面狀態有一點不切實際，因為 pH 值得定義是表達液體中氫離子含量的指標，當液體去除 pH 值也就不存在了。

但從實際眼光看，當一些不揮發的酸鹼性物質殘留在銅面，水分降低就會產生高濃度酸鹼，這些高濃度酸鹼質在乾燥過程會攻擊銅面產生銅的氧化物。如果有足夠時間、溫度及足夠溼度，這些銅離子可能會溶為酸性游離物，之後會滲入光阻產生不溶性錯合物，會讓光阻殘留在表面。如果是鹼性物質留在銅面，鹼性會讓光阻結合力降低作用如同剝膜液，因而產生光阻剝離問題。因為這些原因，前處理最終水洗以中性較佳，建議 Ph5 值可保持非常低的酸度約為 5-7 左右，這樣至少不容易產生剝膜問題，但也不至於有過度殘膜風險。

濕式壓膜的水質要求

濕式壓膜用水質並沒有一定規定，但一般使用水質會要求避免不當水源應用，因為怕水中有異物進入壓膜過程。如：去離子水 (DI Water) 就不是建議使用的水質，因為去離子處理所用的樹脂床可能會同時攜入樹脂，或樹脂床中也有可能會產生細菌成長或在管路中產生菌體。一般較建議用的水質，以蒸餾水為較佳選擇。

水質硬度對顯影及顯影後水洗的影響

經過時際作業驗證發現，許多光阻在做顯影後水洗，適度水質硬度對影像效果有正面好處，且可縮短顯影槽長度，其主要優點如后：

- 可降低鋸齒狀蝕刻或電鍍線路
- 可獲得較佳影像精準度
- 可降低蝕刻時有機污泥

　　如果水質硬度低於 50 ppm 碳酸鈣含量，常會產生影像邊緣介面不良問題，如果硬度能介於 150 至 350 ppm 之間，則可獲得良好影像轉移效果。更高的硬度或許仍然會有好表現，但會加速殘膠累積速度。某些生產者刻意做水質硬度控制，確實發現對影像控制有一定貢獻，因此做鹽類添加控制，但從大量生產眼光看，如果面積或產品變異大似乎控制仍有難度，這也是為何目前亞太地區生產者，並未普遍使用這類做法的原因。

　　這些有利於顯影效果的原因經過釐清後，知道是因為硬化水質使帶入水洗槽的鹼性液體產生了緩衝作用，因此持續顯影就被停滯下來。而這些共價鹽類也使得這些曝露光阻降低溶解度，這對於水溶性光阻特別有利。

酸性電鍍銅槽中的氯含量

　　低氯含量是酸性銅電鍍基本配方，一般典型濃度範圍約為 50-70 ppm，過高或過低都容易產生電鍍問題。因為一般自來水都會有氯含量變異問題，其範圍可能會超過應有範圍，因此電鍍槽配製都採用去離子水，氯離子含量會經過分析控制。

其他濕製程步驟

　　去膜、蝕刻及氧化處理步驟已經在前面列舉，但可明顯看出這些製程藥液配製水質要求，比其他我們所提到的製程要求要寬鬆得多。但無論如何律定水質要求水準，就如同對其他化學品要求一樣重要，必須在一般濕製程中注意。

CHAPTER 16

總結

　　多年來電路板技術發展，就是一個不斷追求精確尺寸與位置的工程，而影像轉移則是通往此路的踏腳石。以往業者會以作更小孔及更細線路為重大目標，目前似乎也看不到它有停歇與轉變的理由。早期大家用每條通道 (Channel) 走幾條線為討論標的，多數也都用英制規格 (Mil) 為單位，不論公差或細緻度都還有一定空間可調整，時至今日許多產品都已經用公制微米 (μm) 為討論標的。由描繪精準度語彙，就可看出產品變異與不同。綜合前文所述，電路板的線路製作不外乎利用四種主要的線路製作技術來製作，他們的代表性做法如圖 16-1。

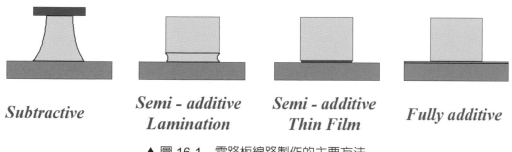

| Subtractive | Semi - additive Lamination | Semi - additive Thin Film | Fully additive |

▲ 圖 16-1　電路板線路製作的主要方法

　　除了全成長製程外，其他幾種做法業者其實都十分熟悉。其實電路板線路製作，所應掌握的關鍵有一些重點，如：多利用電鍍少依賴蝕刻，可獲得較穩定線路寬度，但同時必須改善線路電鍍能力，以免線路厚度均勻度變差。又例如：線路實際寬度必須考慮線路製作及後續製程可能變化，因為製程中的處理程序會耗損線寬，使製作出來的線路變窄。發展良好的線路製作能力，製作者最值得注意的是以下三件事：

- 較薄的底銅
- 較高的影像膜解析度
- 較佳的蝕刻能力

　　前述三者的綜合表現，正代表了整體線路製作能力提昇的關鍵。基於每個產品，其最終品質呈現來自於整體製程規劃與配合，因此必須作綜合探討，才能作出恰當的線路品質。線路品質控制，是一個橫跨電路板整體設計製作的全方位課題，本書所列水質、光阻類型、曝光、顯影、去膜、蝕刻、底片、電鍍等所有課題都與線路能力有關，因此也應該被列入影像轉移技術的議題。業者必須瞻前顧後，將所有影響線路的製程因子找出來，並恰當控制才算是真的做好了影像轉移工作。

參考文獻

1. 印刷電路板概論 - 養成篇 / 林定皓 2008；台灣電路板協會

2. 高密度細線路的製作 / 林定皓 電路板會刊第十八期；台灣電路板協會

3. 電子構裝載板技術 / 林定皓 2003；台灣電路板協會

4. 電路板機械加工技術 / 林定皓 2007；台灣電路板協會

5. 杜邦影像轉移教育訓練教材 / Karl Dietz

6. ATO 技術養成教材

7. LDI 市場發展報告 /NT information/ 中原捷雄博士

8. Screen/ORC/Adtech 產品型錄與說明書

9. Dry Film Photoresist Processing Technology / Karl Dietz ; Electrochemical Publications (2001)

10. Coombs. Jr, C. F.,Printed Circuits Handbook - Fourth Edition', MeGraw-Hill.

11. Leonida, G., 'Halldbook of Printed Circuit Design, Manufacturc, Components & Assembly', Elecfcrochemical Publications Ltd, Asahi House, Church. Road, Port Erin, Isle of Man, British Isles (1981).

12. Dietz, K. H., 'Fine Lines at High Yields, Part VIII: What's Happening with Multilayer Bonders?', CircuiTree Magazine, p. 54, March (1996).

13. Morrison, J. M., et al., 'A Large Format Modified TEA CO2 Laser Based Process for Cost-Effective Small Via Generation', Circuit World, Vol. 21, No. I, p. 24 (1994).

14. Improvements/Alternatives to Mechanical Drilling of Printed Wiring Board Vias', ITRI Project Team No. 134, Phase I Report, (ITRI 958001-G), August (1995).

15. Dietz, K. H., 'Fine Lines at High Yields, Part VII: The Alphabet Soup of Non-Mechanical Via Formation', CircuiTree Magazine., p. 58, February (1996).

16. Carpenter, R., 'Micro-Via Technolog/, CircuiTree, p. 48, November (1996).

17. Reiser, A., 'Photoreactive Polymers', in 'The Science and Technology ofResists', John Wiley & Sons, Inc. (1989).

18. Introduction to Microlithography, Theory, Material, andProcessing", edited byThompson, L. F., et al., ACS Symposium Series 219, American Chemical Society, Washington DC, USA (1983).

19. Walker. P., 'Dry Film Resist Technology', Journal of Applied Photographic Engineering, Vol. 4, No. I, p. 33, Winter (1978).

20. Monroe,B.M. & Weed,G.C.,Thotoinitiators for Free-Radical-lnitiated Photoimaging Systems', Chem. Rev. (American Chemical Society), pp. 435-448 (1993).

21. Payne. D., 'Liquid Etch Resist', PC Fabrication, Vol. 19, No. 3, p. 50, March (1996).

22. Bailer, C., 'Converting to Liquid Resist', PC Fabrication, Vol. 18, No. 7, p. 28, July (1995).

23. Nakahara, H., 'Direct Metalization Technology', Part I, PC Fabrication, October (1992) and Part II, PC Fabrication, November (1982).

24. Thrasher, H., "Will Direct Plate Methods Replace Electroless Copper PTH Technology?', Circuit World ,Vol.l7, No. 3, p. 28 (1991).

25. Harnden, E., This Time You Can Choose Not To Use Electroless', CircuiTree, p. 14, December (1991).

26. Angstenberger, A., 'Desmear - The Key Processes for Reliable Through-plating of Printed Circuitry', Circuit World, Vol. 20, No. 4, p. 8 (1994).

27. Socha, L. and Meyers, J. Termanganate; An Old Chemistry with New Demands', CircuiTree Magazine, p. 52, September (1994).

28. Olson, R. A. 'Reducing Copper Plating Pits in PWB's', CircuiTree Magazine,p. 30, August (1991).

29. Gonzales, W., 'Consumption of Double-Treated Foil Continues to Rise', CircuiTree, p. 24, July (1994).

30. Fang J. L. and Wu, N. J. 'Study of Antitarnish Films on Copper, Plating & Surface Finishing, p. 54, February (1990).

31. Dietz, K. H,. 'Fine Lines at High Yields, Part VI: "Substrates & Surface Preparation for Fine Line Boards"', CircuiTree Magazine, p. 66, January (1996).

32. Cox, G.S. and Dietz, K. H@ 'Fine Lines at High Yields, Part III: "Off-Contact Exposure"', CircuiTree, p. 102, October (1995).

33. Dietz, K. H., 'Primary Imaging of Fine Line Circuit Boards: Trends in Exposure and Development Technology', PC Fabrication, Vol. l& No. 10, p. 32, October (1995).

34. Olson, R. A.,'Reducing Copper Plating Pits in PWBs', CiruiTree Magazine, p. 30, August (1991).

35. Olson, R. A., 'The War on Plating Pits', CircuiTree Magazine, p. 40, August (1999).

36. Franck, G@ Jr, 'Cutting Corners: Copper & Solder Plate Strip and Etch Process', PC Fabrication, p. 45, April (1986).

37. Rose, P. R.,'Dry Film Resist Stripping*. PC Fabrication, p. 55, May (1987).

38. 'Performance Evaluation of Aqueous Resist Stripperg', PC Fabrication, p. 43, May (1987).

39. MacNeill, J. A., 'The Effect of Additives on Dry Film Photoregigt Stripping', CircuiTree Magazine, p. 42, October (1994).

影像轉移重要製程特性及測試掌控方式整理

A-1 重要的銅面處理變數與製程特性

表面處理部分：酸性清潔

變數與特性	範圍與規格	精度	製程的影響	測試的方法與頻率	控制的方法
酸（或酸性清潔劑），水平傳動噴流處理	5-20%（依供應商建議）	+/− 2%	去除氧化、抗氧化劑、部分的有機物	低定 – 0.1N NaOH（每天）	酸或酸性清潔劑及水添加 控制方式依據處理量或強制定期更換
清潔劑溫度	RT-60℃（依供應商建議）	+/− 2℃	較高的溫度有比較好的清潔效果	手提溫度計（每天）	溫控系統（開/關、高溫/低溫）警告
清潔劑噴流時間	1-3 分鐘		清潔度、氧化物去除率	傳動速度量測（每週）	傳動速度調整
噴嘴型式	依據設備設計		噴流衝擊力、均勻度、分布、覆蓋率	目視檢查是否堵塞（每天）	N/A
清潔噴流泵浦壓力	15-30 psi(約1-2 bar)	+/− 20%	噴流衝擊力與清潔速率	目視壓力表檢查	高低壓警告
水洗溫度	約 15-26℃	+/− 2℃	較高溫度有較好清潔效果	手提溫度計（每天）	溫控系統（開/關、高溫/低溫）警告

變數與特性	範圍與規格	精度	製程的影響	測試的方法與頻率	控制的方法
水洗壓力	15-30 psi(約 1-2 bar)	+/–2 psi	噴流衝擊力與清潔速率	目視壓力表檢查	高低壓警告
乾燥 (溫度、時間、空氣流量)	依電路板不同而不同				

表面處理部分：浮石 (或氧化鋁) 刷磨或是噴砂

變數與特性	範圍與規格	精度	製程的影響	測試的方法與頻率	控制的方法
研磨材的號數 (新鮮的材料)	再結晶的用於刷磨、直接採用的是未再結晶的材料		粗大研磨材產生較粗表面，容易殘留在孔內，較小顆粒有較小衝擊力		
	檸檬酸的添加 (依據乾膜的作建議)		檸檬酸的添加可以減緩氧化的速度同時可以中和氧化鋁水解產生的鹼	檢查處理後的銅面狀況	
顆粒尺寸	平均尺寸約 60μm		粗大研磨材產生較粗表面，較容易殘留在孔內，較小顆粒具較小衝擊力		定期更換
顆粒的形狀	不規則形狀，邊緣有銳角		產生最佳的表面粗度狀態	間接依靠補充與換槽控制，定期檢查處理銅面的表面狀態	定期更換期間補充
固含量	10-20%(一般為 15%)		固含量百分比主要是為了要獲得最大總表面積，低固含量降低衝擊，固含量過高會影響流速及衝擊力	以量筒檢查 (一班兩次)	定期添加或更換
刷輪型式	軟質尼龍刷		刷磨的形式會影響表面的狀態	N/A	

變數與特性	範圍與規格	精度	製程的影響	測試的方法與頻率	控制的方法
供應水質	軟水或是 DI 水		有機污染有可能會影響乾膜的黏著性	None	
	pH：5-7		Higher pH may interfere with dry film adhesion	pH 計 (每天)	以硫酸作調整
低壓水洗	1-2bar(約 15-30 psi)		Bulk removal of grit particles	壓力表檢查 (每天)	高低壓警告標示及開關控制
高壓水洗	10-20 bar (約 150-300 psi)		去除刷膜的顆粒	壓力表檢查 (每天)	高低壓警告標示及開關控制
乾燥 (溫度、時間、空氣流量)	依據板的型式而定				

A-2 關鍵的壓膜參數以及系統特性

手動壓膜作業

變數與特性	範圍與規格	精度	製程的影響	測試的方法與頻率	控制的方法
預熱溫度	依據電路板形式而定		影響膜變形量及結著力	溫度計 (每天)	調整設定溫度值
滾輪驅動速度	0-4 m/min		影響膜變形量及結著力	速度計 (每週)	調整滾輪速度
滾輪壓力	1.5-3.0 bar(氣壓		影響膜變形量及結著力	壓力表 (每天)	調整壓力
熱滾輪的溫度 (上 / 下及整支滾輪內)	100-120 ℃ (依材料不同而不同，設定點 +/–5℃)	+/–3C (上 / 下整支滾輪)	影響膜變形量及結著力	溫度計 (每天)	調整溫度設定值
滾輪結構	選用可承受高壓滾輪，避免高壓時產生彎曲		應想壓力均勻度	N/A	依據供應商的規格正確選擇壓輪

變數與特性	範圍與規格	精度	製程的影響	測試的方法與頻率	控制的方法
變數與特性	範圍與規格	精度	製程的影響	測試的方法與頻率	控制的方法
滾輪清潔度	無光阻殘留	N/A	影響乾膜變形量與貼合性	目視檢查	以 IPA 清潔
乾膜張力	依壓膜機結構以及乾膜的型式和尺寸		低張力影響乾膜的皺折可能性		
乾膜對準度（上／下）	+/–2 mm	+/–1 mm	不良的對位會使板面的邊緣沒有正確覆蓋乾膜		
乾濕式壓模	依據乾膜的型式		影響乾膜變形量及結合力	遵造乾膜的技術資料建議	
熱滾輪包覆材料	矽膠，硬度 60-70 度		影響壓力腳、熱傳以及變形量	目視檢驗板面的重複性缺點	如果有問題重新塗裝滾輪

自動壓膜作業

變數與特性	範圍與規格	精度	製程的影響	測試的方法與頻率	控制的方法
預熱溫度	依據電路板形式而定		幫助電路板的加熱，改善乾膜的流動		
滾輪速度	一般為 2-3m / min		影響產能以及乾膜的變形量與黏著力	溫度計（每週）	調整滾輪速度
主壓力	4-6 bar(一般為：5 bar)		影響乾膜的變形量與黏著力	檢查主壓力表（每天）	調整壓力
熱滾輪溫度（上／下整支滾輪）	一般為：100-120℃ +/–5℃	+/–3℃（上／下整支滾輪）	影響乾膜的變形量與黏著力	溫度計（每天）	調整設定溫度

變數與特性	範圍與規格	精度	製程的影響	測試的方法與頻率	控制的方法
滾輪結構	使用重承載滾輪椅防止高壓彎曲		影響均壓性	N/A	恰當選擇滾輪供應商並控制規格
熱滾輪包覆材料	矽膠硬度約 70 度		影響壓力腳、熱傳以及光阻變形量	目視檢查，查看重複性的板面缺點，有與輪徑相當的關係者	如果有缺點可重新包膠
傳動速度 (與壓膜滾輪同步)	一般 2-3m/min		影響產速、光阻變形量以及結合力	溫度計 (每週)	調整傳動速度
挾持壓力 (左 / 右)	3-5/3-5 bar 或 4.0/4.0 bar		決定滾輪壓力	挾持壓力表 (每週)	調整壓力
封閉的壓力 (上 / 下)	3-5/3-5 bar 或 4.5/4.5 bar		壓力不足可能導致光阻下壓變差	封閉壓力表	調整壓力
破眞空壓力	0.5-2.0 bar		影響膜的張力	壓力表 (每週)	調整壓力
挾持棒的溫度 (與板厚有關)	45-90℃ O/L：45-75℃ I/L：45-60℃		低溫可能會導致光阻下壓變差	電氣測試：溫度計 / 功率測試器 (每月)	調整設定溫度
密接時間 (與板厚有關)	2-5 秒 (一般為 3 秒)		過短時間不足以做出良好光阻填充，過長時間會導致流膠	時間 (馬錶) (每月)	調整時間 (程式控制器)
滾輪的清潔度	無光阻殘留	N/A	影響膜的變形量	目視檢查	以異丙醇清潔
膜的張力	破裂強度：0.5-2.0 bar		低張力可能導致壓膜的膜皺折		
膜幅寬的對準度 (上下輪)	+/–2 mm	+ / – 1 mm	不良對位會造成板週邊覆蓋不全		
切割速度 (滾輪在膜切割時的速度)	在壓膜循環中最低速度約為 0.1-0.2 m/ min		影響產速，如果太快可能產生角度偏斜，光阻軸也可能會過早產生張力		

變數與特性	範圍與規格	精度	製程的影響	測試的方法與頻率	控制的方法
膜的啓始點與終點位置	100-300/0-50(依據板面積)		影響光阻膜的置放準度	讀計數表 (每月)	
乾 / 濕模式地壓膜	依據光阻的不同而異		影響光阻變形量及結合力	依據技術資料地建議	
濕式壓膜：水的流動	2-5 ml/min		影響光阻變形量/ 結合力，過度流動會產生皺折	流量計 (每週)	調節流量
濕式壓膜：濕潤均勻度	完整的表面覆蓋		濕潤不足的區域會產生變形量不足的問題，過濕的區域會產生皺折	目視檢查	清潔及調整供水系統及檢查板面狀態 (水破實驗)
濕式壓膜：水的品質	蒸餾水 (或其他供應商建議水)		水硬度可能會使容器產生水垢，因而產生板面污染或不均流動	導電度的量測硬度量測 (如：滴定或檢驗試紙)	清空供水系統填充乾淨的水
排氣流量	4-10 m3/min		低流速會產生低分子量的光阻揮發物凝結，高揮發蒸氣會影響作業者健康	量測流速	調整抽風系統及風扇

A-3 ⁝ 重要的曝光參數以及系統特性

曝光

變數與特性	範圍與規格	精度	製程的影響	測試的方法與頻率	控制的方法
燈管的能量密度：瓦數 (kW)	1-8 kW(高效能的機種：5-8kW)		曝光時間 生產產能 細線品質及良率	曝光能量計	如果能量不足就更換燈管

變數與特性	範圍與規格	精度	製程的影響	測試的方法與頻率	控制的方法
曝光照度 (光阻表面能量密度)	5-10 (高效能 10-20)	+/– 12%(有效曝光區分布狀況) 板面上下 (高效能表現應該在 < +/– 8%)	曝光時間 生產速度 細線品質	曝光能量計	檢查及修正原則： 反射罩污染、偏移、易位、底片貼附不平板面上 / 下：光源切換問題、燈光源輸出問題
光阻的表面曝光能量 (mJ/ cm^2)	一般範圍：30-100 規格依據材料型式及厚度	一般為 +/– 12%(高效能為 +/– 8%)	線寬均勻度 實際外觀尺寸重複性 解析度能力	照度累加計	檢查及修正原則： 有關照度，可以參考照度調整方法 有關曝光時間：可調整曝光遮蔽罩時間
變數與特性	範圍與規格	精度	製程的影響	測試的方法與頻率	控制的方法
光輸出的特性 (照度及波長)	範圍：340-440 nm 峰值：365 nm 輸出在 400-440 nm 範圍應該要低		有效的照度及能量密度，直接影響產速以及線寬再現性		
燈管的熱機時間			設備的稼動率		
底片的對位能力	重複性 +/– 2 μm(上 / 下：以玻璃底片作業) 一般膠片 +/– 20 μm 可重複性		對位度 (上 / 下：孔 / 墊)		
有效曝光面積	600 * 500		可作業不同尺寸的電路板		

變數與特性	範圍與規格	精度	製程的影響	測試的方法與頻率	控制的方法
光平行度 (半角)	5° (高效能：1.5°)		非接觸的解析度表現		
光偏斜度 (半角)	5° (高品質機種1.0°)		光阻邊緣的形狀		
冷卻 (曝光中底片及板面都會被加熱)	2℃ (高品質機種 <2℃)		光阻尺寸的再現性		
冷卻模式 (封閉循環)			無塵室的清潔度與維護		
眞空時間 (可調) 以秒計	10-45 秒		底片與板面貼合度 (排氣性)		
產率 (片 / 小時 / 台)	手動：Mylar 20-35 玻璃 / 玻璃：40-80 自動：90-150		生產能力		

A-4 重要的顯影參數及系統特性

液態顯影

變數與特性	範圍與規格	精度	製程的影響	測試的方法與頻率	控制的方法
有效反應物濃度，典型的有 K_2CO_3 及 Na_2CO_3 (氫氧化鈉有可能用在正型光阻)	0.6-1.0wt% (多數建議在 0.8-1.0wt%)，仍必須看光阻特性規格	配製：+/–0.05wt% 操作中：+/–0.1wt%	影響顯影速度 (溶解去除未曝光的光阻)，過高可能攻擊曝光過的區域，過低則會有顯影不潔的問題	配製：酸滴定或以導電度檢測 操作中：針對鹽類含量做酸滴定 (滴定終點有可能受光阻及消泡劑影響)	配製：控制水量及碳酸鹽重量，可用比重或導電度確認狀況 操作中：可直接補充及溢流作業用濃度溶液 操作維持：以調整速度維持顯影正常，塑顯影過慢可考慮當槽 操作中檢查：抽樣滴定檢驗顯影液活性，結果一般不會作爲製程控制依據，但可在有問題時作爲解決問題參考

變數與特性	範圍與規格	精度	製程的影響	測試的方法與頻率	控制的方法
水的硬度（顯影液）	150-350 ppm CaCO₃	+/−50 ppm	適當硬度可穩定顯影速度停止繼續顯影作用，但過高硬度溶液會產生污垢累積及噴嘴堵塞	以滴定或試紙檢測（每週）	定期檢測水質硬度，若硬度過高可用軟水、去離子水混合，若硬度較低可添加氯化鈣或硫酸鎂鹽
顯影液溫度	26-32℃	+/−1℃	溫度過高會攻擊曝光過的光阻	手提溫度計（每週）	自動溫控系統的開關可控制調整
顯影液噴壓	1.4-2.1 bar (20-30 psi)（註：一般上噴壓會比下噴壓高約 2-5 psi）	+/−0.3 bar	機械衝擊力及質量傳送支撐著顯影作用，過高壓力會傷害曝光過光阻，過低則會有殘留	目視檢查壓力表（每班），校驗壓力表（每月）	可調節閥門，若流體跨越 (100-200 microns) 濾材有 >2 psi 的壓力降低則必須更換濾材
顯影點（上下兩面同時均勻達成的點）	50-75%（全長度）	+/−5%	適當顯影完成點，必須用曝光格數片做測試，以去除與未去除光阻界線發生點為判斷顯影點依據	目視檢測試驗（每班一次）	一般如果藥液正常，多數都是以調整傳動速度為主要的手段
顯影時間（在顯影液內的時間總長）	30-60 秒（依光阻的特性與厚度而不同）	+/−5 秒	正確顯影時間足以產生清潔線路，但不會攻擊曝光過的線路（過度顯影）	確認顯影線的長度同時測試恰當的顯影速度	檢視顯影點，一般對 1.5 mil 光阻約需 < 45 秒，對 2.0 mil 光阻則約 < 60 秒
光阻的負荷量	連續操作 0.15-0.20 (6-8 mil-sqf/gal)	+/−2 mil-sqf/gal	適當的負荷量控制，不超過限制的負荷量才不會有殘膜的問題	間接以滴定測試酸鹼含量，或以 UV 測試殘膜量，但對一定乾膜檢量線必須經過比對校正。	靠顯影點位置控制與時間控制等，可以穩定操作，並應定時保養更槽。
顯影後水洗的硬度	如前述				

變數與特性	範圍與規格	精度	製程的影響	測試的方法與頻率	控制的方法
水洗水的酸度	pH 7.0-9.5	+/-0.5	高鹼度的原因是因為顯影液的攜出量大或是水的補充流動不足，可能會引起持續顯影的現象	檢驗 pH 值檢測儀（每天）	調整水洗水流量，檢查顯影液帶出量以及進流水的酸鹼值
水洗水的流動	< 4L/min（約 1 gal /min）以三槽連續水洗的設計推估		低流量可能引起殘膜的問題或是持續顯影的現象	流量計（每班）	
水洗的溫度	20-30C（約 70-85F）	+/-2C	水洗效率會因水溫降低而降低	以手提式測溫裝置檢查（每週）	以溫控器控制閥門開關以調節冷熱
水洗噴嘴的形式	高衝擊力的扇形噴嘴較佳	N/A	水洗衝擊效率	目視檢查噴流形狀，調節噴嘴角度減少相互干擾	
水洗噴壓	1.5-2.5bar（約 25-35psi）	+/-5 psi	水洗衝擊效率	以測壓裝置檢查（每月）	閥門調整
乾燥	一般以目視外觀或接觸感為準			目視檢查	調整乾燥時間或溫度
顯影後停滯時間	0-14 天（比較希望時間不要過長特別是蓋孔蝕刻板）		適應製程需要為準，一般希望時間短，以免受機械、污染、蓋孔能力弱化或脆化因時間延長而出現	N/A	

A-5 重要的電鍍變數及系統特性

酸性銅電鍍

變數與特性	範圍與規格	精度	製程的影響	測試的方法與頻率	控制的方法
電流密度	10-80ASF 典型的條件 20-30 ASF	+/−2 ASF	電流密度高電鍍速度快,太高會讓金屬性質劣化	測量電鍍厚度以及電鍍時間 (依據法拉第定律)	控制整流器、陽極面積以及遮板
影響電流密度的參數					
陰陽極面積比	1.2:1 到 2.0:1		影像電流密度分布,當然也影響電鍍厚度均勻度	陽極面積依供應商提供公式做銅球面積估算,陰極面積依據實際設計估算。	陰極用假鍍板調節面積,陽極可調節鈦藍位置、銅球尺寸、寬度調節等
陽極的遮蔽	依需要降低電流密度	電流密度均勻度	依需要調整遮板以獲得良好電鍍層厚度分布		
陽極的配置	距離陰極大於 18cm	電流密度均勻度			
攪拌及搖擺	擺幅及頻率		影響液體補充、電鍍均勻度、電鍍速度、電鍍品質	頻率及擺幅確認	若為可調則調整之
氣體攪拌 (位置、口徑、流量)	依據設備的設計		液體流積孔內的狀況,會影響電鍍的均勻度及品質	測定空氣流量及流動方式	調整氣體攪拌及流向
過濾 (循環數、濾材密度)	每小時 2-6 次全槽循環,濾材尺寸<10μm		過濾可以去除會產生銅瘤的顆粒	確認泵浦的流量	調整泵浦流量或更換泵浦

變數與特性	範圍與規格	精度	製程的影響	測試的方法與頻率	控制的方法
溫度	22-27℃	+/−2℃	較高溫度會影響添加劑的功能、良率及金屬的性質	手提溫度計測量	浸入式加熱器、冷卻盤管或是熱交換器、電熱偶等
硫酸銅濃度	70-80 g/L	+/−2 g/L	高濃度會降低均佈能力，較低濃度會降低電鍍效率	樣本滴定	添加銅鹽或是乙酸稀釋
硫酸濃度	200-210 g/L	+/−2 g/L	影響銅的溶解、均佈以及電鍍速度	樣本滴定	以水調整硫酸濃度或是添加硫酸提高濃度
變數與特性	範圍與規格	精度	製程的影響	測試的方法與頻率	控制的方法
氯離子濃度	20-100ppm	+/−5 ppm	影響有機添加劑的功能以及陽極的溶解速度	滴定分析	控制槽液純度，少時添加多時稀釋
陽極化學組成	依據供應商規格				
有機添加劑：光澤劑、抑制劑、平整劑	供應商規格		光澤劑：晶粒細緻劑 (影響伸張強度)、抑制劑 (影響電鍍均勻度)、平整劑：(影響轉角電鍍均勻度)	CVS (Cyclic Voltainetric Stripping)、賀氏槽	依據電鍍瓦時數定量添加
有機污染的水準			過高的電化學活性物質會影響添加劑的功能	賀氏槽、CVS、HPLC、TOC (Total Org. Carbon)	控制有機物，從清潔劑、微蝕劑攝入量，並注意乾膜相容性。發生時可用活性碳處理。
電鍍液的氣體過飽和			過飽和空氣會產生電鍍表面氣泡導致電鍍凹陷	關閉過濾循環確認氣泡來源	避免空氣進入循環泵浦，注意是否有循環漏氣現象

A-6 ⠿ 重要蝕刻變數及系統特性

蝕刻 (酸性氯化銅：H_2O_2 再生系統)

變數與特性	範圍與規格	精度	製程的影響	測試的方法與頻率	控制的方法
Gu^+ / Cu^{++} 比例 (氧化還原電位)	500-580mV (一般設定爲 520 mV)	+/–30 Mv (hightech：+/–25 mV)	蝕刻速率 (在高的電壓時蝕刻快，但是太高時會有氯散溢的問題)	氧化還原電位 (ORP) 線上連續偵測	定義上下限電壓，同時決定添加雙氧水時機：過高代表可能需要添加銅或走些銅板補充，過低可能因爲送板過快或雙氧水補充出現問題
酸濃度 (HCl)		+/–0.2N	蝕刻速率在高濃度時較高，但過高會有腐蝕設備問題 (如：鈦冷卻管)，對乾膜也會產生攻擊	酸鹼滴定 (每週)	酸添加依據導電性調節 (需要在一定比重下定期校驗) H_2O_2/HCl 添加必須要在固定的設定比例
比重	1.26-1.30 g/cm^3	+/–0.03	間接的銅含量指標，用於補充及調整槽液，過高時蝕刻速率會降低	量測體積及重量 (以量桶在操作溫度下測其重量及體積)	線上比重計控制，過高時排出部分藥液同時以補充液補充之
銅濃度	21-25oz/gal		蝕刻速度過高會有沉澱的問題，過低會有過低的蝕刻速度	滴定 (每週)	間接的以比重控制，過高石牌出調節，過低時添加銅或是氯化銅
傳動速度 (蝕刻時間)	30-60 cm/min(依據銅厚度極蝕刻線有效長度)	+/–2 cm/min(high tech：+/–1 cm/min)	回蝕及線寬	檢查傳動的線性速度 (每週)	速度控制

變數與特性	範圍與規格	精度	製程的影響	測試的方法與頻率	控制的方法
溫度	47-52℃	+/–1.5℃ (high tech：+/–1.0℃)	蝕刻速率	手提溫度計	溫控系統
噴壓	1.5-2.5 bar	+/–0.15 bar	蝕刻速率及蝕刻比	活動式壓力計檢驗線上壓力表	線上儀表及閥門
噴嘴型式	Cone or fan	N/A"	噴流型式及衝擊力 (直接影響蝕刻速率)	目視檢查堵塞	必要時清潔或更換
噴流均勻度	N/A	N/A	蝕刻在全板及上下均勻度	檢查全板蝕刻的均勻度 (每週)	目檢電路板兩面反應完成點 (上對下；邊對邊)，去除堵塞噴嘴、干擾噴嘴、角度不對噴嘴、交錯滾輪
蝕刻速度	20-30 micro in / min (1.0-1..2 mil/min)		這是相對變數，主要用於調整傳動速度以及初期驗證決定某產品的蝕刻速率	半蝕刻檢查銅去除量	控制主要參數以維持期待的蝕刻速率，傳動速度的調節需依據實況進行
水洗壓力	1.5-2.0 bar(約 22-30psi)		水洗效率	手提式測具 (檢查線上儀表)	線上儀表及閥門
水洗溫度	Ambient	None	水洗效率	None	None

鹼性蝕銅

變數與特性	範圍與規格	精度	製程的影響	測試的方法與頻率	控制的方法
銅濃度	90-140 g/L		蝕刻速度過高：會有沉澱的風險 過低：蝕刻速度低	滴定	間接：比重控制 高：排出 低：蝕銅或加銅鹽

變數與特性	範圍與規格	精度	製程的影響	測試的方法與頻率	控制的方法
氯離子濃度	4-5 mol		蝕刻反應消耗氯離子，形成氯化氨銅錯合物 過高：溶解度受限 過低：蝕刻慢	滴定(硝酸銀，每週)	間接：比重控制補充速度 高：加氨水或是水 低：加氯化銨
pH	7.5-9.0(一般約8.0- 8.5)	+/−0.2	氨自由基可由 pH 值做指標，是產生溶解性銅鹽錯合物的必要元素 過高：攻擊乾膜光阻 過低：有鹽類沉澱風險，可能會有槽液壞死或蝕刻速度低的問題	PH 儀表(手提式，每天)	PH 儀表控制水溶性的氨水或是氣體氨的添加，也可以調整抽風的方向
比重	1.12-1.20		溶銅的間接指標，用來決定何時排除舊液，如果過高蝕刻速度會下降	定體積稱重或用比重計	以比重為指標自動補充
溫度	43-49℃	+/−1C	高：高蝕刻速度但是也會比較快從抽風中失去氨水 低：蝕刻速度低	手提溫度計量測(每週)	設計溫控系統，調整設定點
噴壓	2bar(約 30 psi)	+/−0.2 bar	蝕刻速度(液體補充)	目視檢驗壓力表，定期以手提器材校驗	檢查噴嘴堵塞及調節閥門
噴嘴型式	錐形或扇形		噴嘴選擇影響噴流衝擊力及噴流分布，影響到蝕刻速度與均勻度	目視檢查蝕刻的線路結果	調整噴嘴角度、配置以及是否堵塞

變數與特性	範圍與規格	精度	製程的影響	測試的方法與頻率	控制的方法
補充槽氯濃度	3.8-4.7 mol	+/−0.2 mol	藥液補充與行進逆向，流動補充採多槽順序溢流至前一槽。捕捉帶出銅離子，並使其回流到蝕刻槽	如酸性蝕銅類似	
鹼液供應槽	2.7-3.9 N	+/−0.2 N	對照上方的 pH 值部分		
水洗 (壓力、噴嘴、溫度、流量)	對照酸性蝕刻部分				

A-7　重要的剝膜及系統狀況

變數與特性	範圍與規格	精度	製程的影響	測試的方法與頻率	控制的方法
溫度 50-60 ℃，一般供應商規格為 55℃ 或高於，必須看光阻特性	+/−2℃		影響處理速度、負荷量以及清潔度	手提溫度計 (每週)	溫控器
剝膜時間	光阻特性 (一般為 1-2 分鐘)		過短可能不潔，過長可能攻擊金屬浪費時間	傳動時間 (每週)	調整傳動速度
反應完成點	30-50%		過晚的完成點可能造成不潔	目視 (每天)	調節傳動速度或是提高要液補充量等等
剝膜液濃度		供應商規格	剝膜速度	滴定	依據補充量而定
消泡	依需要而定		泡沫控制	目視控制	依據供應商建議添加

變數與特性	範圍與規格	精度	製程的影響	測試的方法與頻率	控制的方法
剝膜液添加速度	一操作必要性維持反應完成點		影響光阻的負荷量，如果負荷量過高，就會剝膜不全或是速度降低	檢查剝膜液 pH 值：依據剝膜液化學反應與光阻模式，廠商提供 pH 值與槽體負荷關係曲線	依據作業量板數添加或是依據 PH 值調整
光阻移除時間及產能影響	依據設備及光阻而定		低移除速度：可能因為固體殘留增加、噴嘴堵塞、乾膜回沾等因素，當然也會影響作業狀態及產出能力	目視檢查：檢查移除的體積或重量與光阻處理量的關係	調節剝膜粒度以改善過濾效率，修正設備使循環縮短加快皮膜從濾材去除度速度及效率
噴壓	一般為 2 bar		較高壓力有助加快剝膜效率	壓力表檢查	目視檢查堵塞噴嘴及過濾器

附錄 B

重要名詞解釋

壓板製程、物料與產品結構相關	
名詞	定義
雙面處理銅皮 (Double-treat copper)	一種經過雙面處理的銅皮，兩面都有鋅或是青銅的處理形式
軟性電路 (Flexible circuit)	一種電子元件結構形式，它可重複使用過程中彎曲，或者可以至少組立與裝配中安置到非平面位置，又或者可做出非平面形狀
內層 (Innerlayer)	一層在多層電路板中的金屬層，一般是線路、能源層或接地層，也有人稱為核心層 (Core layers)。多是薄介電結構雙面板，在線路作完後與膠片疊合做出多層電路板。製作時，常會用多片核心板結構
微孔 (Microvia)	一種電路板垂直方向連結結構，典型微孔直徑都在 6 mil (250μm) 或是更小的尺寸，一般是靠雷射、曝光或是電漿的方式進行製作
多層板粗化結合處理 (Multilayer bonder)	一種內層板的表面處理方式，主要是用來增進多層電路板的層間膠片結合能力。這種表面處理較典型的有，黑化處理、還原處理、各種粗化有機表面處理等等的方式
外層 (Outerlayer)	多層電路板的表面層
感光微孔 (Photovia)	一種利用影像轉移所產生，在介電質層上製作的小導通孔
粉紅圈 (Pink ring)	一種因為局部內層氧化銅表面產生腐蝕移除產生的電路板缺點，缺點位置一般都在鑽孔區域邊緣，因為化學藥品會從這些區域攻擊內層銅面，會在該區域產生粉紅色區狀外形因此稱之
膠片 (Prepreg)	一種部分聚合介電質片狀材料，用來分隔與結合內層板材料並用於堆疊作業。熱壓合作業會產生軟化流動現象，與內層板結合
印刷電路板 (Printed circuit board)	一種電子產品的構裝元件，以硬質的材料製作出硬式電路板或是用軟質的材料作出軟板或是軟硬板

軟性電路板 (Printed flex circuit(PFC))	一種電子產品構裝元件，以軟質材料製作，可折繞撓曲的電路板
反向處理銅皮 (Reverse treated foil)	也可說是光面處理銅皮，光面處理後就可用此面與樹脂結合，仍能產生足夠結合力。光面銅多數會做鋅或青銅處理，與標準銅皮處理恰好相反方向
軟硬複合板 (Rigid-flex circuit)	一種電子產品的構裝元件，以硬質與軟質材料共同混合製作，因此具有軟與硬電路板的雙重特性
矽烷偶合劑 (Silane coupling agent)	一種化學物質一般具有 (HO)4n -Si-Rn 的結構，可以與金屬 (Me) 氧化物或是氫氧化產生矽烷鍵結，結構如：Me-O-Si-R
影像轉移製程相關	
名　詞	**定　義**
消泡劑 (Antifoam)	用來進行消泡或是抑泡的化學品
抗氧化劑 (Antitarnish)	一層用來保護金屬表面防止氧化發生的物質
塑化劑 (Binder)	強化光阻的聚合物膠鏈物質
反應完成點 (Break point)	一個以反應設備長度百分比表示的作業參數，在此處期待的反應恰好完成，但為了保證反應完整，仍會留下部分長度做後續反應，這個概念可用在顯影、蝕刻及剝膜製程
潔淨室 (Clean room) 或稱無塵室	一個管制與架設空氣清靜裝置的環境，同時需要避免容易積塵的表面設計，至於要求的標準需要依據潔淨的等級而定
顯影 (Developer)	對電路板，是用來溶解較高溶解度光阻的化學品及設備製程。對底片，是一種在底片經過曝光後產生細緻銀結晶的過程，也稱顯像
乾膜光阻 (Dry film photoresist)	一種光學感應保護塗層，在基板上形成選擇性保護膜，用來抵抗蝕刻液侵蝕、電鍍層產生等。材料型式為乾式薄膜，必須靠熱壓做貼附。選擇性區域的產生，靠線路曝光製作，有投射、接觸作業法
蝕刻劑 (Etehant)	一種化學氧化劑，用來進行金屬的氧化，將金屬轉換為可溶性的金屬鹽以便移除
曝光 (Exposure)	以光輻射的方式進行化學品組成的變異，感光性的化學結構經過選擇性的曝光，產生了覆蓋區域的選擇性聚合反應，之後就可以利用顯影的程序將聚合區與非聚合區分開來
補充溢流 (Feed-and-bleed)	利用週期性補充與移除法做製程控制的技術，當需要化學品補充時，系統會進行定量補充，但同時會做相同體積化學品移除

熱滾輪壓膜 (Hot roll lamiliation)	一種以一對加熱的滾輪雙向加壓進行乾膜貼附的製程
遮蔽劑 (Inhibitor)	一種可遮蔽高分子鏈狀聚合反應發生的化學物質，它可抑制聚合反應在微量啓動時反應延伸性，讓反應物質降低活性或不反應
壓膜 (Lamination)	一個貼附乾膜到基板上的製程
液態光阻 (Liquid photoresist)	一種感光性的材料，以油墨的形式進行塗佈厚烘乾進行曝光顯影來發揮選別性的功能
微蝕 (Micro etch)	一種局部性微量的金屬蝕除程序
單體 (Monomer)	一種化學物質的基本單元，可以經過與其他單元的串接產生較高分子量的聚合物
負型光阻 (Negative working resist)	一種感光材料的型式，這類材料會在見光後產生聚合的作用
光阻 (Photoresist)	一種光學感應保護塗層，在基板上形成選擇性保護膜，用來抵抗蝕刻液侵蝕、電鍍層的產生等。選擇性區域的產生，主要是靠線路的曝光所製作出來的，可以靠投射或是接觸的方式進行作業
底片 (Phototool)	一個遮蔽光源的工具，表面擁有精確的線路與光學對比性，曝光的光源可以順利的穿過透光的區域。對比遮光的區域，常會有銀或是偶氮類的遮光物質，整體則是用玻璃或是膠片所支撐
間格 (Pitch)	電路板設計中一種線路與間距的重複出現尺寸，例如：10 mil pitch 可以是 5 mil 線寬 5 mil 間距或是 4mil 線寬 6mil 間距
正型光阻 (Positive working resist)	一種感光性的材料，在曝光的區域會產生比較高的溶解度
浮石 (Pumice)	一種礦石，其內含物質主要是以 SiO_2、$Al2O_3$ 以及其他的礦物質為主體，一般會以粉末的型式來使用，製作時會以鍛燒的方式來強化其強度，主要用在金屬的表面前處理
自由基 (Radical)	一種化學原子團，具有不成對的電子
對位 (Registration)	一個標靶與某物相對位置的搭配程序或是實際的配合程度，這對於壓板以及曝光而言都是重要的程序與結果
曝光格數底片 (Step tablet)	也被稱為灰階片，是一種陣列式透光率漸次增減的聚脂樹脂片，可以放在光阻與光源間來偵測聚合的狀況與光源的關係

電鍍製程相關	
名　詞	定　義
光澤性 / 抑制劑 (Brightener/Carrier)	一種電鍍的有機添加物，可以誘導電鍍層的細緻化，這些效果可以由電鍍金屬面的光澤度可以判定其效用及狀況。它同時也是一種潤濕劑，可以在電鍍層的表面形成一道擴散膜，這樣就可以降低析出的速度但是強化鍍層的均勻性
螯合劑 (Chelating agent)	可以與金屬形成錯合物的化學品
化學銑切 (Chemical milling)	一種製作合金元件的蝕刻或是電鍍技術，在製作過程中會在零件的表面作出阻抗膜來作選擇性的處理
整孔劑 (Conditioner)	各類不同的化學品設計用來作表面的改質，藉著改變表面的極性，以提昇與另一物質的吸附與結合能力
剝銅 (Copper peeling)	表面的電鍍銅因爲內應力或是較弱的結合力，從表面剝離脫落
除毛頭 (De-burring)	一個去除因爲鑽孔所產生孔口毛頭的製程
除銅瘤 (De-noduling)	一個去除金屬面突起銅瘤的程序
除膠渣 (Desmear)	一個從孔內銅面去除有機膠渣的程序
直接金屬化 (Direct metallisation)	一種不用化學銅所進行的孔壁金屬化處理，它是在孔壁導電處理後利用電鍍銅長厚的一種製程，因爲不用化學銅製程因此稱爲直接，也有人稱爲直接電鍍 "Direct palting"。直接表面處理的做法包括利用碳、石墨、鈀金屬以及導電高分子等等的製程製作。
化學銅 (Electroless copper)	一種銅析出的方式，並不依靠供電的方式進行電鍍，化學反應是依靠銅離子的還原金屬化來產生
孔內破洞 (Hole void)	通孔中的不完整銅金屬覆蓋缺點
浸潤釋出 (Leaching)	一種光阻化合物溶出物質擴散到電鍍層中的現象
平整劑 (Leveller)	一種化學添加劑，設計用來改善電鍍厚度均勻度的製劑
電鍍凹陷 (Plating Pits)	一種電鍍缺點，一般會出現電鍍的厚度在某些區域有非全高度的鍍層出現，例如：凹洞、因殘留氣體產生的球型凹洞、因有機殘留所產生的不規則凹陷等等都是
整流器 (Rectifier)	一種電氣設備可以將交流電 (AC) 轉換爲直流電 (DC) 或是脈沖式的電流
均佈 (Throwing power)	一種描述電鍍均佈能力的指標，主要是在比較孔內與板面間的電鍍均勻度

品管相關	
名詞	定義
自動影像檢查系統 (Automated optical inspection (AOI))	用來做檢驗的光學比對機械，利用感應裝置將掃描線路所得的影像與實際線路資料比對。比對依據設計準則判定線路缺點，缺點位置可標定出來，並進行修補及確認
輪廓量測 (Profilemetry)	掃描偵測物質表面的地茂外型技術，一般用非接觸式技術做量測，可以獲得數據化分析結果，不只是外型影像

國家圖書館出版品預行編目資料

電路板影像技術與應用 / 林定皓編著. --
　　初版. -- 新北市：全華圖書, 2018.09
　　　面；　公分
　　ISBN 978-986-463-928-1(平裝)

　　1.印刷電路

448.62　　　　　　　　　　　　107014668

電路板影像轉移技術與應用

作者 / 林定皓

發行人 / 陳本源

執行編輯 / 呂詩雯

出版者 / 全華圖書股份有限公司

郵政帳號 / 0100836-1 號

印刷者 / 宏懋打字印刷股份有限公司

圖書編號 / 06378

初版二刷 / 2019 年 11 月

定價 / 新台幣 520 元

ISBN /978-986-463-928-1

全華圖書 / www.chwa.com.tw

全華網路書店 Open Tech / www.opentech.com.tw

若您對書籍內容、排版印刷有任何問題，歡迎來信指導 book@chwa.com.tw

臺北總公司(北區營業處)
地址：23671 新北市土城區忠義路 21 號
電話：(02) 2262-5666
傳真：(02) 6637-3695、6637-3696

中區營業處
地址：40256 臺中市南區樹義一巷 26 號
電話：(04) 2261-8485
傳真：(04) 3600-9806

南區營業處
地址：80769 高雄市三民區應安街 12 號
電話：(07) 381-1377
傳真：(07) 862-5562

歡迎加入 **全華會員**

● 會員獨享

會員享購書折扣、紅利積點、生日禮金、不定期優惠活動…等。

● 如何加入會員

填妥讀者回函卡直接傳真 (02) 2262-0900 或寄回，將由專人協助登入會員資料，待收到 E-MAIL 通知後即可成為會員。

如何購買 全華書籍

1. 網路購書

全華網路書店「http://www.opentech.com.tw」，加入會員購書更便利，並享有紅利積點回饋等各式優惠。

2. 全華門市、全省書局

歡迎至全華門市（新北市土城區忠義路 21 號）或全省各大書局、連鎖書店選購。

3. 來電訂購

(1) 訂購專線：(02) 2262-5666 轉 321-324
(2) 傳真專線：(02) 6637-3696
(3) 郵局劃撥（帳號：0100836-1　戶名：全華圖書股份有限公司）

※ 購書未滿一千元者，酌收運費 70 元。

OpenTech 全華網路書店.com.tw

全華網路書店 www.opentech.com.tw
E-mail: service@chwa.com.tw

全華網路書店 www.opentech.com.tw
E-mail: service@chwa.com.tw

※ 本會員制如有變更則以最新修訂制度為準，造成不便請見諒。

讀者回函卡

填寫日期：　／　／

姓名：
生日：西元　　年　　月　　日　　性別：□男 □女
電話：（　）　　　　手機：
傳真：（　）
e-mail：（必填）

通訊處：□□□□□

學歷：□博士 □碩士 □大學 □專科 □高中·職
職業：□工程師 □教師 □學生 □軍 □公 □其他

學校/公司：　　　　　　科系/部門：

需求書類：
□A.電子 □B.電機 □C.計算機工程 □D.資訊 □E.機械 □F.汽車 □I.工管 □J.土木
□K.化工 □L.設計 □M.商管 □N.日文 □O.美容 □P.休閒 □Q.餐飲 □B.其他

本次購買圖書為：　　　　　　書號：

您對本書的評價：
封面設計：□非常滿意 □滿意 □尚可 □需改善，請說明
內容表達：□非常滿意 □滿意 □尚可 □需改善，請說明
版面編排：□非常滿意 □滿意 □尚可 □需改善，請說明
印刷品質：□非常滿意 □滿意 □尚可 □需改善，請說明
書籍定價：□非常滿意 □滿意 □尚可 □需改善，請說明
整體評價：請說明

您在何處購買本書？
□書局 □網路書店 □書展 □團購 □其他

您購買本書的原因？（可複選）
□個人需要 □公司採購 □親友推薦 □老師指定之課本 □其他

您希望全華以何種方式提供出版訊息及特惠活動？
□電子報 □DM □廣告 （媒體名稱　　　　　）

您是否上過全華網路書店？（www.opentech.com.tw）
□是 □否 您的建議

您希望全華出版那方面書籍？

您希望全華加強那些服務？

~感謝您提供寶貴意見，全華將秉持服務的熱忱，出版更多好書，以饗讀者。

· 全華網路書店 http://www.opentech.com.tw
· 客服信箱 service@chwa.com.tw

註：數字零，請用 Ø 表示，數字1與英文L請另註明並書寫端正，謝謝。

2011.03 修訂

親愛的讀者：

感謝您對全華圖書的支持與愛護，雖然我們很慎重的處理每一本書，但恐仍有疏漏之處，若您發現本書有任何錯誤，請填寫於勘誤表內寄回，我們將於再版時修正，您的批評與指教是我們進步的原動力，謝謝！

全華圖書 敬上

勘 誤 表

書號		書名	作者
頁數	行數	錯誤或不當之詞句	建議修改之詞句

我有話要說：（其它之批評與建議，如封面、編排、內容、印刷品質等...）